A DITADURA MILITAR E A GOVERNANÇA DA ÁGUA NO BRASIL

Ideologia, poderes político-econômico e sociedade civil
na construção das hidrelétricas de grande porte

Fernanda de Souza Braga

A DITADURA MILITAR E A GOVERNANÇA DA ÁGUA NO BRASIL

Ideologia, poderes político-econômico e sociedade civil
na construção das hidrelétricas de grande porte

Proefschrift

Ter verkrijging van de graad van Doctor aan de Universiteit Leiden, op gezag van
Rector Magnificus prof. mr. C.J.J.M. Stolker, volgens besluit van het College voor
Promoties te verdedigen op donderdag 12 maart 2020
klokke 10.00 uur

door

Fernanda de Souza Braga
geboren te Belo Horizonte (Brazilië)
in 1979

Promotores: Prof. dr. E. Amann
                       Prof. dr. P. van der Zaag (IHE-Delft)
                       Dr. M. Wiesebron

Promotiecommissie: Prof. dr. B. Hogenboom (Universiteit Amsterdam)
                       Prof. dr. P. Silva
                       Prof. dr. R. Buve
                       Dr. F. de Castro (Universiteit Amsterdam)
                       Dr. P. Isla Monsalve

Published by:
CRC Press/Balkema
Schipholweg 107C, 2316 XC, Leiden, the Netherlands
Pub.NL@taylorandfrancis.com
www.crcpress.com – www.taylorandfrancis.com
ISBN: 978-0-367-49875-7 (Taylor & Francis Group)

ÍNDICE

LISTA DE FIGURAS

LISTA DE TABELAS

LISTA DE ACRÔNIMOS E SIGLAS

AERP – Assessoria Especial de Relações Públicas
AGU – Advocacia-Geral da União
AI – Ato Institucional
Albrás – Alumínio Brasileiro
AMFORP – American and Foreign Power Company
ANA – Agência Nacional de Águas
ANEEL – Agência Nacional de Energia Elétrica
ARP – Assessoria de Relações Públicas
BNDE – Banco Nacional de Desenvolvimento Econômico
BNDES – Banco Nacional de Desenvolvimento Econômico e Social
BNH – Banco Nacional da Habitação
CADE – Conselho Administrativo de Defesa Econômica
CAEEB – Companhia Auxiliar de Empresas Elétricas Brasileiras
Capemi – Carteira de Pensões dos Militares
CBH – Comitê de Bacia Hidrográfica
CDDPH – Conselho de Defesa dos Direitos da Pessoa Humana
CEB – Comunidade Eclesial de Base
Celg – Centrais Elétricas de Goiás
Celpa – Centrais Elétricas do Pará
Cemar - Centrais Elétricas do Maranhão
Cemig – Centrais Elétricas de Minas Gerais S.A.
Cesp – Centrais Elétricas de São Paulo S.A.
Chesf – Companhia Hidrelétrica do São Francisco
CFURH – Compensação Financeira pela Utilização de Recursos Hídricos
CIE – Centro de Informações do Exército
CIMI – Conselho Missionário
CGT – Confederação Geral dos Trabalhadores
CLA – Council for Latin America
CNAE – Conselho Nacional de Águas e Energia
CNAEE – Conselho Nacional de Água e Energia Elétrica
CNBB – Conferência Nacional de Bispos do Brasil

CNPE – Conselho Nacional de Política Energética
CPI – Comissão Parlamentar de Inquérito
Cobal – Companhia de Alimentos do Brasil
CODEVASF – Companhia de Desenvolvimento dos Vales do São Francisco e do Parnaíba
CODI – Centro de Operações de Defesa Interna
CONAMA – Conselho Nacional de Meio Ambiente
CPDOC – Centro de Pesquisa e Documentação de História Contemporânea do Brasil
CPT – Comissão Pastoral da Terra
CREA – Conselho Regional de Engenharia e Arquitetura
CSN – Conselho de Segurança Nacional
CUT – Central Única dos Trabalhadores
CVRD – Companhia Vale do Rio Doce
DERA – Departamento de Estradas de Rodagem do Amazonas
DNAE – Departamento Nacional de Águas e Energia
DNAEE – Departamento Nacional de Água e Energia Elétrica
DNPM – Departamento Nacional de Produção Mineral
DOI – Destacamento de Operações e Informação
DRDH – Declaração de Reserva de Disponibilidade Hídrica
DSI – Divisões de Segurança e Informações
Ecotec – Economia e Engenharia Industrial S.A. Consultores
Eletrobrás – Eletricidade de Brasil S/A
Eletronorte – Centrais Elétricas do Norte do Brasil S/A
Eletropaulo – Eletricidade de São Paulo S.A.
Eletrosul – Centrais Elétricas do Sul do Brasil S/A
EMFA – Estado Maior das Forças Armadas
EPE – Empresa de Pesquisa Energética
ESG – Escola Superior de Guerra
EsNI – Escola Nacional de Informações
EUA – Estados Unidos da América
FFE – Fundo Federal de Eletrificação
Finame – Fundo de Financiamento para Aquisição de Máquinas e Equipamentos
FINSOCIAL – Fundo de Investimento Social
FNE – Federação Nacional de Engenharia
FUNAI – Fundação Nacional do Índio
IBAD – Instituto Brasileiro de Ação Democrática
IBAMA – Instituto Brasileiro de Meio Ambiente
IBDF – Instituto Brasileiro de Desenvolvimento Florestal
IBGE – Instituto Brasileiro de Geografia e Estatística
INCRA – Instituto Nacional de Reforma Agrária
IPEA – Instituto de Pesquisa Econômica Aplicada
IPÊS – Instituto de Pesquisas e Estudos Sociais
ISEB – Instituto Superior de Estudos Brasileiros
IUEE – Imposto Único sobre Energia Elétrica
LI – Licença de Instalação

LO – Licença de Operação
LP – Licença Prévia
MA – Ministério da Agricultura
MAB – Movimento dos Atingidos por Barragens
MDB – Movimento Democrático Brasileiro
MEC – Ministério da Educação
MMA – Ministério de Meio Ambiente
MME – Ministério de Minas e Energia
MPF – Ministério Público Federal
MW – Megawatt
MWh – Megawatt hora
OCDE – Organização para a Cooperação e Desenvolvimento Econômico
ONG – Organização Não Governamental
ONU – Organização das Nações Unidas
PAC – Programa de Aceleração do Crescimento
PASEP – Programa de Formação do Patrimônio do Servidor Público
PCH – Pequena Central Hidrelétrica
PIS – Programa de Integração Social
PIN – Programa de Integração Nacional
PNRH – Plano Nacional de Recursos Hídricos
PROTERRA – Programa de Redistribuição de Terras e Estímulo à Agroindústria do Norte e
Nordeste
PT – Partido dos Trabalhadores
RGR – Reserva Global de Reversão
RIMA – Relatório de Impacto Ambiental
SEMA – Secretaria Especial de Meio Ambiente
SIN – Sistema Interligado Nacional
SISNI – Sistema Nacional de Informação
SNI – Serviço Nacional de Informação
SPE – Sociedade de Propósito Específico
STF – Superior Tribunal Federal
STJ – Superior Tribunal de Justiça
SUDAM – Superintendência de Desenvolvimento da Amazônia
SUDENE – Superintendência de Desenvolvimento do Nordeste
TVA – Tennessee Valley Authority
UHE – Usina Hidrelétrica
Unesco – Organização das Nações Unidas para a Educação, a Ciência e a Cultura
URSS – União das Repúblicas Socialistas Soviéticas
USAID – United States Agency for International Development
WCD – World Commission on Dams

AGRADECIMENTOS

O doutorado foi para mim um processo de crescimento profissional, mas também uma experiência pessoal de amadurecimento graças, sobretudo, às pessoas que conheci e as que me acompanharam, ainda que de longe. Por isso, quero agradecer, primeiramente, aos meus pais, irmãos, sobrinhos e sobrinhas pela compreensão do porquê da minha ausência em vários momentos importantes de suas vidas, e por sempre me apoiarem nas minhas escolhas.

Agradeço ao meu marido Lars pelo amor, pelo companheirismo e por cozinhar quase todos os jantares no último ano do processo de doutorado.

Eu agradeço aos meus orientadores, Pieter van der Zaag, pelo suporte, abertura, generosidade e confiança e por ter me dito que o amor é mais importante do que qualquer doutorado. À Marianne Wiesebron por ter aceitado o desafio de me orientar e por tê-lo feito sempre com tanta energia e disposição, ainda que em um momento tão desafiador para ela. Ao professor Edmund Amann pelo apoio, objetividade e clareza nos seus comentários e sugestões.

Agradeço aos meus amigos de longe e de perto. Do Brasil, da Holanda, da Dinamarca e de outras partes do mundo, pelo apoio e por me ajudarem a manter a sanidade mental e o bom humor durante esse processo.

Raquel dos Santos de Quaij, por me receber em sua casa, pelos valiosos conselhos e revisões de texto e pela amizade. À Fernanda Achete por compartilhar de tantos momentos e gargalhadas e por me receber em sua casa no Brasil, quando fui realizar minhas pesquisas de campo. À Victoria, à Glaucia e à Clarissa pela amizade e por me acolherem tantas vezes e de tantas formas.

À Natália, à Mariana, à Tainá e à Gabi, queridas novas amigas que ajudam o inverno dinamarquês a ser mais bonito.

Ao Lucas Braga, pela amizade, pelos conselhos e pelo apoio no levantamento de dados nas revistas e nos jornais dos anos 1960 a 1980. Ao André Souza e à Bárbara Paes pela execução dos mapas. À Josie Ribeiro, pela disponibilidade e pelas valiosas pontes.

Ao pessoal da Memória da Eletricidade, do Arquivo Nacional e do CPDOC pelo suporte na pesquisa arquivística. Aos entrevistados do Movimento dos Atingidos por Barragens.

Agradeço também à Coordenação de Aperfeiçoamento de Pessoal de Nível Superior (Capes) pelo financiamento desta pesquisa.

INTRODUÇÃO

Uma das decorrências da instalação do regime ditatorial no Brasil em 1964 foi a edificação de usinas hidrelétricas de grande porte, chamadas popularmente de "faraônicas", devido às suas dimensões, ao seu custo e ao trabalho empregado na sua construção. A viabilização daquelas usinas se insere no contexto de polarização da guerra fria – que patrocinou golpes de Estado e ditaduras em praticamente todos os países sul-americanos entre as décadas de 1950 e 1990, e proporcionou uma terceira revolução industrial, dessa vez, de cunho tecnológico e científico. Também representou a materialização da ideologia desenvolvimentista, que vinha evoluindo no Brasil desde o início do século XX, e que tomou um viés específico quando combinada com a Doutrina de Segurança Nacional, durante o regime militar (1964-1985).

A construção daquelas usinas hidrelétricas de grande porte ganhou impulso, no Brasil, a partir dos anos 1970, tornando-se uma prioridade nacional, especialmente em resposta às duas crises do petróleo da década de 1970 (1973 e 1979), o que possibilitou a substituição parcial da importação de combustíveis fósseis, somada ao programa de produção de etanol, o Proálcool.

Mais tarde, o que se tornou claro, entre outras coisas – inclusive por meio da propaganda governamental, como será demonstrado no quarto capítulo – foi que as usinas hidrelétricas de grande porte eram, para além de uma alternativa para a substituição dos combustíveis fósseis, uma das estratégias para viabilizar a extração das riquezas minerais e da madeira da região amazônica, sobretudo para exportação. Desse modo, essas hidrelétricas foram construídas pelos governos militares não para satisfazer uma demanda social preexistente, mas para gerar crescimento econômico. Essa demanda foi sustentada pelos anos do "milagre econômico", que se deu entre 1968 e 1973, quando o Brasil alcançou taxas médias de crescimento bastante elevadas.

O governo determinou o curso do desenvolvimento da energia elétrica e suprimiu todas as contestações às decisões ao despolitizar e "glamourizar" o discurso do "Brasil Potência", e da "integração nacional" associando-os à construção das hidrelétricas de grande porte e ao poderio militar. Na época, as correntes de direita souberam explorar esse sentimento artificial de superioridade do caráter das instituições militares, convocando a tropa a "limpar" o Brasil dos perigos sindicalistas, comunista, corruptor etc., processo bastante equivalente ao que se assiste hoje (2019) no Brasil.

Em um contexto de restrição de direitos civis e de falta de autonomia dos poderes legislativo e judiciário, os governos militares reorganizaram a estrutura administrativa do país com características autoritárias e centralistas, aumentando, assim, a burocracia. As decisões estiveram centralizadas na esfera da União e favoreceram o poder corporativo e a corrupção, uma vez que a atuação dos poderes executivo e judiciário era extremamente reduzida (Alves, 2005; Campos, 2012).[1]

O período militar no Brasil pode ser dividido em quatro fases distintas (Alves, 2005). A primeira delas, compreendida entre os anos de 1964 e 1967, foi marcada pela implantação do projeto de governo e das bases de uma estrutura de Estado, pelo predomínio do capital estrangeiro e associado e por políticas de corte monetarista; a segunda fase, entre 1968 e 1974, foi motivada pela busca da estabilidade política por meio da intensificação do aparato repressivo e de um modelo econômico desenvolvimentista. Nesse período, as forças empresariais no aparelho de Estado sofreram alteração e o capital industrial ganhou predominância. A terceira fase, compreendida entre 1975 e 1979, se caracteriza pela recomposição das forças político-empresariais, com a emergência de novos grupos e, por fim, o período de 1979 a 1985, é caracterizado por uma crise de hegemonia, confronto de diferentes capitais e grupos empresariais, se caracterizando também pela ebulição de movimentos contestatórios ao regime e pelo início da abertura política controlada, que visava a preservação do Estado de Segurança Nacional.

O Estado brasileiro, que havia reforçado o seu papel de planejador e empreendedor de grandes projetos nacional-desenvolvimentistas após a segunda guerra mundial, teve o seu papel intensificado durante os governos militares – sobretudo nos governos dos generais Médici (1969-1974) e Geisel (1974-1979). O Estado atuou no domínio econômico diretamente, via empresa pública, sociedade de economia mista e fundações; ou indiretamente, por meio de normas legais de direito (Clark, 2008).

O regime militar, sob a premissa do desenvolvimento do país, alterou significativamente a paisagem brasileira, por meio de grandes obras. Somente para exemplificar essa afirmação podemos citar a construção das rodovias Cuiabá-Santarém (1970) e transamazônica (1972), da ponte Rio-Niterói (1974), dos portos de Tubarão/ES (1966); Forno/RJ (1972); Itaqui/MA (1972); Aratu/BA (1975), a instalação de grandes plantas de mineração como Trombetas (1979); Carajás (1980) e Usinas nucleares (Angra I – iniciada em 1972). No que se refere às hidrelétricas, são desse período grandes obras tais como Itaipu, Tucuruí, Balbina, Ilha Solteira,

---

[1] Bhattacharyya e Hodler (2010), mostram que a renda com os recursos naturais aumenta a corrupção se e somente se, a qualidade e a autonomia das instituições democráticas estiver abaixo de um certo limiar.

Jupiá, Sobradinho, Itaparica, Samuel entre outras. Pode-se identificar aí, uma estratégia geopolítica de ocupação do território e de ampliação das fronteiras internas do país, que criou uma nova territorialidade no Brasil (Becker, 2012).

A expansão da infraestrutura de energia elétrica se relaciona intrinsecamente com a transformação do território e do uso do solo e da água, o que impacta também na transformação da sociedade, pois, uma vez que a infraestrutura é criada, ela tende a remodelar as relações sociais em diferentes escalas. Essa escala, na maioria das vezes, vai além da escala do rio onde a intervenção é realizada, ou mesmo da bacia hidrográfica, requerendo uma forma especial de governança da água, que envolve não só a partilha de decisões em relação à utilização do recurso hídrico, mas também a gestão da infraestrutura hidráulica (Swyngedouw, 2010; Slinger *et al.*, 2011).

O desenvolvimento dos recursos hídricos pelo Estado ao redor do mundo foi uma estratégia política que, muitas vezes, emergiu da intenção de controlar o espaço, a água e as pessoas, e uma importante forma cotidiana de exercício do poder de Estado (Molle, 2009).

Na mente de vários políticos e planejadores do século XX, as barragens de água foram ícones do progresso e do desenvolvimento. Sob a ditadura de Franco, na Espanha (1939-1975), foram construídas mais de 600 pequenas e grandes barragens (Swyngedouw, 2014). "Templos da modernidade", como descrito por Jawaharlal Nehru, primeiro ministro da Índia, nos anos 1950 (Wynn, 2010: XII).

A construção de uma usina hidrelétrica vem, principalmente, da ordem econômica, que muitas vezes parte de uma escala internacional (manter a competitividade, sustentar o crescimento econômico), mas também ideológica: ideias sobre desenvolvimento, o discurso da energia limpa, o discurso da soberania nacional etc. A ideologia perpassa o conhecimento técnico e a tecnologia, tem legitimidade por meio das instituições, das leis e dos financiamentos e contribui para a alteração do espaço natural por meio da construção em si.

Considera-se que os principais agentes envolvidos na construção das hidrelétricas ou no desenvolvimento dos recursos hídricos durante o período em foco foram as construtoras ou empreiteiras (ou ainda barrageiras, no caso das especializadas em construção de barragens), os políticos, as elites proprietárias de terra e os bancos de desenvolvimento (Gumbo; Van der Zaag, 2002; Molle, 2008; 2009), a mídia e a sociedade civil e, obviamente, os militares.

As barragens de água para a geração de energia são assim, além da água ali represada, a materialização de uma série de negociações entre demandas pelo seu uso e as necessidades que serão atendidas; solidificam as relações sociais e os valores envolvidos na constituição da sociedade que a construiu (Linton, 2010). As grandes barragens são um marco extremamente significativo na produção e alteração do espaço geográfico. Não se pode ignorar tamanhas intervenções físicas na paisagem, pois elas condicionaram e, como estruturas instaladas, ainda condicionam a utilização dos recursos hídricos de uma dada bacia hidrográfica e, consequentemente, toda a sociedade que interage com esse recurso. Há de se considerar também que, no caso específico das barragens e áreas de alagamento, o uso da terra e da vegetação vai necessariamente ser afetado, bem como os núcleos populacionais anteriormente ali instalados.

Esta tese tem como objeto principal as usinas hidrelétricas de grande porte planejadas e construídas durante a ditadura militar brasileira (1964 a 1985) e visa a analisar quais foram as implicações dessas construções, como legados, para a governança da água no presente. Para tal, parte-se da hipótese de que o regime ditatorial instalado por meio de um golpe no Brasil, em 1964, teve um papel crucial na formatação dos processos de governança da água, pois essas hidrelétricas modificaram permanentemente a *waterscape* (Swyngedouw, 1999) brasileira, enquanto intervenções ambientais, criando uma nova espacialidade, e moldando os processos de tomada de decisão, por meio da criação de um arcabouço institucional e legal, visto que passou a existir uma nova gama de práticas políticas entre as camadas institucionais do Estado e entre as instituições estatais, o empresariado e as organizações sociais, sendo legitimadas por meio do discurso governamental, disseminado pelo aparelho estatal (incluindo a veiculação de propaganda), e também nos grandes meios privados de comunicação de massa.[2]

Desse modo, objetiva-se responder a uma questão principal e a três questões específicas. A questão principal é porque o sistema de gestão de recursos hídricos brasileiro, considerado internacionalmente um sistema sólido e robusto (Braga, 2009; OCDE, 2015), não consegue promover efetivamente uma governança da água democrática e participativa na construção de usinas hidrelétricas.

A primeira questão específica se refere a qual foi o aparato institucional criado para suportar a construção das hidrelétricas de grande porte e como esse aparato atuou na prática da

---

[2] O conceito de *waterscape* foi cunhado pelo geógrafo Erik Swyngedouw, em 1999, para demonstrar a formação das "paisagens de água" espanholas, entre 1890 e 1930. *Waterscape* se refere às alterações provocadas pelo trabalho humano sobre a água e, particularmente, da água enquanto recurso na produção social do espaço, que conecta as várias esferas da vida social, podendo também ser entendida como um elemento de "natureza híbrida", tanto natural quanto social, no qual as relações se expressam e são também constituídas por ela (Barnes; Alatout, 2012; Budds; Hinojosa, 2012).

Uma waterscape é moldada de acordo com alguns dos usos que são feitos da água em cada período da história, mas é preciso ter em conta que todas as relações envolvidas na produção geral do espaço geográfico também incidem sobre esse elemento. Ao se tratar de uma waterscape, ou "paisagem de água", tem-se como objetivo analisar as relações sociais em torno das questões hídricas em determinado contexto socioeconômico, cultural e político de uma determinada sociedade ao longo do tempo (Swyngedouw, 2004; Budds; Hinojosa, 2012). *Waterscape* pode ser entendida, assim, como uma das derivações possíveis do conceito tradicional de *landscape*, ou paisagem.

construção dessas grandes obras, de modo a deixar um legado do período militar para a atualidade. A segunda questão, é como a mídia participou da construção de um imaginário coletivo em relação a essas grandes obras (e quem deveria ter o poder de decisão sobre a sua construção), seja promovendo a imagem positiva e otimista em relação ao que fora decidido nas altas cúpulas do governo, sem a participação democrática, seja criticando a construção dessas usinas. A terceira questão se refere a qual foi o papel da sociedade civil diante de tais alterações sócio espaciais, tendo como exemplo o caso do Movimento dos Atingidos por Barragens (MAB), surgido no final dos anos 1970 e, considerado, atualmente, um dos mais antigos movimentos sociais dessa natureza no mundo.

O foco da pesquisa, portanto, é posto em compreender quais foram os impactos da construção das hidrelétricas de grande porte durante o regime militar no modo em que a governança da água é realizada atualmente no Brasil.

Trata-se de um estudo que parte de questões do presente, mas que busca suas raízes explicativas no passado, visto que as hidrelétricas e suas áreas de inundação são uma das alterações humanas mais significativas e duradouras na paisagem e põem em relação diferentes poderes em sua construção e em sua manutenção.

O primeiro capítulo desta tese fará uma revisão teórica do conceito de governança da água, chamando a atenção para o fato de que a governança de usinas hidrelétricas de grande porte representa um modo especial de governança da água, seja pela escala, seja pela necessidade da gestão da infraestrutura hidráulica. O capítulo também apresenta o desenvolvimentismo, a Doutrina de Segurança Nacional, o discurso e o poder como categorias que suportam a análise aqui realizada. O desenvolvimentismo e a Doutrina de Segurança Nacional foram substratos ideológicos para sustentar o discurso empresarial e governamental no que se refere às intervenções espaciais e contribuíram enormemente para o rearranjo e a consolidação do poder da elite brasileira.

O segundo capítulo tratará da constituição histórica do setor de energia no Brasil, especialmente o de hidroenergia, e os principais atores tomadores de decisão, que estiveram no poder no período militar, principalmente, no Ministério das Minas e Energia e na Centrais Elétricas Brasileiras – Eletrobrás. Busca-se compreender quais agentes, arranjos institucionais e legais bem como quais financiamentos foram utilizados na construção das hidrelétricas de grande porte no período em questão. Foram utilizadas informações coletadas no Centro da Memória da Eletricidade, no Arquivo Nacional do Brasil e, sobretudo no Centro de Pesquisa e Documentação de História Contemporânea do Brasil (CPDOC).

O terceiro capítulo traz três breves casos de estudo para ilustrar a construção das usinas hidrelétricas de grande porte: Tucuruí, Balbina e Belo Monte, todas elas na Amazônia brasileira. Objetiva-se discutir como o modo de construção daquelas duas primeiras hidrelétricas se repetiu, em alguma medida, no caso da usina hidrelétrica de Belo Monte, que foi planejada durante o período militar, mas só construída cerca de 30 anos depois, já no período democrático.

As fontes de informação utilizadas nesse capítulo foram levantadas no CPDOC, em acervos digitais de jornais dos anos 1970 a 2010, e no Arquivo Nacional do Brasil.

O quarto capítulo visa a compreender como o discurso utilizado pelo governo e pela grande mídia, por meio da propaganda, contribuiu para legitimar as transformações sócioespaciais promovidas pelas usinas hidrelétricas de grande porte. Foram utilizados exemplos coletados em jornais de grande circulação à época como *O Estado de São Paulo*, *Folha de São Paulo*, *Jornal do Brasil*, *O Globo*, *Gazeta Mercantil* e as revistas *Veja* e *Manchete*. [3] Material cinematográfico e sonoro, propagandas impressas de revistas e jornais, produzidos pelas Assessorias de relações públicas da presidência e pela Agência Nacional, no final da década de 1970 e início da de 1980, disponíveis no repositório virtual da Rede Nacional de Ensino e Pesquisa, foram analisados como fontes de informação.

A esse respeito, levantou-se junto ao Arquivo Nacional no Rio de Janeiro e em Brasília, em maio de 2015 e de março a maio de 2017, vários documentos componentes do arquivo Memórias Reveladas – arquivo específico de informações sobre o regime militar –, principalmente material do Sistema Nacional de Informações (SNI) produzido entre as décadas de 1960 e 1980. Esses documentos, que eram confidenciais à época, demonstram que os impactos sociais e ambientais já eram constatados no momento da construção das hidrelétricas e que só se agravaram com o passar do tempo, não sendo remediados e, sim, omitidos da população.

Os meios de comunicação e a propaganda foram essenciais para que os militares assegurassem o predomínio do seu projeto de desenvolvimento, valendo-se de inúmeros recursos discursivos para exaltar o "otimismo", por exemplo, em relação ao "milagre econômico" brasileiro, que teria sido promovido pelos militares.

Trata-se aqui de um recorte próprio, muito específico, da história política brasileira: a análise da propaganda produzida para promover a construção das usinas hidrelétricas (UHEs)

---

[3] Outros jornais e revistas de circulação local/regional, como *A Notícia*, do Amazonas, *Grito do Nordeste*, de Pernambuco, *A Resistência*, do Pará, também foram lidos, mas dentro dos recortes realizados pelo Serviço Nacional de Informação (SNI), que eram utilizados para informe interno e, muitas vezes, juntamente com a ficha policial dos jornalistas.

– e de certo modo, legitimá-las –, mas mais que isso, trata-se de tentar reconhecer os nexos relacionais entre a propaganda política e ideológica daquele período na produção do espaço e da governança da água.

O quinto capítulo trata das manifestações da sociedade civil, em especial do Movimento dos Atingidos por Barragens (MAB). Esse movimento partiu da organização de diferentes grupos em diferentes partes do Brasil, com o apoio da Comissão Pastoral da Terra da igreja católica, entre outros, no final da década de 1970. No Brasil, a construção de barragens afetou social e economicamente mais de um milhão de pessoas nos últimos quarenta anos e a maioria dessas pessoas não recebeu uma indenização justa por suas terras, ou mesmo, nenhuma indenização (MAB, 2004), o que demonstra onde, provavelmente, está um dos elos mais fracos nas relações de poder na qual a construção de usinas hidrelétricas se insere. Objetiva-se, portanto, destacar quem ganha e quem perde com essas intervenções sócio espaciais e por quê.

Processos específicos de mudança socioambiental dependem, em grande medida, da classe, do gênero, da etnia ou de outras lutas de poder e, de fato, muitas vezes tendem a ser explicadas por essas lutas sociais (Swyngedouw; Heynen, 2003). O uso de uma análise política-ecológica na mesoescala ajuda a entender essas lutas sociais em torno da participação nos processos de construção e na tomada de decisão (Matthews; Geheb, 2014).

Para esse capítulo foram realizadas entrevistas com o coordenador nacional do MAB, em 2016 e 2017, além de utilizados materiais coletados no Arquivo Nacional.

Seguem-se as considerações finais sobre os impactos na governança da água que surgiram das intervenções realizadas no período militar por meio das hidrelétricas de grande porte.

O trânsito entre os capítulos permitirá a construção de uma análise particular sobre o período militar na constituição da governança da água no Brasil e seu impacto nos processos de tomada de decisão em relação ao uso dos recursos hídricos.

1

GOVERNANÇA DA ÁGUA: DISCURSO, PODER E IDEOLOGIA NA CONSTRUÇÃO DAS GRANDES ESTRUTURAS HIDRÁULICAS

O presente capítulo oferece uma visão global dos conceitos e categorias de análise que contribuíram para a compreensão de como as usinas hidrelétricas (UHEs) de grande porte construídas durante a ditadura militar, enquanto intervenções sócio espaciais, foram resultantes do fazer político, econômico e ambiental.

Inicialmente, define-se um conceito geral de governança da água para, em seguida, tratar especificamente das diferentes escalas da governança, da gestão de infraestruturas hidráulicas e da gestão das usinas hidrelétricas.

Serão abordados também as categorias de análise: discurso, poder e desenvolvimentismo, além da doutrina de segurança nacional, pela sua relevância para a formação do imaginário social durante o regime militar no Brasil.

O poder se refere, aqui, não a uma "entidade" que emana exclusivamente do Estado; entende-se que é preciso também considerar o papel da sociedade civil, do mercado, entre outros atores, como participantes das relações de poder. Assim, a governança da água reflete os processos de cooperação e conflito, nos quais diferentes atores negociam de diferentes formas por seus significados, direitos, usos, benefícios derivados, entre muitos outros aspectos, baseado nos diversos interesses.

A ecologia política ofereceu a base teórica que auxiliou na análise aqui apresentada. O que se convencionou chamar de ecologia política, a partir dos anos 1980, trata-se de uma abordagem para investigar as relações homem-natureza que analisa os processos sociais, econômicos e políticos que afetam o acesso e o uso da terra e dos recursos naturais. Estes processos geralmente envolvem assimetrias de poder na tomada de decisões sobre a utilização ou preservação dos recursos naturais (Castree; Kitchin; Rogers, 2016; Robbins, 2011; Mayhew, 2009).

Embora os estudos de ecologia política tenham suas raízes na ecologia cultural e na economia política, eles se integraram com os estudos culturais em geografia humana e em antropologia, nascidos no século XIX, que tratavam da adaptação das sociedades ao meio físico e das técnicas elaborados pelos homens para "dominar" o espaço (Robbins, 2011).

No início do século XX, o conceito de paisagem cultural foi introduzido nos Estados Unidos, pelo geógrafo Carl Sauer, por meio de seu texto "A morfologia das paisagens" (1925). Membro da escola de Berkeley, Sauer também via a cultura como um conjunto de instrumentos que permitem ao homem agir sobre o ambiente, se sobrepondo a ele (Claval, 2007).

Nessa mesma escola de Berkeley foi publicado, em 1983, o trabalho do geógrafo Michael Watts, Silent Violence, que é considerado uma das primeiras publicações em ecologia política. Outros trabalhos que marcaram o início da ecologia política, como subcampo de análise, foram os de Piers Blaikie (1985) e Piers Blaikie e Harold Brookfield (1987). Esses estudos passaram a considerar o indivíduo como uma unidade participante de uma cadeia de explicação das relações de poder, em diferentes escalas (Castree; Kitchin; Rogers, 2016).

Apesar de suas raízes, a ecologia política é considerada um subcampo de estudos muldisciplinar e, com o seu desenvolvimento, três aspectos dessa abordagem se destacaram. Em primeiro lugar, tem sido dada mais atenção às características biofísicas da terra e da água, à medida que interagem dialeticamente com os seus usuários, sujeitos a pressões e oportunidades políticas e econômicas (Mayhew, 2009). Em segundo lugar, mais atenção é dada a questões políticas do que nas décadas anteriores, graças à atuação de movimentos e resistências sociais (camponeses, povos indígenas, mulheres, grupos étnicos etc). Finalmente, a diversidade e a complexidade da relação local e extra local passou a ser considerada mais fortemente, enfatizando os novos conjuntos de relações nacionais e internacionais em que os usuários locais de recursos foram incorporados (Robbins, 2011; Castree; Kitchin; Rogers, 2016).

A ecologia política chama a atenção para o que as análises políticas convencionais tendem a ignorar: as múltiplas maneiras pelas quais as condições ecológicas e as relações sociopolíticas interagem umas com as outras para formar a paisagem e, aqui particularmente a waterscape, quando se tratam de intervenções nos recursos hídricos. Em especial, as geometrias de poder e os discursos que constroem o ambiente moldam o uso dos recursos naturais e o controle ambiental. Os exemplos incluem a construção de projetos de infraestrutura, que ajudaram a moldar uma geografia desigual, entre eles, as hidrelétricas. Assim, a construção de hidrelétricas é carregada de relações de poder desiguais e sustentada por discursos de elite que, consequentemente, moldam os diferentes impactos ambientais (Marks, 2015).

Para auxiliar na compreensão da lógica de construção das hidrelétricas de grande porte construídas no Brasil durante o regime militar, consideram-se neste trabalho quatro grandes campos: espaço geográfico, conhecimento, poderes político, econômico e social e ideologia (Figura 1).

No primeiro, que se refere ao espaço geográfico, é onde estão inseridas a biodiversidade, as relações ecológicas, a hidrologia etc. É a base espacial onde todas os campos em conflito e cooperação se materializam. É o fixo, de Milton Santos (2006), o espaço absoluto, de David Harvey (2002).

O segundo campo refere-se ao conhecimento usado para construir as hidrelétricas. Neste campo estão inseridas a tecnologia, a pesquisa, as técnicas, os especialistas e os conhecimentos tradicionais. O papel do conhecimento muda à medida que a relação entre ciência e sociedade muda (Hajer, 2003). Neste trabalho trata-se especificamente do conhecimento no campo da engenharia, pois se relaciona intrinsecamente com a construção das hidrelétricas e corroborou com o "paradigma hidráulico", ainda dominante, que considera a água como um recurso para ser explorado, tendo como foco o "prever e prover", numa alusão à crença na técnica (Sauri; Del Moral, 2001; van der Zaag; Savenije, 2012).

O terceiro campo, o dos poderes políticos, econômicos e sociais, é onde estão inseridas as políticas governamentais, as instituições, as legislações, os financiamentos, a sociedade civil, os movimentos sociais, a mídia e os direitos.[4] A elaboração de políticas deve ser considerada

---

[4] Instituições são as estruturas, regras e normas formais e informais que organizam as relações sociais, políticas e econômicas (North, 1990). O que caracteriza uma instituição é que elas são criadas por pessoas e organizações (North, 1990; Leftwich; Sen, 2010) e fornecem uma estrutura relativamente estável para a vida social, econômica e política cotidiana, embora não necessariamente eficiente ou incontestável (North, 1990). Instituições estão

como um fenômeno nela mesma, pois para além de consistir em uma forma de encontrar soluções aceitáveis para problemas preconcebidos, consiste em uma maneira dominante na qual as sociedades regulam conflitos sociais latentes (Hajer, 2003).

No quarto campo, o da ideologia, incluem-se os discursos, as formas de governo, as ideias sobre o desenvolvimento, entre outros. O entendimento que se tem do mundo é influenciado, em grande medida, pelos interesses dos grupos detentores do poder e, por isso, as lutas simbólicas pela imposição de representações têm tanta importância quanto as lutas econômicas para compreender os mecanismos pelos quais os grupos impõem, ou tentam impor os seus valores e a sua concepção do mundo frente a outras tantas.

Segundo Carlos Fico, cujo trabalho analisa a construção de uma imagem otimista em relação aos governos militares brasileiros "[...] esse movimento de criação de uma imagem retocada não é nem sempre uma ação ardilosamente coordenada e, nesse sentido, 'maquiavélica'. Trata-se de algo mais complexo." (Fico, 1997:15). Elas compõem um discurso que visa legitimar práticas sociais, sobretudo das elites.

Ao propor esse esquema parte-se de uma compreensão de que todos esses campos interagem dinamicamente, seja por cooperação ou por conflito. Esse esquema pretende oferecer uma visão das possíveis relações, sem, obviamente, esgotar as possibilidades de análise.

---

constantemente sendo reformadas, de modo dinâmico, por meio das ações das pessoas e de grupos sociais (Giddens, 1984).

Assim, busca-se compreender como os poderes político, econômico e social, traduzidos em instituições, políticas governamentais e financiamentos conduzem a pesquisa, o uso da tecnologia e as práticas na construção espacial. Essas relações são imbuídas em ideologias que buscam se legitimar socialmente, por meio da utilização de estratégias discursivas como a propaganda ideológica. Os discursos são parte constituinte da realidade e são revestidos de interesses, de forma que as instituições só se tornam poderosas por meio da autoridade do discurso e, mais que isso, os interesses investidos nos discursos mudam no decorrer do tempo (Foucault, 2010).

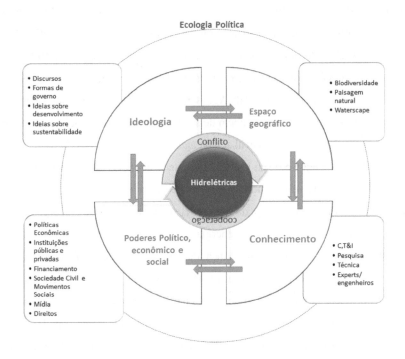

Figura 1: Quadro analítico utilizado na pesquisa. Elaboração própria.

1.1 – GOVERNANÇA DA ÁGUA

A dinâmica das relações sociais produz a história da natureza e da sociedade, e a água, enquanto elemento participante dessa dinâmica, responde às necessidades materiais para a organização da sociedade de diferentes formas (Swyngedouw; Heynen, 2003; Swyngedouw, 2004). A água guarda as relações de poder, o trabalho humano, as convenções sociais, as tecnologias, as instituições, o valor simbólico e, sobretudo após as revoluções industriais e o aceleramento do processo de urbanização, o valor econômico, configurando-se, dessa forma, também como uma categoria social (Budds; Hinojosa, 2012; Linton; Budds, 2014, Mehta; Karpouzoglou, 2015).

O conceito de governança da água é centrado na relação de atores e instituições em torno das decisões sobre o uso dos recursos hídricos. O conceito é relativamente novo e as tentativas de sua aplicação são ainda mais recentes.

O termo "governança", de forma geral, teve uma de suas primeiras utilizações em um documento de 1992, intitulado *Governance and Development*, do Banco Mundial, no qual a governança é definida como a maneira como o poder é exercido na gestão dos recursos econômicos e sociais de um país para o desenvolvimento (World Bank, 1992). Já o termo "governança da água" surgiu em documentos oficiais pela primeira vez, somente dez anos depois, em 2002, na Política Nacional de Águas do Québec, e levava em consideração interesses sociais, econômicos, ambientais e também de saúde, com base nos princípios de colaboração e democracia para uma gestão compartilhada da água (Québec, 2002).

A alocação da água e o seu uso são inerentemente políticos, por isso, pode-se afirmar que ela está diretamente relacionada a questões de poder e de justiça (Linton, 2010; Budds; Hinojosa, 2012), e que a governança da água reflete como a sociedade está organizada em torno desse elemento e os nexos entre água e energia.

Dito de outro modo, a governança da água se relaciona a como uma sociedade administra o acesso e o controle sobre os recursos hídricos e sobre os benefícios gerados pela sua utilização. Refere-se também a como se dá a participação no processo de tomada de decisão nos assuntos concernentes aos recursos hídricos, demonstrando como o poder e a autoridade são exercidos e distribuídos na sociedade (Unesco, 2003; Castro, 2007). A governança da água opera, assim, com a criação de liberdades condicionais, criando direitos e deveres.

De modo mais objetivo, a governança da água concerne ao estabelecimento de políticas e regras para o uso dos recursos hídricos e para o monitoramento contínuo de sua adequada implementação, por parte dos diferentes atores envolvidos. Intenciona também (ou pelo menos deveria) incluir os mecanismos necessários para equilibrar os poderes dos membros, com as suas responsabilidades associadas, visando aumentar a equanimidade entre as diferentes forças e poderes em atuação.

A aplicação do conceito de governança da água propõe, assim, superar a concentração exclusiva de poder em governos formais e leva em consideração outros atores envolvidos na elaboração de políticas públicas, incluindo diferentes *stakeholders*, tais como empresas privadas, autoridades municipais e estaduais, os órgãos de bacia hidrográfica (comitês, conselhos e agências), ou organizações não governamentais (ONGs), mas também clãs familiares e redes clientelistas.

Como meio de construção de alianças e cooperação, a governança da água é também permeada por conflitos que decorrem das diferenças sociais e seus impactos no meio ambiente, bem como das formas de resistência, organização e participação dos diversos atores envolvidos (Jacobi; Barbi, 2007).

A participação de atores não estatais tem importantes implicações para a natureza do poder do Estado. Assim, em espaços de "Estado limitado" ou "burocrático", onde a regulação estatal é diminuída, os atores não estatais, como o empresariado, envolvem-se muito na orientação política e na tomada de decisões (Risse; Lehmkuhl, 2007; Mann, 2008). Por outro lado, em espaços de Estado autoritário, onde o poder despótico e de regulação é alto, o poder de atores privados fica reduzido. No caso específico do Brasil, no período aqui analisado, houve uma combinação de Estado autoritário com a atuação do capital privado e isso é apontado como um dos facilitadores para a construção de infraestrutura (Mann, 2008, Campos, 2012).

A estrutura de governança é composta por quatro elementos diferentes que estão inter-relacionados: instituições, políticas, organizações e infraestrutura. Mudanças em um elemento levariam a alterações em todos os demais. Além disso, esses elementos interagem em diferentes níveis, do global ao local (Kemerink; Mbuvi; Schwartz, 2012).

Adota-se a noção de que a governança da água é um processo de construção social em torno da utilização da água, enquanto recurso, feita por conflito e cooperação para alcançar um consenso em torno das políticas e práticas de gestão e da tomada de decisão. Esta noção transcende, portanto, uma abordagem técnico-institucional e se insere no plano das relações de poder e do fortalecimento de práticas de controle social que media as relações entre o Estado e a sociedade civil.

1.1.1 – Governança da água e escala

Estudos de governança da água prestam particular atenção a questões de integração entre diferentes ordens territoriais (internacional, nacional, regional, municipal, bacia hidrográfica etc.), bem como entre diferentes níveis institucionais, que podem variar de associações locais a instituições globais. Essa integração, por isso, abrange diferentes atores sociais e modos de fazer gestão e política (OCDE, 2011; Künneke; Groenewegen, 2009).

Na escala internacional, o debate sobre a governança da água veio a reboque do debate sobre a governança ambiental e, especialmente, do aquecimento global. Nesse nível, *stakeholders* tais como organizações internacionais (Organização das Nações Unidas – ONU, Organização para a Cooperação e Desenvolvimento Econômico – OCDE etc.), governos nacionais, agências internacionais de financiamento, ONGs, corporações multinacionais e vários grupos especializados debatem a possibilidade e a necessidade da criação de regras e regulamentações, mecanismos de uso, gestão e governança da água entre diferentes países.

Em nível nacional, é comum que a água seja apropriada como um aspecto relativo às questões do desenvolvimento nacional, da segurança nacional e da relação entre unidades da federação e regiões. É comum que apareçam nessa escala grandes projetos de transposição de água entre bacias hidrográficas e nos rios de domínio federal. As outorgas de uso dos recursos hídricos podem ser expedidas nesse nível de atribuição. Muitas usinas hidrelétricas de grande porte estão também nesse nível de decisão.

Nas escalas regional e da bacia hidrográfica se dão as decisões que afetam cidades vizinhas ou territórios contíguos. A bacia hidrográfica, no entanto, configura-se como uma espacialidade especial, uma vez que, por exemplo, um município pode pertencer a duas ou mais bacias hidrográficas.

No início dos anos 1980, a bacia hidrográfica foi sendo retomada como unidade territorial de planejamento no Brasil, graças à necessidade de propor soluções entre os interesses dos diversos setores sociais (sobretudo das atividades econômicas) no uso da água e os problemas de poluição e conflitos pelo seu uso, acumulados por várias décadas. Acrescente-se a isso, o início das pressões sociais, exigindo a atuação concreta do governo (Silva, 1998).

Tradicionalmente, a escala local se refere à arena onde a sociedade civil tem maior atuação, pois diz respeito a práticas cotidianas de uso da água, apesar da atuação de governos municipais ser bastante forte, como no caso do saneamento básico, por exemplo.

Outro tipo de escala a ser considerada aqui é a escala temporal, pois, no caso das barragens, mas também de outras intervenções, como projetos de irrigação e saneamento, são infraestruturas duradouras, que perpassam várias temporalidades e governos.

Em vários momentos essas escalas se tocam, e diferentes atores podem ter interesses convergentes ou divergentes. Essa diferença de interesses é um aspecto potencialmente gerador de tensões e, de fato, gera conflitos, mas ao mesmo tempo engendra possibilidades de pluralização das oportunidades de poder.

1.1.2 – Gestão de infraestruturas hidráulicas

A partir do século XIX, a ideia que se tinha do que vinha a ser a água foi alterada radicalmente, quando emergiram as engenharias hidráulica e hidrológica, traduzindo a natureza como uma fórmula matemática (Linton, 2010).

O século XX testemunhou o apogeu da chamada "missão hidráulica", um período em que a engenharia passa a "dominar" a natureza, deixando para trás um balanço mundial de 50 mil grandes represas e 280 milhões de hectares de terras irrigadas (World Commission on Dams, 2000; McCully, 2001).

Forest e Forest (2012), tratando do contexto norte-americano, sobretudo a partir do início dos anos 1960, argumentam que a água passa a ser tratada como um mero recurso a partir das grandes obras de engenharia e deixa de ter um valor de desenvolvimento natural, perdendo, dessa forma, parte do seu valor simbólico e prevalecendo o seu valor econômico. Essas obras, segundo eles, eram projetos de grandeza capazes de capturar a imaginação do público e se constituir enquanto discurso de desenvolvimento e progresso, apelando para engenheiros e políticos (Forest; Forest, 2012). Talvez seja por isso que a ligação entre o combate à pobreza e o desenvolvimento de infraestruturas precise de manutenção regular, por causa de sua grande importância para justificar investimentos (Molle, 2008; Kallis, 2010; Forest; Forest, 2012).

Nos Estados Unidos o Tennessee Valley Authority (TVA), a partir de 1930, teve um papel importante no planejamento de intervenções espaciais visando ao desenvolvimento dos recursos hídricos, entre eles a irrigação, as barragens para controle de cheias, a geração de energia, a navegação, entre outros. A partir dos resultados positivos naquela região norte-americana, o TVA passou a ter influência no desenvolvimento dos recursos hídricos em todo o mundo (Molle; Molinga; Wester, 2009).

Nesse sentido, a engenharia dava e ainda dá credenciais técnicas, assim como "superioridade moral", para a alteração da paisagem de forma drástica, em nome do progresso e da modernidade, sendo os engenheiros considerados quase como heróis, capazes de dominar a tecnologia para o bem comum, em todo o mundo (Zwarteveen, 2015).[5]

---

[5] Interessante notar, por exemplo, a fala de Strauss (1988): "Ideologia da engenharia: a maneira de pensar característica daqueles engajados na aplicação prática dos princípios científicos. Por definição, o engenheiro foi treinado em fabricação; ele está acostumado a projetar coisas, e não faz parte de seu trabalho raciocinar o motivo. Ele é pago para continuar e concluir a tarefa, no prazo e dentro do orçamento, no entanto, não é injusto sugerir que a ideologia do engenheiro muitas vezes falha em incluir considerações éticas" (Strauss, 1988:263-264. Tradução nossa).

As infraestruturas hidráulicas têm um papel essencial na formação da sociedade moderna. Esse tipo de infraestrutura viabiliza o abastecimento de água, o afastamento de esgotos, o controle de inundações, os sistemas de irrigação, os diques, as elevatórias, a produção de energia, entre tantos outros.

O paradigma moderno de infraestrutura é caracterizado pelo fato de que esta organiza populações e territórios inteiros de acordo com um plano e subjuga a natureza ao mundo técnico. No entanto, historicamente, o termo "infraestrutura" esteve ligado à engenharia das Forças Armadas para designar instalações fixas para o fornecimento e a mobilização de exércitos (Larkin, 2013).

Uma generalização do termo ocorreu no contexto do pós-Primeira Guerra Mundial, no qual o *New Deal* norte-americano teve um papel primordial, inclusive com o estabelecimento, em 1933, do Tennessee Valley Authority (TVA), e, posteriormente, com a Doutrina Truman, que anunciava um projeto geoestratégico de "ajuda ao desenvolvimento". Nesse projeto, a infraestrutura recebeu um papel significativo como motor dos processos de industrialização em diferentes países.[6]

De acordo com o paradigma atual, os sistemas de infraestrutura são complexos e coevoluem simultaneamente moldando e sendo moldados em uma miríade de relações entre sociedade, natureza e tecnologia (Norgaard, 1994; Edwards, 2003; Coutard; Hanley; Zimmermann, 2005).

As infraestruturas hidráulicas hoje são vistas como sendo arranjos sociotécnicos e não meramente técnicos, pois justapõem a gestão e a governança da água e dos recursos naturais, os atores da sociedade civil (populações afetadas direta e indiretamente) e a gestão de grandes infraestruturas em si (Swyngedouw, 2004; Slinger *et al.*, 2011).

Nessa abordagem, um sistema de infraestrutura não pode ser reduzido apenas a seus componentes materiais e físicos, devendo ser visto como uma combinação de artefatos técnicos, marcos regulatórios, normas culturais, manuais técnicos e regras de operação, fluxos de pessoas, dados e mercadorias, mecanismos de planejamento e financiamento, exigem e formas de governança etc., que se configuram de maneiras específicas em lugares específicos e em momentos específicos.

Essa compreensão relacional da infraestrutura como parte de estruturas maiores e processos sociais e ambientais mais amplos, mas também ela mesma consistindo de dimensões sociais e ecológicas, abre novos caminhos para a compreensão da governança da água.

---

[6] A infraestrutura desempenha um papel central nos conflitos atuais, por isso, são geralmente elas os primeiros alvos de intervenções militares em guerras (Larkin, 2013).

Tanto a água como as infraestruturas hídricas são meios através dos quais as relações sociais e políticas são negociadas. As infraestruturas hidráulicas têm, da mesma forma, o potencial de promover a inclusão social ou, por outro lado, aumentar a desintegração de grupos ou territórios. Uma vez que a infraestrutura é criada, ela tende a remodelar as normas, os atores, as regras e os procedimentos em diferentes escalas, indo muito além da bacia hidrográfica e podendo articular resistência em torno delas de uma maneira particular.

1.1.3 – Governança da água e usinas hidrelétricas de grande porte

As usinas hidrelétricas são projetadas com anos de antecedência, incorporadas fisicamente à paisagem e sustentadas por arranjos institucionais complexos, tornando-se, muitas vezes, símbolos de estabilidade e durabilidade. Exigem grande investimento social quanto ao planejamento, à construção e à implementação, e também precisam de contínuos esforços de manutenção, melhoria e renovação. Outro fator importante e quase nunca considerado são os planos para "desmantelamento" da barragem quando a vida útil desta finda.[7]

As grandes barragens são estruturas hidráulicas especiais, pois alteram não só o ambiente biofísico, mas também a sociedade, com impactos na economia e na organização espacial, e muitas vezes ordenam todo o uso da água de uma bacia hidrográfica. Essas alterações acarretam, ainda, o surgimento de novas formas de governança, pois fazem emergir uma nova aparelhagem social, pública e privada, para gerir essa estrutura (Moore; Dore; Gyawali, 2010; Slinger *et al.*, 2011). Por isso, são uma combinação poderosa de racionalidade política, técnicas administrativas, tecnologia, conhecimento e estruturas materiais.

A implantação de barragens de grande porte tem o potencial de causar impactos sociais, tais como o aumento da pobreza, das desigualdades e da violência local e regionalmente, a perda de patrimônio cultural e a ruptura das economias locais, destruindo terras agrícolas, a pesca e promovendo a migração (WCD, 2000). As comunidades tradicionais e os povos indígenas são os mais afetados no processo de construção de represas, uma vez que são grupos historicamente desfavorecidos. As grandes barragens deslocaram milhões de pessoas de suas terras ao redor do mundo nas últimas seis décadas e é importante considerar que o

---

[7] Em 2018, foram destruídas 99 barragens, somente nos Estados Unidos. Disponível em americanrivers.org. Acessado em 22/12/2018.

reassentamento desses grupos ocorre muito frequentemente em terras inférteis e em grandes cidades que levam ao aumento do subemprego e do desemprego.

Além dos impactos sociais, a implantação de barragens pode causar impactos ambientais como a alteração da qualidade da água e da quantidade disponível para garantir a vazão ecológica do ecossistema, o que dificulta a migração de peixes (WCD, 2000). Há também a produção de metano e CO_2 devido à decomposição da vegetação submersa nos reservatórios. Essa é a razão pela qual as grandes represas são consideradas grandes emissoras de gases de efeito estufa, especialmente em áreas tropicais (Fearnside, 2011; 2015).

Esses impactos se dão desde o momento da construção, mas não são necessariamente evidentes em escala local ou no tempo presente, mas, ao transformarem a natureza e as relações sociais, essas construções interferem no espaço geográfico e, consequentemente, nas relações socioambientais.

A construção de usinas hidrelétricas nunca é um processo linear, mas sim amplamente contestado por certos segmentos sociais e, obviamente, defendido por outros. São, assim, ícones das constelações e da distribuição do poder, pois a água ali represada, além de ser uma alteração espacial, também materializa uma série de negociações entre demandas pelo seu uso e as necessidades que serão atendidas; materializam, além disso, as relações sociais e os valores envolvidos na constituição da sociedade que as construiu (McFarlane; Rutherford, 2008; Linton, 2010).

Dito de outro modo, a água é um dos recursos apropriados pelos grupos dominantes no processo de construção do espaço e por isso "internaliza" ou materializa as relações de poder, muitas vezes, configuradas em infraestruturas hidráulicas ou no acesso aos recursos hídricos. Nesse sentido, as hidrelétricas refletem as assimetrias de poder, as desigualdades socioeconômicas e outros fatores de distribuição, tais como a propriedade da terra (Mehta; Karpouzoglou, 2015). A infraestrutura está presente como um símbolo de poder que comunica a autoridade de quem a construiu e impõe, na maioria das vezes, por meios democráticos, a sua aceitação. Geralmente "o bem comum" presente nos discursos faz das infraestruturas hidráulicas algo absolutamente incontestável.

A implantação de usinas hidrelétricas de grande porte é um processo complexo em termos de governança, pois envolve vários *stakeholders* desde os estudos de viabilidade do projeto, a aprovação do uso dos recursos naturais, a construção e, mesmo depois, para a sua gestão. E envolve processos de negociação e conflito entre a população afetada, instituições governamentais, em várias escalas, as empresas construtoras e concessionárias, grupos ambientalistas, entre muitos outros.

1.2 – DISCURSO, PODER E INFRAESTRUTURA

Desde que, pioneiramente, em 1957, Karl August Wittfogel lançou a sua "hipótese hidráulica" de que haveria ligações causais entre sistemas de irrigação de larga escala e liderança autocrática, o estudo do poder em relação às infraestruturas hidráulicas tem como alvo uma variedade de regimes políticos. Diversos pesquisadores demonstraram como o poder foi legitimado, representado e sustentado através da materialidade da infraestrutura em ordens políticas altamente diversas, seja como instrumentos de integração territorial para estados-nação (Swyngedouw, 1999) ou de promoção municipal (Schott, 2008; Kallis, 2010).

As grandes infraestruturas hidráulicas, como símbolos da unidade nacional, podem obscurecer as relações de poder, por meio de discursos aparentemente neutros, como aqueles que se referem à necessidade de industrializar e modernizar (Förster; Bauch, 2014) e são utilizados para legitimar práticas políticas e econômicas, muitas vezes apoiados em amplos "projetos de nação", que operam com a encenação de esplendor ou de grandeza.[8]

Os detentores do poder, frequentemente, demonstram o seu poderio por meio da infraestrutura e, de certa forma, assim garantem a estabilidade desse poder. Esse poder está representado no planejamento, na construção e na manutenção de infraestruturas hídricas, e isso é particularmente evidente nas sociedades caracterizadas por um alto grau de relações de poder assimétricas (Larkin, 2013). A utilidade das infraestruturas, nesses casos, fica subordinada à própria demonstração de poder. Nesse sentido, elas também existem como formas separadas do seu funcionamento puramente técnico, e podem assumir aspectos semelhantes a "fetiches" (Larkin, 2013:329).

Como fetiches, essas infraestruturas tornam-se parte de um discurso construído e apropriado por determinados grupos sociais, tais como o empresariado e o governo, entre outros. Esse discurso produz maior ressonância junto àqueles aos quais implicitamente se dirige na sociedade (Sánchez, 2003) e contribui para a criação de um imaginário social que trabalha de modo a aumentar a sua aceitação e a legitimação das novas condições políticas, econômicas e ambientais.

---

[8] Note-se, nesse sentido, que a imagem do governo no "controle" da água por meio de grandes obras hidráulicas, foi útil em regimes ditatoriais, tais como o do General Francisco Franco, na Espanha, responsável pela construção de mais de 600 barragens de água, entre 1939 e 1975 (Vallarino, 1992 in Swyngedouw, 2007:10). As relações de poder incluem a construção e a difusão de visões de mundo em torno da água (Loftus; Lumsden, 2008 in Budds; Hinojosa, 2012) – "água é vida", "água para todos", são exemplos desses discursos – que são intermediadas por embates políticos e sucedem-se pela imposição, sempre mediada por conflito e cooperação, de uma certa visão de mundo frente a outras, como uma luta simbólica. Essas lutas simbólicas, no entanto, não são mera expressão das relações de poder, elas atuam sobre o campo das práticas, elas reelaboram as práticas (Sánchez, 2003).

A produção do imaginário de uma sociedade está vinculada diretamente às relações estabelecidas materialmente no espaço. Ao construir uma infraestrutura produz-se também a maneira pela qual ela será consumida, por meio das práticas ideológicas que produzem o objeto sob a forma de discurso e imagem. Assim, o discurso torna-se parte incondicional da realidade social (Sánchez, 2003).

O discurso é uma das formas pelas quais a ideologia mostra o seu poder e a sua complexidade. As ideologias inscritas nos discursos visam à produção de efeitos na realidade social e, embora esses discursos não sejam sempre ardilosamente orquestrados, são carregados de intencionalidade.

A ideologia, como um conjunto de representações dominantes, expressa os valores e a visão de mundo de determinados grupos dentro da sociedade e a maneira como eles representam a ordem social. Como existem vários grupos de poder, várias ideologias estão permanentemente em confronto na sociedade (Gregolin, 1995). Isso não significa dizer que somente os indivíduos pertencentes a determinado grupo aderem a determinadas ideologias. De outra forma, não poderíamos explicar, por exemplo, como pobres, negros e homossexuais votam em partidos de extrema direita ou porquê mulheres votam em candidatos machistas.

Uma noção foucaultiana de discurso afirma que essa é uma representação culturalmente construída da realidade que, portanto, governa através da produção de categorias de conhecimento (Foucault, 2010). O discurso define os sujeitos posicionando-os na sociedade e produz maior ressonância junto àqueles aos quais implicitamente se dirige (Sánchez, 2003).

Os discursos geralmente veiculam ideologias que são utilizadas para legitimar práticas políticas e econômicas, muitas vezes apoiados em amplos "projetos de nação". Esses projetos de nação muitas vezes operam com a encenação de esplendor ou de grandeza, e a transformação do espaço agrário ou "abandonado" em espaço urbano ou "ocupado", "desenvolvido", trabalha de modo a aumentar a aceitação e a não contestação das novas condições políticas. Nesse caso, a utilidade das infraestruturas fica subordinada à (ou é vista como menos importante que a) própria demonstração de poder.[9]

---

[9] É o caso dos projetos de construção da Rodovia Transamazônica ou da UHE Balbina, entre tantos outros exemplos, que embora não tenham sido bem-sucedidos, operaram com o discurso ideológico do desenvolvimento, da integração e da autonomia da nação. Neste sentido, a construção de imagens é apresentada como uma estratégia para criar consenso em nome de uma suposta identificação com os projetos.

1.2.1 – Desenvolvimentismo

Desenvolvimentismo se refere, a um só tempo, a uma ideologia e a uma prática econômica. Enquanto ideologia, ancorou-se em um amálgama de premissas e ideias associadas às matrizes teóricas positivistas, nacionalistas, industrialistas e intervencionistas em relação ao papel do Estado, a partir das primeiras décadas do século XX (Fonseca, 2004; 2015; Amann; Baer, 2005).

Como teoria econômica, o desenvolvimentismo se estruturou somente entre as décadas de 1950 e 1960 (Cervo, 2003; Fonseca, 2004; 2015), referindo-se notadamente ao incentivo à industrialização iniciado por meio da substituição de importações (Fonseca, Mollo, 2013; Fonseca, 2015).

A expressão "Estado desenvolvimentista" é utilizada para explicar a intervenção estatal nos setores selecionados como prioritários (em geral, o setor produtivo e a infraestrutura), mas também para a viabilização de recursos financeiros por meio da criação de instituições financeiras, do planejamento e da implementação de políticas estatais para o aceleramento da industrialização, que seria o principal motor da economia (Bielschowsky, 1988). A acumulação do capital em território nacional, a promoção do conhecimento científico e tecnológico, a existência de um projeto ou estratégia de governo que tenha o futuro da Nação como argumento, a legislação trabalhista (Fonseca, 2015) e a criação de empresas e bancos de fomento estatais (Fonseca, 2004; 2015), também são características associadas a governos desenvolvimentistas. O desenvolvimentismo se refere, assim, a políticas econômicas expansionistas e pró-crescimento interno.

Há ainda uma dimensão internacional do desenvolvimentismo, no que se refere a ser visto pela comunidade internacional como um esforço para se desenvolver e, portanto, para ser elegível para empréstimos, por exemplo. Quando isso acontece, o recurso financeiro angariado é novamente usado para fins políticos domésticos.

Em resumo, o desenvolvimentismo consiste em uma ideologia da sociedade capitalista, que tem o seu projeto econômico baseado na crença de que o incentivo à indústria nacional é condição *sine qua non* para o progresso e, por meio da intervenção estatal, uma via segura de superação da pobreza (Bielschowsky, 1988).

As práticas desenvolvimentistas se difundiram ao redor do mundo, embora com predominância nos países latino-americanos (Fonseca, 2015). Países como Japão, no pós-Segunda Guerra Mundial, Coreia, Índia e Taiwan são mencionados na literatura (Fonseca, 2015), por terem utilizado algumas das práticas econômicas que caracterizam os Estados desenvolvimentistas, como a intervenção do Estado na aceleração da industrialização, mas não tiveram o desenvolvimentismo como ideologia de Estado.

Enquanto alguns países europeus – Alemanha, Bélgica, Holanda, países escandinavos e a Grã-Bretanha – desenvolveram um planejamento pós-Segunda Guerra Mundial com um modelo de desenvolvimento mais flexível entre o público e o privado, países tais como a Espanha, a Grécia, a Itália, Portugal e a Turquia adotaram medidas desenvolvimentistas "padrão", sobretudo devido a dois fatores: exigência dos órgãos internacionais de financiamento e em função dos regimes autoritários, que concentravam a função de dirigir e orientar a economia, de modo a legitimar os regimes autoritários (De La Torre; García-Zúñiga, 2013).

A Espanha, a partir do final da década de 1950, passou da ideia de "ditadura da vitória" à ideia de "ditadura do desenvolvimento" (Afinoguénova, 2010), por também utilizar práticas *desarrollistas* (Quer, 2008; Afinoguénova, 2010; De La Torre; García-Zúñiga, 2013). O Plano de Estabilização Econômica Espanhol (1959) e os Planos de Desenvolvimento Econômico para o período de 1964-1967 foram inspirados nas práticas desenvolvimentistas, tendo a industrialização em grande escala como motor impulsionador da economia, mas acompanhada de medidas para a abertura ao mercado externo e para a construção de infraestrutura interna. Uma série de mudanças institucionais e legais foram realizadas, principalmente visando à execução dos planos elaborados (Afinoguénova, 2010).

Entre os países latino-americanos, a Argentina, o Brasil, o Chile e o México são apontados como exemplos típicos do desenvolvimentismo a partir dos anos 1930, por proporem ações governamentais deliberadamente intervencionistas e protecionistas que, embora tenham sido aplicadas de forma irregular e sem planejamento, visavam à aceleração do crescimento econômico nacional (Cavlak, 2009; Fonseca, 2015).

No continente latino-americano, a Comissão Econômica para a América Latina e o Caribe das Nações Unidas (Cepal), criada em 1948, teve um papel extremamente importante na formulação de uma teoria do desenvolvimentismo, graças à difusão das ideias de intelectuais como Raúl Prebisch, Celso Furtado, Aníbal Pinto, Osvaldo Sunkel, Maria da Conceição Tavares e José Medina Echevarría (Fonseca, 2015).

A Cepal produziu uma teoria desenvolvimentista baseada em uma "consciência do subdesenvolvimento" (Bielschowsky, 1988; Colistete; 2001; Fonseca, 2015) sob a constatação de que as economias latino-americanas sofriam de deterioração dos termos de troca, de desemprego, de escassez de demanda internacional por bens primários, de desequilíbrio estrutural no balanço de pagamentos, de vulnerabilidade aos ciclos econômicos e de

24

inadequação de técnicas modernas à disponibilidade de recursos (Bielschowsky, 1988; Colistete, 2001; Fonseca, 2015). Aqueles intelectuais da Cepal desenharam um modelo em contraponto ao modelo liberal dando a partir daí a fundamentação teórica para a política econômica de industrialização com a condução ativa do Estado como forma de superação do subdesenvolvimento latino-americano (Colistete, 2001).

No Brasil, o desenvolvimentismo esteve presente enquanto prática e ideologia desde os anos 1930, período que coincide com o primeiro governo de Getúlio Vargas (Fonseca; Haines, 2012). No entanto, foi durante o governo de Juscelino Kubitschek (1955-1960), por influência da Cepal e com a criação do Instituto Superior de Estudos Brasileiros (ISEB), órgão do Ministério da Educação e Cultura, em 1955, que foi realmente estruturada uma teoria brasileira do desenvolvimentismo para além das práticas que já vinham sendo realizadas (Souza, 2009).

A função do ISEB foi criar uma referência teórica que passou a permear a realidade social por meio dos discursos presidenciais, da publicidade governamental, dos projetos institucionais, das produções intelectuais etc. Teve um papel fundamental na construção de estratégias e mecanismos que atuavam na formação e condução ideológica da sociedade brasileira (Souza, 2009).

O ISEB promoveu e difundiu um singular projeto de educação ideológica por meio de cursos e da publicação de livros, jornais e revistas numa ação de cunho político e institucional proveniente do trabalho de análise e compreensão crítica da realidade brasileira que se expressou na ideologia nacional-desenvolvimentista, adotada pelo governo João Goulart, nos primeiros anos da década de 1960 (Oliveira, 2007).

Segundo as teorias formuladas pelo ISEB, o principal entrave ao desenvolvimento brasileiro seria a manutenção do modelo agrário-exportador (Souza, 2009). O que se propunha era não só o crescimento econômico por meio da industrialização, mas, para além das teorias cepalinas, as reformas de base, como a reforma agrária, a redistribuição de renda e a privatização de alguns setores básicos da economia, como o setor petroquímico, o controle dos lucros das empresas estrangeiras, a extensão dos benefícios do desenvolvimento a todas as regiões do país, a transformação da estrutura fundiária e uma crítica ao alinhamento automático aos Estados Unidos (Toledo, 2005; Abreu, 2010).

Em função dessas ideias, no final dos anos 1950, o ISEB se aproximou do Partido Comunista Brasileiro, e, em 1964, com o golpe militar, a sua sede foi invadida e todo o material produzido foi confiscado, além de ter tido suas atividades encerradas. O instituto foi acusado, pelo governo militar, de ser parte da "esquerda subversiva" brasileira (Abreu, 2010).

Tanto o ISEB quanto a Cepal eram críticos do liberalismo econômico e defendiam o nacional-desenvolvimentismo, pois argumentavam que, nos países europeus e nos Estados Unidos, o liberalismo só foi possível graças ao estágio de desenvolvimento daqueles países, sendo talvez o passo seguinte depois do nacional-desenvolvimentismo.

Durante o período militar, no entanto, a componente nacionalista do desenvolvimentismo não contou com a adesão popular ou mesmo com o apoio do empresariado, acabando por se transformar na bandeira ufanista do "Pra frente Brasil!", que convivia amistosamente com o discurso liberalista sustentado pela grande maioria do empresariado.

O ecletismo, no entanto, foi a nota dominante do desenvolvimentismo brasileiro, e as ideias foram embaralhadas de maneira inconsistente e desmobilizadora (Fiori, 1994).

Após 1964, quando os militares passaram a conduzir os negócios do Estado no Brasil, o intervencionismo militar se transformou numa ideologia e numa estratégia específica e diferenciada dentro do universo desenvolvimentista, porque os militares o associaram explicitamente à necessidade do desenvolvimento econômico e da industrialização, com o objetivo prioritário da segurança nacional, criando um peculiar "Desenvolvimentismo militar" (Fiori, 1994).

No I Plano Nacional de Desenvolvimento (PND), um ponto essencial proposto como modelo econômico seria a "influência crescente do Gôverno na gestão do sistema econômico, com expansão de seus investimentos e da sua capacidade de regulamentar" (Brasil, 1971:17), reforçando assim o papel do Estado na economia e no Executivo.

Uma das estratégias utilizadas pelos governos militares para a legitimação e a consolidação da ideia de Brasil-Potência foi a adoção de alternativas que visavam a um crescimento identificado com o imaginário do progresso econômico. Desse modo, o desenvolvimento capitalista brasileiro pressupõe uma produção ideológica articulada a uma produção econômica, e, na medida em que a produção econômica atinge novas formas de desenvolvimento, têm-se novos tipos de organização ideológica implantadas. A opção por determinada matriz de desenvolvimento é também uma decisão sobre quais impactos sociais e ambientais serão passíveis de manutenção e gestão.

Mais recentemente no Brasil, o termo "novo-desenvolvimentismo" tem sido utilizado para fazer referência às políticas desenvolvidas nos anos 2000, especialmente a partir do primeiro governo Lula, mas também como contraponto para o renascimento de práticas liberais ou, nesse caso, neoliberais (Bresser-Pereira, 2006; 2007; 2009; Oreiro, 2012; Boito; Berringer; 2013). Nesse sentido, Fonseca (2015) argumenta que o desenvolvimentismo é uma prática arraigada principalmente nas sociedades latino-americanas, como valor e princípio, mas também suportada na estrutura que construiu para o seu funcionamento, mesmo em contextos históricos e econômicos adversos.

1.2.2 – A Doutrina de Segurança Nacional

A Doutrina de Segurança Nacional é baseada na concepção da defesa nacional contra perigos externos e internos e foi uma das condicionantes ideológicas do regime militar, sendo, efetivamente, o que diferencia esse período dos períodos precedentes e posteriores (Chiavenato, 2014).

A Doutrina de Segurança Nacional começou a ser difundida no Brasil após a Segunda Guerra Mundial, por meio da Escola Superior de Guerra (ESG), vinculada ao Estado Maior das Forças Armadas brasileiras. Essa escola foi estruturada conforme sua similar norte-americana, a *National War College*, onde muitos dos militares brasileiros foram treinados desde os anos 1940 (Fragoso, 2010). A ESG patrocinava cursos sobre política, com ênfase na segurança nacional, para militares e civis de nível universitário. Seus alunos logo formariam a Associação dos Diplomados da Escola Superior de Guerra, que conglomerava, além dos militares, membros da elite empresarial brasileira.

A partir de 1963, a ESG foi a célula aglutinadora das forças que deram o golpe. Essas mesmas forças passaram a compor o governo após 1964.

Sob forte influência norte-americana no contexto da Guerra Fria e baseada, sobretudo, na ideia de cisão do mundo entre o capitalismo cristão e o comunismo ateu, a perspectiva da Doutrina de Segurança Nacional começou a produzir importantes alterações legislativas sucessivas através de decretos-leis e atos institucionais, que marcaram o modo de fazer política dos militares (Gomes; Lena Júnior, 2011). [10] Curiosamente, mais tarde o governo estabeleceu várias relações de cooperação tecnológica e comercial, inclusive com países comunistas (Wiesebron, 2016).

Durante o regime militar foram publicadas quatro Leis de Segurança Nacional. A primeira delas em 1967 (Decreto-Lei 314, de 13 de março de 1967), a segunda em 1969 (Decreto-Lei 898, de 29 de setembro de 1969), a terceira em 1978 (Lei 6.620, de 17 de dezembro de 1978) e a última em 1983 (Lei 7.170, de 14 de dezembro de 1983). Todas elas definem os crimes contra a segurança nacional e a ordem política e social, sendo que no segundo

---

[10] "As doutrinas representam uma exposição integrada e harmônica de idéias e entendimentos sobre determinado assunto, com a finalidade de ordenar linhas de pensamentos e orientar ações. Podem ser explícitas ou implícitas. Explícitas, quando formalizadas em documentos, e implícitas, quando praticadas de acordo com costumes e tradições." (Ministério da Defesa, 2007:11).

Decreto-Lei 898, de 1969, ficou estabelecida a responsabilidade do cidadão e das pessoas jurídicas contra a "guerra revolucionária subversiva" e, entre outras coisas, a possibilidade de prisão perpétua e de pena de morte. Essas penas deixaram de fazer parte da Lei de Segurança Nacional somente no decreto de 1978.

Nas três primeiras Leis de Segurança Nacional foi incluída a proibição da realização de greve, e isso serviu para reprimir e perseguir trabalhadores que reivindicavam melhores condições de trabalho (Fragoso, 2010). Tal fato demonstra o poder de dominar e controlar a classe trabalhadora, suprimindo o seu poder de pressão. A inclusão da greve nas Leis de Segurança serviu, antes de mais nada, para a preservação dos interesses do empresariado.

O entendimento dessa legislação, juntamente com os Atos Institucionais, é fundamental para a compreensão do *modus operandi* dos militares no poder naquele momento e para o entendimento de como a Segurança Nacional tornou-se uma espécie de palavra-chave, um conceito inserido na linguagem comum "a tal ponto que ninguém mais indagava qual seria o seu sentido" (Bicudo, 1986:9). As Leis de Segurança Nacional tiveram consequência direta na estruturação do Programa de Integração Nacional, da Lei de Imprensa e do Sistema Nacional de Informação, entre outros, que foram condutores das políticas públicas e dos investimentos governamentais em infraestrutura.

Outra influência da Doutrina de Segurança Nacional foi a utilização do mecanismo dos Atos Institucionais. Os Atos Institucionais não precisavam de aprovação do Congresso Nacional, sendo normas que se colocavam acima do poder constitucional, e foram utilizados como ferramentas para impor as decisões tomadas pelos militares, bem como para garantir a sua continuidade no poder. Ao todo foram decretados, entre 1964 e 1969, dezessete Atos Institucionais, regulamentados por 104 Atos Complementares. Essa ferramenta legislativa concedia uma série de poderes ao presidente, tais como o fechamento do Congresso Nacional, a cassação de mandatos eletivos, a suspensão dos direitos políticos de qualquer cidadão brasileiro por dez anos e a intervenção em estados e municípios, a dissolução dos partidos políticos, entre muitos outros.

O Congresso Nacional e o Senado foram fechados em três ocasiões, por meio dos Atos Institucionais e lei complementar. A primeira em 1966 (AI-2), por dois meses, a segunda em 1968 (AI-5), por dez meses, e a terceira em 1977 (Lei Complementar nº 102), por quatorze 14 dias. Nesses três momentos, várias leis foram aprovadas, sem terem de passar pela aprovação de deputados e senadores.

É por isso que se pode afirmar que, nesse período, o Brasil ingressou na modernidade por meio da via autoritária e pelo projeto geopolítico de Brasil-Potência, elaborado e gerido pelas Forças Armadas, que deixou profundas marcas sobre a sociedade e sobre o espaço geográfico (Becker, 2012).

O projeto geopolítico de Brasil-Potência significou a materialização da ideologia da Doutrina de Segurança Nacional combinada à ideologia desenvolvimentista, por meio da ideia de ocupação dos territórios fronteiriços, principalmente na Amazônia e na região Centro-Oeste do Brasil, mas também no sul do país, com a hidrelétrica de Itaipu e da integração daqueles territórios (além da região Nordeste) ao resto do país. Essa expansão territorial visava, sobretudo, à exploração das riquezas minerais do subsolo amazônico, que beneficiou várias corporações, mas era travestida de justiça social, como no *slogan* "Homens sem-terra para terras sem homens" das propagandas produzidas pela Assessoria Especial de Relações Públicas (AERP), que visava induzir a ocupação da Amazônia.[11]

Várias iniciativas visavam motivar a ocupação da Amazônia, como o Programa de Integração Nacional, instituído pelo Decreto-Lei 1.106, de 16 de junho de 1970, durante o governo Médici, que tinha como primeira iniciativa a construção das rodovias Transamazônica e Cuiabá-Santarém, com recursos financeiros da União, além de induzir a ocupação do território por meio da doação de terras para colonização e reforma agrária na faixa de até dez quilômetros à esquerda e à direita das novas rodovias.[12] O Estado passou a ser o agente central para conduzir o desenvolvimento.

No próximo capítulo trataremos de como o setor de energia, especialmente o de hidroenergia, se constituiu no Brasil e os principais atores tomadores de decisão, que estiveram no poder no período militar, principalmente, no Ministério das Minas e Energia e na Eletrobrás. Buscou-se compreender quais agentes, arranjos institucionais e legais bem como quais financiamentos foram utilizados.

---

[11] A lógica militar parece continuar associando desenvolvimento a segurança nacional: "Estratégia nacional de defesa é inseparável de estratégia nacional de desenvolvimento. Esta motiva aquela. Aquela fornece escudo para esta. Cada uma reforça as razões da outra. Em ambas, se desperta para a nacionalidade e constrói-se a Nação. Defendido, o Brasil terá como dizer não, quando tiver que dizer não. Terá capacidade para construir seu próprio modelo de desenvolvimento." (Ministério da Defesa, 2012:11)

[12] Essa disposição foi alterada pelo decreto-lei 1.164, de 1º de abril de 1971, que declarava "indispensáveis à segurança e ao desenvolvimento nacionais terras devolutas situadas na faixa de cem quilômetros de largura em cada lado do eixo de rodovias na Amazônia Legal."

2

A CONSTITUIÇÃO DO SETOR ELÉTRICO: UMA CONSTELAÇÃO DE PODER COM IMPACTO NAS DECISÕES SOBRE O USO DOS RECURSOS HÍDRICOS

As usinas hidrelétricas de grande porte foram, sem nenhuma dúvida, um dos maiores legados do regime militar brasileiro para as décadas subsequentes. O Sistema Interligado Nacional de eletricidade foi um dos amplos projetos de integração nacional que funcionou, o que se deve, em grande parte, à estrutura institucional constituída naquele período.

A perspectiva militar no poder, situada entre o desenvolvimentismo econômico liderado pelo Estado – com a forte presença do empresariado – e a Doutrina de Segurança Nacional, criou um arranjo especial de poder que contribuiu fortemente, entre outras coisas, para a consolidação do setor de energia como prioritário frente a outras políticas públicas.

O trecho a seguir, parte da comunicação entre o presidente da Eletronorte, o coronel e engenheiro Raul Garcia Llano, e o ministro de Minas e Energia, Shigeaki Ueki, em 1974, merece ser reproduzido, pois traduz quase em perfeição a ideologia governamental daquele período.

> É preciso ter-se em conta que o conceito de recursos naturais produtivos é necessariamente funcional. Uma determinada quantidade de *solos, reservas minerais ou potencial vegetal ou hidroelétrico, não desempenhará nenhuma função quando não seja possível estabelecer sua correlação com as necessidades nacionais e a tecnologia indispensáve*l. Isso significa que temos de conhecer qualitativa e quantitativamente, em amplo sentido, os recursos em causa e, sob enfoque realista e pragmático, *enquadrá-los como fator econômico*, utilizando-os consequentemente, em benefício de uma maior valia social, *livres de injunções restritivas que possam gravar, desnecessariamente, seus custos ou aproveitamento.*
> E com esse sentido, no que concerne aos recursos hídricos da Amazônia, a Centrais Elétricas do Norte do Brasil S.A. – ELETRONORTE, desde sua

constituição, vem realizando os estudos com vistas à elaboração de projetos de usinas hidroeletricas e sistemas de transmissão associados, bem como à execução oportuna de tais obras, segundo planejamento que for aprovado pelos escalões competentes da Administração Federal, *para o apoio e auto-sustentação da política de integração da região cujo desenvolvimento não se faz espontaneamente, mas, sim, induzido de fora para dentro, pelo Estado.*

[...]

Em face de ser a eletricidade indispensável à garantia do desenvolvimento no seu mais amplo e irrestrito sentido, é que *compete ao Poder Público promover a oferta da energia elétrica* reclamada pelas necessidades do País, segundo estudos e planejamento que se efetivam, em programas de obras do setor para o desenvolvimento permanente dos polos sócio-econômicos brasileiros. [13]

Essas usinas promoveram uma série de mudanças no ambiente biofísico e na sociedade, que acarretaram adaptações em diferentes políticas públicas. Naquele período, as estruturas institucionais do setor elétrico cresceram, com a criação de várias subsidiárias e concessionárias regionais, mas também, ainda que timidamente, começava a se delinear um setor de gestão dos recursos naturais, sobretudo com a criação da secretaria de meio ambiente, vinculada ao Ministério do Interior.

Ainda que essa secretaria não tivesse muito poder, conseguiu, sobretudo graças à inteligência estratégica de seu secretário, o pesquisador e professor da Universidade de São Paulo, Paulo Nogueira Neto, iniciar a década de 1980 com a demarcação de várias reservas naturais e a aprovação da Política Nacional de Meio Ambiente.

A importância de se falar da constituição do setor de energia elétrica para o contexto aqui apresentado reside no fato de que essa "constelação de poder" (Macfarlane; Rutherford, 2008) impactou e ainda impacta, com suas decisões, praticamente todos os outros usos da água e influenciou fortemente a estruturação do setor de gestão dos recursos hídricos, que se deu décadas mais tarde. Dito de outro modo, esse setor foi e é o responsável pelas maiores e mais significativas e duradouras alterações na *waterscape*, por meio das usinas hidrelétricas, e orientou por muitas décadas o desenvolvimento de políticas específicas para o gerenciamento dos usos da água.

Outros interesses privados envolvidos na construção das hidrelétricas, como as empreiteiras e as mineradoras, mostram-se também importantes atores nessa história. Cabe dizer, desse modo, que os grupos sociais mais poderosos daquele período nortearam, em grande medida, a alocação de recursos em atendimento a seus próprios valores e interesses, e isso talvez

---

[13] Correspondência entre o presidente da Eletronorte, Raul Garcia Llano e o ministro de minas e energia Shigeaki Ueki em 31/07/1974. Grifo nosso. (Serviço Nacional de Informação, Agência Central, AC_ACE_30880_83_003, p. 15-16)

esclareça como os engenheiros viriam a dominar o setor de energia, ocupando não só os cargos técnicos, mas também cargos com alto poder de tomada de decisão.

Como se lê em uma carta-resposta da Eletronorte, de 21 de junho de 1989, a uma nota de repúdio da Federação Nacional de Engenharia (FNE) à UHE de Balbina, enviada em 12 de maio de 1989 à Eletronorte:

> Senhor Presidente,
>
> Tenho a elevada honra de presidir, desde setembro de 1984, a Centrais Elétricas do Norte do Brasil S/A – ELETRONORTE, Empresa do Grupo ELETROBRÁS, uma organização *cujo sistema líder é a engenharia.* Como parte da sociedade brasileira nela se encontram vários extratos sociais, compostos por segmentos sedimentados que constituem, em última análise, parcela das classes sociais existentes.
> É evidente que a cada uma dessas classes está atribuída uma função específica, *sendo de fundamental significado aquela ocupada pelos engenheiros* das mais diversas especializações *que inclusive representam, na sua grande maioria, nossa elite dirigente, em todos os níveis e que vem desenvolvendo papel fundamental no processo de construção, desenvolvimento e aprimoramento da produção de energia elétrica,* primeiro insumo requerido pelo desenvolvimento e bem estar da população brasileira"[14]

O que se vê nesse documento, assim como em tantos outros analisados, é a vinculação entre engenharia e desenvolvimento. Pode-se perceber, também, que havia um entendimento de que as decisões técnicas dependiam do poder político e econômico para serem concretizadas, e nisso estariam envolvidos outros interesses, valores e capacidades de negociação e barganha.

No período militar, o capital das empresas de construção civil, as chamadas "empreiteiras", aumentou muito, principalmente o segmento "barrageiro", especializado na construção de barragens para hidrelétricas. A construção de barragens para hidrelétricas foi o que movimentou o maior volume de recursos financeiros e o que demandou os serviços mais vultosos às maiores construtoras do país, pois eram necessários tecnologia e conhecimento especializados, além de grande capital para investimento por parte das empresas (Campos, 2012).

As empreiteiras se localizavam nos estados de Minas Gerais (Mendes Júnior e Andrade Gutierrez), São Paulo (Camargo Corrêa) e, mais tarde, na Bahia (Odebrecht), e, basicamente, prestavam serviços para dois grandes grupos contratantes. Um deles era composto por estatais – Companhia Energética de Minas Gerais S.A. (Cemig), Furnas, Centrais Elétricas Brasileiras (Eletrobrás) – e pelo Ministério de Minas e Energia, e o outro grupo era composto por diversas concessionárias, que mais tarde seriam agrupadas na Companhia Elétrica de São Paulo

---

[14] Documento nº 33/019/89 do Ministério das Minas e Energia – Divisão de Segurança e Informações. 04/07/1989. Confidencial. Grifo nosso (Serviço Nacional de Informação, Agência Central, AC_ACE_72605_89).

(Campos, 2012). É interessante notar a origem dos ministros de Minas e Energia e dos presidentes da Eletrobrás, que são basicamente dos mesmos estados das empreiteiras.

Além das empreiteiras, as companhias responsáveis por fornecer materiais como cimento e ferro também cresceram naquele período. A Votorantim chegou a estabelecer liderança no setor de produção de cimento na década de 1970 no Brasil e, em 2014, chegou a ser a décima maior indústria de cimentos do mundo (Barbosa, 2014). É fácil visualizar o porquê desse crescimento quando se analisam, por exemplo, os números da construção da usina hidrelétrica de Itaipu, em que foram utilizados 12,7 milhões de metros cúbicos de concreto, fornecidos pela Votorantim, o suficiente para erguer mais de 200 estádios do tamanho do Maracanã (IPEA, 2010).

Os projetos de infraestrutura têm muito mais a ver com o acesso a contratos governamentais e a recompensas de redes clientelistas do que com sua função técnica e social (Larkin, 2013). As hidrelétricas são somente um exemplo de como as elites nacionais sempre lucraram com projetos de infraestrutura.

As práticas presentes naquele período serviram, antes de tudo, para o benefício das empreiteiras e para o aumento do capital da burguesia nacional, e não para a melhoria da qualidade de vida da população em geral. Essa situação ficou marcada pela célebre frase atribuída ao presidente Médici, no início dos anos 1970: "A economia vai bem, mas o povo vai mal".[15]

A elite conseguiu usar o poder do Estado para se beneficiar. Algumas leis estimularam a indústria privada de construção e asseguraram a contratação de empresas brasileiras, restringindo a contratação de empresas estrangeiras somente no caso de não haver empresa nacional devidamente capacitada para o desempenho dos serviços a contratar.

O Decreto 64.345, de 1969, por exemplo, instituiu normas para a contratação de serviços, objetivando o desenvolvimento da engenharia nacional, e acabou por beneficiar a formação de cartéis, pois criou vários mecanismos, como a dispensa de concorrência pública, o preço mínimo oculto e os critérios técnicos de desempate, que eram formas subjetivas de

---

[15] Entre 1964 e 1985, o salário mínimo caiu 50% em valores reais (já ajustados pela inflação). Foram precisos 30 anos após o fim do regime militar para recuperar o poder salarial dos mais pobres (Gonzalez *et al.*, 1990). Esse arrocho salarial aconteceu em parte como resultado da intervenção dos militares sobre os sindicatos, o que diminuiu o poder de negociação dos trabalhadores. Em 1964, o 1% mais rico da população detinha entre 15-20% de toda a renda do país. No fim da ditadura, em 1985, os mesmos 1% controlavam quase 30% de toda a renda do país (Souza, 2016). A inflação, que foi controlada no início, explodiu na segunda metade do regime. Em 1985, o índice anual já batia 231%. Quatro anos depois, durante o governo Sarney, eleito indiretamente pelo Congresso, a inflação chegou a quase 2.000% em 12 meses. O endividamento subiu de 15,7% do PIB em 1964 para 54% do PIB quando os militares deixaram o poder, em 1984. A dívida externa cresceu 30 vezes. Passou de US$ 3,4 bilhões em 1964 para mais de US$ 100 bilhões em 1985. (Barrucho, 2018).

avaliação do vencedor dos editais de concorrências públicas, principalmente nas concorrências estaduais (Campos, 2012). Esse decreto esteve em vigor por 22 anos, até 14 de maio de 1991, quando o então presidente Fernando Collor de Mello o revogou. No entanto, naquele momento, as empreiteiras nacionais já operavam de forma a impedir a competição estrangeira – ou mesmo para alguma empresa de fora do grupo das principais nacionais.

Uma das primeiras ações consistentes do governo para a benesse dos empresários foi a criação, no apagar das luzes de 1964, do Fundo de Financiamento para Aquisição de Máquinas e Equipamentos, o Finame, criado pelo Decreto 55.275, de 22 de dezembro de 1964, e que se tornou subsidiário do Banco Nacional do Desenvolvimento, em 1971. [16]

A relação do governo com as empresas, embora não seja o foco desta tese, tornou-se mais clara nos últimos anos no Brasil, especialmente após o início da chamada Operação Lava Jato, investigação da Polícia Federal responsável por averiguar supostos casos de corrupção ativa e passiva – que prendeu, em 2015, os empresários Otávio Azevedo e Marcelo Odebrecht, das empreiteiras Andrade Gutierrez e Odebrecht, respectivamente.

Desse modo, é objetivo deste capítulo realizar uma descrição – mais que uma análise crítica – de como o setor de energia se desenvolveu desde o seu início, para entender como as constelações de poder, ou relações sociopolíticas, interagiram para formar o setor de recursos hídricos brasileiro. O foco foi dado à constituição do setor de energia desde os seus primórdios, com o predomínio da iniciativa privada até o início da intervenção estatal, com a criação do Ministério de Minas e Energia e da Eletrobrás. Em seguida, trata-se dessas duas instituições e dos seus principais atores no período militar. Os nomes das personalidades oficiais, presidentes, ministros de estado e presidentes da Eletrobrás estão na tabela 1.

---

[16] O Decreto 59.170, de 2 de setembro de 1966, criou a Agência Especial de Financiamento Industrial, incorporando o Finame. O Decreto-Lei 45, de 18 de novembro de 1966, incorporou as disposições do Decreto 59.170 e atribuiu personalidade jurídica à entidade. A Lei 5.662, de 21 de junho 1971, enquadrou o Finame na categoria de empresa pública, com personalidade jurídica de direito privado e patrimônio próprio, sendo subsidiária do BNDE (ainda sem o S, de Social, naquele período) (Aniceto, 2011).

Tabela 1: Presidentes, Ministros de Minas e Energia e Presidentes da Eletrobrás (1964-1985)

PRESIDENTE DA REPÚBLICA	MINISTRO DE MINAS E ENERGIA	PRESIDENTE DA ELETROBRÁS
Ranieri Mazzilli (04/04/1964 a 17/04/1964)	Costa e Silva 4 de abril de 1964 a 17 de abril de 1964	José Varonil de Albuquerque Lima 11/04/64 a 27/04/64
Castelo Branco (17/04/1964 a 15/03/1967)	Mauro Thibau 17 de abril de 1964 a 15 de março de 1967	Octavio Marcondes Ferraz 28/04/64 a 15/03/67
Costa e Silva (15/03/1967 a 31/08/1969)	José Costa Cavalcanti 15 de março de 1967 a 27 de janeiro de 1969	Mario Penna Bhering 20/03/67 a 07/11/75
	Antônio Dias Leite Júnior (27/01/1969 a 15/03/1974)	
Junta Governativa Provisória (31/08/1969 a 30/10/1969)	Antônio Dias Leite Júnior (27/01/1969 a 15/03/1974)	Mario Penna Bhering 20/03/67 a 07/11/75
Emílio Gastarrazu Médici (30/10/1969 a 15/03/1974)	Antônio Dias Leite Júnior (27/01/1969 a 15/03/1974)	Mario Penna Bhering 20/03/67 a 07/11/75
Ernesto Geisel (15/03/1974 a 15/03/1979)	Shigeaki Ueki 15 de março de 1974 a 15 de março de 1979	Mario Penna Bhering 20/03/67 a 07/11/75
		Antônio Carlos Magalhães 07/11/75 a 30/05/78
		Arnaldo Rodrigues Barbalho 30/05/78 a 15/03/79
João Figueiredo (15/03/1979 a 15/03/1985)	César Cals 15 de março de 1979 a 15 de março de 1985	Maurício Schulman 15/03/79 a 18/09/80
		José Costa Cavalcanti 26/09/80 a 10/04/85

Fonte: CPDOC, 2010.

2.1 – A CONSTITUIÇÃO DO SETOR HIDRELÉTRICO NO BRASIL EM PERSPECTIVA HISTÓRICA: DA COMISSÃO DE ESTUDOS DAS FORÇAS HIDRÁULICAS (1924) À ELETROBRÁS (1962)

A geração de energia hidrelétrica foi iniciada no Brasil, em 1883, em Diamantina, estado de Minas Gerais, por iniciativa do capital privado francês (Gorceix) e da Escola de Minas de Ouro Preto, para atender à mineração de diamantes. Seguindo-se a essa, outras pequenas centrais hidrelétricas privadas foram construídas em Minas Gerais ainda naquele final de século XIX (Moreira, 2012).[17]

Apesar dessas iniciativas na geração de energia hidráulica, as usinas térmicas ainda eram as maiores fornecedoras de energia elétrica no país, até a entrada da empresa São Paulo Railway, Light and Power, a partir de 1899, com capital canadense, inglês e norte-americano (Campos, 2012). Essa companhia investiu na construção de centrais hidrelétricas, contribuindo diretamente para o processo de industrialização do Brasil e ajudando a definir o modelo elétrico brasileiro. A primeira central hidrelétrica construída pela Light foi a do Parnaíba, no Rio Tietê, finalizada em 1901, e que foi a principal fornecedora de energia para a cidade de São Paulo até 1914. Em 1904, a Light ampliou suas atividades para o Rio de Janeiro. Para além da geração e distribuição de energia elétrica, assumiu também a gestão de diversos serviços públicos, como o fornecimento de gás, o transporte público e a telefonia das duas cidades. A Light também realizou o levantamento das quedas d'água e do potencial hidrelétrico brasileiro (Campos, 2012).

A primeira concorrente da Light só apareceu em 1909: a Companhia Brasileira de Energia Elétrica, que construiu duas importantes centrais de geração de energia: Itatinga e Jurubatuba, ambas no estado de São Paulo. Nos anos 1920 a Companhia foi adquirida pelo grupo norte-americano American and Foreign Power Company Inc. (AMFORP) (CPDOC, 2010).

Como política de Estado, o setor elétrico se constituiu historicamente a partir da década de 1920, com a criação da Comissão de Estudos das Forças Hidráulicas (1928), no Ministério

---

[17] Depois da construção dessa primeira hidrelétrica, Minas Gerais iniciou um período de investimentos privados em pequenas centrais hidrelétricas que começaram a mudar o cenário da economia no país. É o caso da hidrelétrica privada da Companhia Fiação e Tecidos São Silvestre, instalada em 1885 na cidade de Viçosa, e da hidrelétrica Ribeirão dos Macacos, datada de 1887. Em 1889 foi construída a central hidrelétrica de Marmelos, em Juiz de Fora, dotada de maquinário da empresa norte-americana Max Nothman & Co., para atender à indústria têxtil local. Essa hidrelétrica é considerada a primeira grande geradora de energia (com dois grupos geradores de 125 KWh), pois, além de atender à indústria têxtil, vendia o excedente para a iluminação pública da cidade, o que rendeu o título de "Manchester Mineira" à cidade de Juiz de Fora (Moreira, 2012).

da Agricultura, que ficou responsável pelo levantamento do potencial hidrelétrico nacional (Campos, 2012).

Com o início dos investimentos privados em geração de energia hidráulica e antevendo a necessidade de mudança da matriz econômica do Brasil de agroexportadora – principalmente de café, algodão, cacau e borracha – para industrial, nos anos após a crise de 1929, o governo constatou a necessidade de regulamentação e, sobretudo, do controle do Estado sobre o uso dos recursos hídricos. Por isso, foi criado o Código das Águas, em 1934, que dissociava a propriedade da terra da propriedade da água, atribuindo as águas ao domínio do Estado, como bem nacional (Leite, 1997).

O Código das Águas (Decreto 24.643, de 10 de julho de 1934) foi uma importante iniciativa para disciplinar o uso dos recursos hídricos, principalmente em face da necessidade de geração de energia elétrica para o abastecimento das cidades e da indústria que começavam a se desenvolver. Desse modo, o código reflete a ideologia nacional-desenvolvimentista, própria do período Vargas (1930-1945 e 1951-1954), com uma política de condução da economia pelo Estado.

O código estabeleceu que as quedas d'água e outras fontes de energia hidráulica seriam consideradas bens distintos e não integrantes das terras às quais perpassam (art. 145), sendo incorporadas ao patrimônio da nação, como propriedades inalienáveis e imprescritíveis (art. 147). Além disso, o aproveitamento industrial das quedas d'água e outras fontes de energia hidráulica, que era regido apenas por contratos regionais e privados, passou a ser feito por concessão do Governo Federal (art. 139) e só seria concedido a brasileiros ou a empresas organizadas no Brasil (art. 195); o corpo diretor das empresas teria de ser constituído por brasileiros residentes no Brasil ou deveriam as administrações dessas empresas delegar poderes de gerência exclusivamente a brasileiros (art. 195, § 1º); as empresas deveriam manter nos seus serviços no mínimo dois terços de engenheiros e três quartos de operários brasileiros (art. 195, § 2º). O Código das Águas continua válido no Brasil, apesar de ter sofrido algumas modificações.

Em 1939, foi criado o Conselho Nacional de Águas e Energia (CNAE), com a principal atribuição de regulamentar o Código das Águas, para a efetiva aplicação da legislação e a definição dos campos de ação dos poderes públicos e dos concessionários privados (Leite, 1997). O CNAE foi o primeiro órgão do Governo Federal com função reguladora e normalizadora do setor de energia elétrica brasileiro e teve um papel importante também como órgão de consulta, orientação e controle do uso da água e, mais tarde, com atribuições executivas. Cabia-lhe organizar os planos de interligação de usinas hidrelétricas e propor ao governo medidas que possibilitassem às empresas produtoras de energia ampliar ou modificar suas instalações, estender suas redes de distribuição e celebrar novos contratos de fornecimento (Corrêa, 2003; 2005). O conselho era diretamente subordinado à Presidência da República e era composto por cinco membros indicados pelo presidente, sendo três engenheiros militares e dois civis (Corrêa, 2003).

Esse período reflete o esforço realizado anteriormente na formação de engenheiros e antevê a ideologia que a profissão encerra em si e que será impressa na elaboração de soluções técnicas das obras a serem realizadas nas décadas posteriores. É interessante notar também a intrincada relação entre as escolas de engenharia e a área militar desde o seu início: a instituição de ensino de engenharia mais antiga do Brasil foi a Academia Real Militar, criada em 1810.[18]

Apesar das iniciativas governamentais na estruturação do setor elétrico, até a década de 1940, os principais agentes produtores de serviços de energia elétrica continuaram a ser as

Figura 2: Consumo de energia primária – 1941
Fonte: Wilberg, 1974 citado em Leite, 1997.

---

[18] O primeiro curso de engenharia civil data de 1839 e foi organizado nos moldes da École Polytechnique Française. Em 1858, essa escola se dividiu em Escola Central (civil) e Escola de Aplicação do Exército (militar) e, em 1874, a Escola Central passou a ser a Escola Politécnica onde foi formada a primeira geração de engenheiros brasileiros, parte dos quais, foi responsável pela fundação do primeiro Clube de Engenharia do Brasil (Campos, 2012:42). Nas décadas seguintes foram formadas outras escolas de engenharia no Sudeste, como a Escola de Minas, em Ouro Preto (1876), a Escola Politécnica de São Paulo (1894), a Escola Politécnica Mackenzie (1896), a Escola Livre de Engenharia (1911), em Belo Horizonte, o Instituto Eletrotécnico e Mecânico de Itajubá (1913), a Escola de Engenharia de Juiz de Fora (1914) e no Nordeste, a Escola de Engenharia de Pernambuco (1895). Nos anos posteriores, outras escolas de engenharia foram implantadas no Nordeste e no Sul do país, mas com atuação marginal em relação a essas primeiras. Importa dizer que essas escolas foram as responsáveis por receber e difundir as técnicas e as tecnologias estrangeiras no país e, logo que as escolas se desenvolveram, passaram a produzir tecnologia própria, por meio de pesquisas. Em 1933, o Governo Federal regulamentou o exercício profissional do engenheiro, arquiteto e agrimensor e foram criados os Conselhos Regionais de Engenharia e Arquitetura (CREAs).

empresas privadas, tais como a Light, a AMFORP e a Bragantina – única com capital brasileiro –, e empresas municipais, estaduais, autoprodutores e cooperativas (Branco, 1975). As hidrelétricas respondiam então, somente por 7% do consumo de energia primária (figura 2). Note-se que a impressionante utilização da madeira (lenha) provocou preocupação com o desmatamento, razão pela qual, em 1934, foi criado também o primeiro Código Florestal brasileiro (Leite, 1997).

Ao longo dos anos 1940, o governo começou a atuar diretamente na produção de energia. O primeiro investimento nesse sentido foi a criação, em 1945, da Companhia Hidrelétrica do São Francisco (Chesf).

A Chesf teve uma importância especial, pois foi criada para trabalhar no desenvolvimento da região Nordeste, sob inspiração do Tennessee Valley Authority (Brandi, 2010; Campos, 2012). A ideia era construir um complexo que incluiria a exploração de energia elétrica, a navegação e a irrigação. A primeira iniciativa da Chesf foi a construção do complexo hidrelétrico de Paulo Afonso, que teve a sua primeira fase inaugurada em 1954, no estado da Bahia. Paulo Afonso representou uma espécie de ponto de transição nos modelos de construção de hidrelétricas no Brasil, porque foi a primeira que teve a peculiaridade de ter sido planejada e executada integralmente pelo poder público: a Chesf e a equipe do Conselho de Forças Hidráulicas e Energia Elétrica (Campos, 2012).[19]

A Constituição Federal de 1946 regulamentou o uso de recursos naturais, dando ênfase à livre iniciativa e à propriedade privada, e reservando à União a competência para legislar sobre as águas (Silva, 1998). De acordo com o art. 29 do Ato das Disposições Constitucionais Transitórias dessa Constituição, o governo ficava obrigado a, em um prazo de vinte anos, executar um Plano de Aproveitamento das Possibilidades Econômicas do Rio São Francisco. Para tal, foi criada a Comissão do Vale do São Francisco pelo Congresso Nacional, em 1948 (Lei 541, de 15 de dezembro de 1948).[20]

---

[19] Essa usina foi um marco para a engenharia brasileira, pois foi necessário controlar e reverter o fluxo do Rio São Francisco. O complexo de Paulo Afonso é constituído atualmente por quatro usinas hidrelétricas, que foram construídas entre 1954 e 1979.

[20] Uma das figuras mais importantes desse período e que participou da elaboração do Plano de Aproveitamento das Possibilidades Econômicas do Rio São Francisco foi o engenheiro Lucas Lopes. Em sua autobiografia ele ressalta a influência que teve do Tennessee Valley Authority, mas também dos planos elaborados em outros países: "A comissão elaborou o primeiro plano mais ou menos coordenado de desenvolvimento de uma bacia hidrográfica no Brasil. Procuramos nos inspirar em outras experiências feitas no mundo, no vale do Tennessee, na Índia, no México e em outros lugares. Assim, todas as obras que propusemos eram de *multiple purpose*, visavam gerar energia, reter as enchentes, melhorar a navegação, preparar as margens para a irrigação. Foi uma grande experiência que deu resultados muito bons. O São Francisco hoje está muito melhor, a região de Paulo Afonso é uma área de muito progresso, a região de Montes Claros é um exemplo. O médio São Francisco é que ainda é um

Com as bases lançadas nos governos de Getúlio Vargas (1930-1945 e 1951-1954), delineou-se o projeto de desenvolvimento do setor elétrico do governo de Juscelino Kubitschek (1956-1961) sob o comando da empresa pública (Leite, 1997). Em 1952 foram criadas a Cemig e outras companhias estaduais de energia elétrica. Juscelino Kubitschek, então presidente da República, adotou uma estratégia desenvolvimentista de modernização e rápida ampliação da produção industrial brasileira, estratégia traduzida pelo *slogan* "Cinquenta anos em cinco". Foi ele o responsável pela construção de Brasília, como marco da modernização brasileira.

Na década de 1950, o governo desenvolveu iniciativas para financiar e estimular a expansão do parque gerador brasileiro, estabelecendo os pilares do autofinanciamento, do crédito público e do crédito externo (Aniceto, 2011). Entre essas iniciativas, destaca-se a criação do Plano Nacional de Eletrificação e do Imposto Único sobre Energia Elétrica (IUEE), em 1954, vinculado ao Fundo Federal de Eletrificação e administrado pelo Banco Nacional de Desenvolvimento Econômico (BNDE), que fora concebido em 1952. Foram criadas várias companhias estaduais de geração e distribuição de energia, sendo Furnas (1957) a mais importante desse período, representando a principal iniciativa do governo Juscelino Kubitschek nesse setor, que culminou com a construção da Usina Hidrelétrica de Três Marias, entre 1957 e 1962, em Minas Gerais.

O principal instrumento de política econômica do governo de Juscelino Kubitschek foi o Plano de Metas (1956-1961). Dos investimentos propostos no Plano de Metas, 23,7% eram destinados a projetos de eletricidade. A meta era um aumento da capacidade instalada de geração de 3.148 MW em 1955 para 5.595 MW em 1961, o que foi alcançado em 84,1%. O BNDE financiou 46,3% do crescimento da capacidade instalada (Gomes *et al.*, 2002).

Até aquele período o Brasil era ainda um país agroexportador – a agricultura representava 60% da mão de obra empregada, e o Produto Interno Bruto (PIB) da agricultura, na década de 1950, era equivalente ao da indústria (figura 3). A população urbana representava 36,2% do total – em 1980 essa porcentagem já era de 67,6%, graças às migrações internas, sobretudo em direção à região Sudeste, e ao estímulo à industrialização (IBGE, 2000).

Observa-se que a maior parte da população se concentrava nas regiões Sudeste, Sul e Nordeste, tendência que segue até os dias atuais (figura 4). Esse contexto pode ser justificado pela atração da população graças à aglomeração das principais atividades econômicas e, consequentemente, do aumento das oportunidades de trabalho que se concentravam nessas regiões.

---

pouco pobre, é uma região de difícil acesso" (Lopes, 1991:104). Suas ideias, assim como as de outros engenheiros desse período, foram revolucionárias para a época.

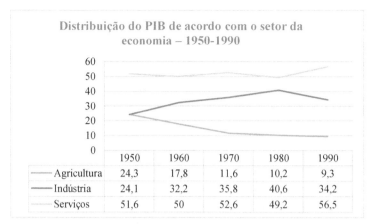

Distribuição do PIB de acordo com o setor da economia – 1950-1990

	1950	1960	1970	1980	1990
Agricultura	24,3	17,8	11,6	10,2	9,3
Indústria	24,1	32,2	35,8	40,6	34,2
Serviços	51,6	50	52,6	49,2	56,5

Figura 3: Distribuição do Produto Interno Bruto no Brasil entre 1950 e 1990, por setores da economia. Fonte: IBGE, 2000.

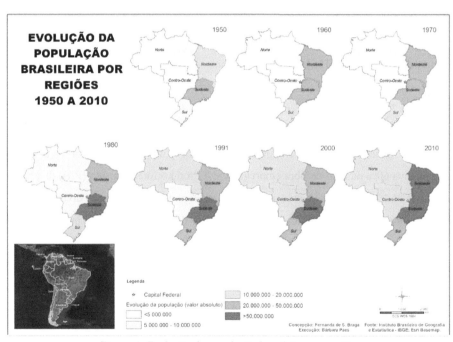

Figura 4: Evolução da população brasileira por regiões Fonte: IBGE, 2000.

Como um dos reflexos da mudança do eixo da economia de agrícola para industrial foi criado o Ministério de Minas e Energia, em 1960, e o Conselho Nacional de Águas e Energia passou a ser subordinado a esse (Leite, 1997). Em 1961, o Departamento de Prospecção Mineral (DNPM) sai do Ministério da Agricultura e vai para o Ministério de Minas e Energia, levando a Divisão de Águas, que mais tarde seria transformada em Departamento Nacional de Águas e Energia (DNAE). Em 1962, a Eletrobrás é criada.

Em resumo, a década de 1930 foi marcada pela definição das primeiras medidas orientadoras de uma política nacional, com o Código das Águas e o Conselho Nacional de Águas e Energia. Essas duas iniciativas, em grande medida, orientaram o uso da água para a geração de energia. Nos anos 1940, o governo começou a atuar diretamente na geração de energia, com a criação da Chesf. A década de 1950 foi marcada pela criação de recursos financeiros para o setor: o Imposto Único, o Fundo Federal de Eletrificação e o BNDE; e as primeiras empresas do governo na área (Chesf, Furnas, Cemig, Cesp) (Leite, 1997). No início da década de 1960 foram reformulados os órgãos federais, com a criação do Ministério de Minas e Energia e do Departamento Nacional de Águas e Energia, e a fundação da Eletrobrás (Figura 5).

Embora várias instituições tivessem sido criadas entre a década de 1920 e o início da década de 1960, como demonstração da intervenção estatal no setor elétrico, este ainda estava desorganizado enquanto política pública, o que se colocou como uma necessidade, dado o prenúncio de sua expansão (Leite, 1997). Os investimentos e o poder de decisão e influência ainda estavam no setor privado (Figura 6).

Década 1920	Década 1930	Década 1940	Década 1950	Década 1960		Década 1970	Década 1980
1920 - Criada a Comissão de estudos de Forças hidráulicas, dentro do Serviço Geológico e Mineralógico do Brasil, do Ministério da Agricultura	1933 - Comissão de estudos de Forças hidráulicas transformada em Diretoria de Águas. 1934 - Diretoria de Águas vira Serviço de Águas e o Serviço Geológico e Mineralógico vira Departamento Nacional de Prospecção Mineral (DNPM). É promulgado o Código de Águas 1939 - CNAE é criado, diretamente subordinado à presidência da república. Cinco membros são indicados pelo presidente.	1940 - Serviço de Águas vira Divisão de Águas pelo Decreto 6402 de 28 de outubro de 1940, do DNPM. 1945 – Criada a Companhia Hidrelétrica do São Francisco (Chesf) 1946 – Nova Constituição Federal. 1949 - O Departamento de Obras Públicas da Bahia é declarado órgão auxiliar do CNAEE. Início dos empréstimos do Banco Mundial ao Brasil.	1952 – Criado o Banco Nacional de Desenvolvimento Econômico (BNDE). Criada a Cemig. 1953 - Uselpa (SP); Copel (PR); a Chesp (SP) 1954 – Plano Nacional de Eletrificação. Criados o Fundo Federal de Eletrificação e o Imposto Único Sobre Energia Elétrica (IUEE), sob administração do BNDE. 1955 - Celesc (SC), a Celg (GO) 1956 – Plano de Metas – JK 1957 - Centrais Elétricas de Furnas	1960 – É criado o Ministério de Minas e Energia (MME). O CNAE passa a ser subordinado a ele; Companhia de Eletricidade do Estado da Bahia (Coelba). 1961 – O DNPM sai do Ministério da Agricultura e vai para o MME, levando a Divisão de Águas. 1962 – Eletrobrás é criada e absorve várias funções de CNAEE. Empréstimo compulsório. 1964 – Sociedade Anônima de Eletrificação da Paraíba (Saelpa) 1965 – mudança do DNAE para o Ministério de Minas e Energia.	1966 - Centrais Elétricas de São Paulo (Cesp); Ata do Iguaçu entre Brasil e Paraguai; Companhia de Eletricidade de Borborema (Celb) 1967 - Criado o Sistema Nacional de Eletrificação, sob atribuição do Ministério das Minas e Energia; Companhia de Eletricidade do Acre (Eletroacre) 1968 - É criada a Eletrosul e Escelsa (ES); Centrais Elétricas de Rondônia S.A. (Ceron); Centrais Elétricas de Roraima S.A. (CER); Companhia de Eletricidade de Brasília (CEB); 1969 - CNAEE é extinto e o DNAEE assume as suas funções, além da normatização e fiscalização.	1971 – BNDE vira empresa pública; Companhia de Eletricidade do Ceará (Coelce) 1972 – Criada a Eletronorte. 1973 – Tratado de Itaipu; Inauguração de UHE Ilha Solteira. 1974 – BNDE cria três subsidiárias. Começam as obras de Itaipu. 1975 – Começam as obras da UHE Sobradinho. 1979 - Empresa de Energia Elétrica do Mato Grosso do Sul S.A. (Enersul).	1981 – Eletricidade de São Paulo S.A. (Eletropaulo). 1982 – Inauguração da UHE Sobradinho. 1984 – Inauguração da UHE Itaipu. 1985 – Inauguração da UHE Tucuruí. 1989 – Inauguração da UHE Balbina.

Figura 5: Principais acontecimentos no setor elétrico entre as décadas de 1920 e 1980. Leite, 1997; CPDOC, 2010.

44

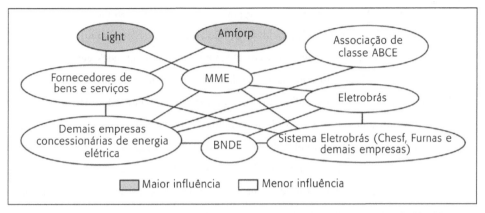

Figura 6: Principais atores sociais do setor elétrico em 1962. Gomes; Vieira, 2009:307.

2.2 – ESTRUTURA INSTITUCIONAL DO SETOR ELÉTRICO NO PERÍODO MILITAR

"Os primeiros problemas resolvidos foram talvez os mais fáceis. O volume de investimentos é tão grande que se torna quase impossível de ser realizado pela empresa privada. Mesmo para o Governo, além de ser necessária a atenção constante para a manutenção do fluxo de recursos, só uma estrutura pública, complexa e poderosa pode enfrentar o problema". A energia elétrica no Brasil. Biblioteca do Exército, 1977:189.

Até o início da década de 1960, o setor privado detinha cerca de 64% da capacidade geradora de energia elétrica no Brasil (Leite, 1997). Em 1962, com a criação da Eletrobrás, foi iniciado um novo período, pois ela passou a funcionar, basicamente, como banco de desenvolvimento setorial e coordenadora de planejamento e operação, que captava e financiava os recursos do setor por meio de participações societárias, empréstimos – inclusive os empréstimos compulsórios à Eletrobrás – e financiamento das obras (Gomes; Vieira, 2009).[21]

Em 1964, primeiro ano da ditadura, foi iniciada a aquisição de empresas de capital privado estrangeiro por parte do governo, sob o argumento de que estas não estavam investindo na expansão da infraestrutura, e, assim, o capital instalado estava se deteriorando rapidamente (Ferreira; Malliagros, 2010). Desse modo, em 1964, foi adquirido o controle acionário do grupo

---

[21] Os empréstimos compulsórios à Eletrobrás constituíam um adicional cobrado nas contas de energia elétrica dos consumidores – inicialmente domicílios e indústrias e mais tarde somente para indústrias – para financiar a expansão do setor elétrico. Em troca do empréstimo, o consumidor receberia obrigações da Eletrobrás, resgatáveis em 10 anos, com juros de 12% ao ano. Foram instituídos pela Lei 4.156, de 28 de novembro de 1962 (Gomes *et al.*, 2002).

AMFORP. Em 1979, o governo adquiriu a parte carioca da empresa canadense Light e, em 1981, a parte paulista, criando a Eletricidade de São Paulo S.A. (Eletropaulo).

A Eletrobrás passou a ser sócia controladora das quatro grandes geradoras regionais (Chesf, Eletronorte, Eletrosul e Furnas) e de duas concessionárias de distribuição – Escelsa e Light (Gomes *et al.*, 2002; Carvalho, 2013), com isso, atuando em todo o território nacional. Por causa dessas ações, nos anos 1970 a participação pública na geração de energia já era majoritária, chegando à quase totalidade na década de 1980 (figura 7). É interessante notar que, apesar do gráfico 3 mostrar uma predominância crescente da participação pública no percentual de geração de energia, os contratos de prestação de serviços de construção civil, o fornecimento de materiais e equipamentos, etc. era feito por empresas privadas.

De acordo com a obra já clássica de René Dreifuss "1964: A Conquista do Estado", de 1981, a elite empresarial que havia promovido uma verdadeira ação ideológica contra o governo de João Goulart[22] – principalmente por meio do Instituto Brasileiro de Ação Democrática (IBAD) e do Instituto de Pesquisas e Estudos Sociais (IPÊS) –, nos anos imediatamente anteriores ao golpe militar de 1964, com o argumento de defender a democracia política (anticomunismo, que era também associado nas propagandas desses instituto ao fascismo e ao nazismo, sem distinção) e a democracia econômica (a favor da propriedade privada e da livre iniciativa), ocupou vários cargos políticos depois do golpe.

---

[22] João Goulart, ou Jango, como era conhecido, assumiu o governo em 1961, após a renúncia de Jânio Quadros, de quem era vice. Jango tinha fama de "amigo dos comunistas", o que muito se deveu ao fato de que, entre os anos de 1953 a 1954, havia sido ministro do Trabalho de Getúlio Vargas e ajudado na ampliação dos direitos trabalhistas, principalmente dos trabalhadores rurais. Quando presidente, propôs, em 1962, as chamadas reformas de base: Reforma Agrária, Reforma Educacional, Reforma Fiscal, Reforma Eleitoral, Reforma Urbana e Reforma Bancária (Santana, 2009). No momento da renúncia de Jânio Quadros, Jango estava em viagem à China e à URSS, o que aumentou ainda mais sua fama de comunista (Motta, 2002).

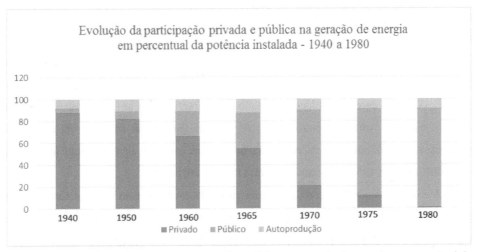

Figura 7: Evolução da participação privada e pública na geração de energia em percentual da potência instalada. Fonte: DNAEE citado por Medeiros (1996:53).

É importante mencionar que o general Golbery do Couto e Silva (1911-1987), um dos fundadores do IPÊS, vai ser também um dos fundadores do Serviço Nacional de Informação e seu primeiro diretor. O general é uma figura fundamental para entender a estratégia geopolítica e a ideologia dos governos militares, assim como o capitão Mario Travassos e o general Carlos de Meira Mattos (Vlach, 2003). Golbery era um homem que atuava nos bastidores, trabalhava nas articulações, como demonstra a sua atuação no IPÊS e no SNI. O general via o Brasil como o homônimo dos Estados Unidos, na América do Sul, e chegou a sugerir que os EUA tivessem uma base militar no Nordeste. Para ele, a ameaça comunista aos Estados Unidos envolvia o Brasil e dever-se-ia cooperar. Para ele, "a noção de integração afirma-se cada vez mais em todos os rumos: a guerra é total e, pois, indivisível" (Couto e Silva, 1981:145). [23]

Durante a Guerra Fria, por causa da polarização ideológica entre capitalismo e comunismo, os Estados Unidos e a União Soviética tentavam expandir seus tentáculos de influência a outros países. Obviamente, essa influência significava a oposição entre o modelo

[23] O general teve toda a sua história ligada ao poder militar. Aos 16 anos ingressou na Escola Militar do Realengo, no Rio de Janeiro, aos 20, foi promovido a segundo-tenente, após passar pela Escola de cadetes. Em 1937, aos 26 anos, foi promovido ao posto de Capitão e passou a servir na secretaria geral do Conselho de Segurança Nacional. Em 1944, foi para os Estados Unidos estagiar na famosa escola militar Fort Leavenworth War School (Ramos, 2010). Em 1952, foi nomeado adjunto do Departamento de Estudos da Escola Superior de Guerra (ESG), que tinha como finalidade "desenvolver e consolidar os conhecimentos necessários para o exercício das funções de direção e para o planejamento da segurança nacional e suas estratégias" (Mundim, 2007:44). Golbery é autor dos livros: *Geopolítica do Brasil* (1966, 3ª edição em 1981); *Conjuntura Política Nacional: o Poder Executivo & Geopolítica do Brasil* (1981), *Planejamento estratégico* (1955, reeditado em 1981). Em 2003, foi editado *Geopolítica e Poder*, que contém trabalhos seus na Escola Superior de Guerra, entre 1952 e 1960.

econômico capitalista de expansão de mercados de consumo a uma ideia de políticas distributivas para uma sociedade mais horizontal, pregada pelo socialismo.

Nessa disputa bipolar entre os blocos de poder, várias estratégias foram utilizadas pelos dois lados, incluindo a infiltração de agentes secretos em vários setores da sociedade ou mais "diretas", como no caso dos golpes de Estado e das intervenções armadas realizadas pelos Estados Unidos na América Central, como no caso da Guatemala, em 1954, da República Dominicana, em 1965, de Granada, em 1983 e do Panamá, em 1989, além da tentativa frustrada de invadir Cuba, em 1961 (Hobsbawm, 2005; D'Ávila, 2014).

A Aliança para o Progresso, programa instituído em 1961, pelo governo Kennedy em parceria com 22 governos latino-americanos, incluindo o Brasil, foi uma tentativa quase desesperada dos EUA de não perder o poderio nesses países. A Aliança para o Progresso visava, teoricamente, a melhoraria dos índices socioeconômicos da região e, ao mesmo tempo, frear o crescimento das alternativas socialistas. O programa propunha uma taxa de crescimento de 2.5% ao ano aos países latino-americanos para que atingissem o *American way of life* (Chiavenato, 2014), mas os investimentos americanos foram pequenos e pontuais e acabaram por não serem mais necessários, pelas alternativas bem menos sutis que foram adotadas com os golpes militares.

Apesar de tais esforços, alguns governos nacionais foram seduzidos pelas ideias socialistas, como uma via para quebrar, de vez, a dependência ainda remanescente dos tempos coloniais, especialmente após a derrota homérica dos ianques na revolução cubana de 1959, e da ascensão do governo comunista de Fidel Castro (Hobsbawm, 2005).

Essa situação era supostamente alarmante para o governo norte-americano, pois significava claramente a perda de sua influência justamente no seu maior provedor de matérias primas, a América do Sul. Essa preocupação ia ao encontro daquelas das elites conservadoras nacionais, que sempre lucraram com a exploração e a pobreza da maioria da população, e viam uma ameaça ao seu *status quo*.

Embora registre grandes reservas minerais, o território norte-americano não possui minérios de ferro de alto teor, manganês, monazita e nióbio, entre outros minerais. O diplomata norte-americano Adolf Berle, afirmou que "Estrategicamente, a posição dos Estados Unidos seria muito precária [...] a simples perda de matérias primas constrangeria a economia americana, em tempos de paz, e reduziria o seu potencial a um ponto abaixo da linha de perigo, em tempos de guerra." (Chiavenato, 2014:57).

De governos populistas a desenvolvimentistas, passando pelos nacionalistas, como no caso de Salvador Allende, no Chile, de Arturo Frondizi na Argentina, de Federico Chávez no

Paraguai, de Victor Paz Estenssoro na Bolívia, de João Goulart no Brasil, de Fernando Belaúnde Terry no Peru, "todos foram pintados com o pincel vermelho" como se fossem comunistas (D'Ávila, 2014:14).

Surgia então o comunista ateu versus o capitalista cristão, que foi a base ideológica de sustentação para os golpes de Estado, com o auxílio estadunidense e das elites conservadoras. Nos anos 1960 e 1970 vivenciou-se a ascensão de 8 ditaduras militares entre os 13 países do cone sul americano (figura 8).

Desse modo, com o pretexto de suprimir o suposto avanço do comunismo na América Latina, foi executada uma ampla campanha junto à sociedade brasileira, com o apoio inicial da igreja católica, do empresariado, das elites brasileiras e internacionais e do governo norte-americano.

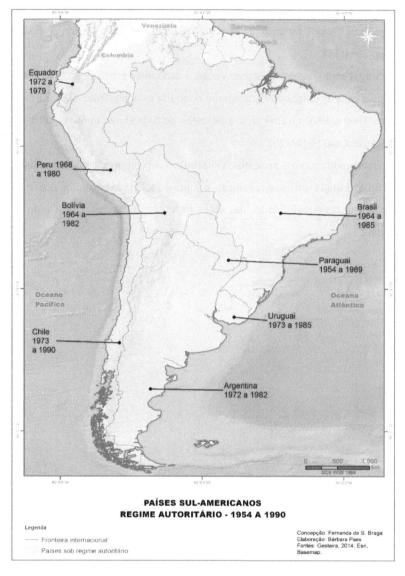

Figura 8: Regimes autoritários na América do Sul ente 1954 e 1990.

Naquele contexto, a elite empresarial brasileira organizou e financiou o IPÊS e o IBAD, entre outras iniciativas, para que realizassem campanhas ideológicas e atos político-militares com a intenção de derrubar o governo de João Goulart.[24]

---

[24] O IBAD era financiado por empresários brasileiros, norte-americanos, ingleses, alemães, entre outros. O dinheiro era repassado ao instituto pelo Fundo de Ação Social, que foi criado em São Paulo, em 1962, para receber os montantes angariados pelo Council for Latin America (CLA). Antes de entrar no Brasil, o dinheiro fazia escala nos paraísos fiscais do empresariado internacional. Houve uma Comissão Parlamentar de Inquérito (CPI) sobre a fonte desses recursos financeiros, que identificou 297 empresas e entidades norte-americanas, que enviaram

O IBAD financiou mais de 300 programas radiofônicos diários, entre 1961 e 1964. Alguns transmitidos em rede de dezenas de emissoras (Chiavenato, 2014). O IPÊS, por sua vez, produziu vasto material de propaganda, principalmente nos anos 1962-1963.

Um dos vídeos de apresentação do instituto, intitulado "Omissão é crime", traduz perfeitamente a filosofia propalada pelo Instituto. O vídeo, direcionado ao empresariado, associa imagens de regimes comunistas, fascistas e nazistas com a crise que o Brasil estava enfrentando.

Em determinado momento do vídeo, afirma-se que "Não há Fidel Castro sem um Batista que o preceda. A verdade é que se queremos evitar essa ideia, é preciso impedir que as injustiças e o caos criem um clima favorável à sua gestação". O vídeo segue com imagens de Hitler, da suástica e de judeus mortos sendo jogados em valas, seguidas de imagens de manifestações e greves no Brasil, numa clara tentativa de associação entre a imagem de João Goulart e os regimes autoritários em Cuba e na Alemanha, dando a entender que os dois regimes eram de esquerda ou comunistas. Dá-se então um tom mais personalizado e dirigido ao discurso:

> Nós, os intelectuais, nós, os dirigentes de empresas; nós, os homens com a responsabilidade de comando; nós, que acreditamos na democracia e no regime da livre iniciativa não podemos ficar omissos enquanto a situação se agrava dia a dia. A omissão é um crime! Isolados seremos esmagados, somemos nossos esforços, orientemos no sentido único a ação dos democratas para que não sejamos vítimas do totalitarismo.[25]

A partir desse tipo de posicionamento e ação, não foi de se espantar que as reações ao discurso de João Goulart no dia 13 de março de 1964, no qual falava sobre as reformas de base, tenha gerado tamanha repercussão junto à classe média e provocado tamanhas manifestações em contrário, como a Marcha da Família com Deus pela Liberdade.[26]

Durante os governos militares, esses empresários que financiaram ou apoiaram o IPÊS e o IBAD, ou pessoas indicadas por eles, assumiram postos importantes em empresas estatais

---

milhões de dólares para a campanha "anticomunista" e para a eleição de políticos de direita. Esta CPI foi a chave para o encerramento das atividades do Instituto. Ninguém foi responsabilizado (Chiavenato, 2014).
[25] Filme: Omissão é crime. Arquivo Nacional do Rio de Janeiro. Data provável: 1963.
[26] O padre Patrick Peyton foi ao Brasil, em 1963, promover a sua "cruzada do rosário pela família" e contribuiu para uma enorme comoção e mobilização das massas católicas, com o apoio do cardeal do Rio de Janeiro, dom Jaime de Barros Câmara. As Marchas da Família com Deus pela Liberdade, foram ideias suas e tiveram apoio da igreja católica e das associações de mulheres CEMA e União Cívica Feminina, que eram subseções do IPÊS. Sua frase "Família que ora unida, permanece unida" ficou popular. Hoje sabe-se que as cruzadas promovidas pelo padre Peyton, da América Latina, em países como Brasil, Bolívia e Chile à Ásia, como nas Filipinas, passando pela Europa, em países como Bélgica e Espanha, foram financiadas e, por isso, direcionadas, pela Central de Inteligência Americana (CIA), com a ajuda de multinacionais do açúcar, da mineração, entre outras (Gribble, 2003; Wilford, 2008; Chiavenato, 2014). Para se mensurar o impacto dessas ações, basta dizer que, em 1960, 92% da população brasileira era católica (IBGE, 2010).

e também cargos políticos em todas as esferas do governo, em perfeita comunhão com os militares (Dreifuss, 1981).

A partir da década de 1960, o setor de energia passou quase em sua totalidade a ser gerido pelo Estado, quer dizer, o controle e a tomada de decisões ficou a cargo do Estado, bem como o financiamento, mas os projetos, estudos e a execução das obras ficava a cargo da iniciativa privada. O Ministério de Minas e Energia e a Eletrobrás passaram a ter um papel predominante no que se refere a geração, transmissão e distribuição de energia.

2.2.1 – Alguns dos atores do setor elétrico no período militar: o Ministério de Minas e Energia e a Eletrobrás

O primeiro ministro de Minas e Energia do período militar foi o engenheiro, membro do Clube de Engenharia e da Sociedade Mineira de Engenharia, Mauro Thibau, convocado pelo presidente marechal Humberto Castelo Branco, cargo que ocupou de 1964 a 1967.

A carreira de Mauro Thibau como engenheiro se inicia em 1945 – após sua formação na Escola Nacional de Engenharia e no Curso Preparatório de Oficiais da Reserva – na Companhia Auxiliar de Empresas Elétricas Brasileiras (CAEEB), que era vinculada à AMFORP (CPDOC, 2010).

Em 1950, coordenou a estruturação da divisão técnica da Comissão do Vale do São Francisco, órgão supraministerial vinculado à Presidência da República e que tinha como objetivo desenvolver a região do Vale do São Francisco, mais uma iniciativa que tinha inspiração no Tennessee Valley Authority, assim como a Chesf (Abreu, 2010).

Os estudos dessa comissão resultaram na definição do local para a construção da barragem de Três Marias, no Rio São Francisco. Concomitantemente, Mauro Thibau participou da elaboração do Plano de Eletrificação do estado de Minas Gerais e trabalhou na Servix Engenharia S.A., atividades das quais se desligou em 1952 para integrar a diretoria da Cemig, quando acumulou também a diretoria do Sindicato de Indústrias Hidro e Termelétricas de Minas Gerais e a vice-presidência da Federação das Indústrias do Estado de Minas Gerais (Abreu, 2010).

Thibau foi também consultor da Companhia Sul-Americana de Administração e Estudos Técnicos (Consultec), entidade privada de consultoria econômica fundada em 1959 (Leite, 1997).

Um dos primeiros atos de sua gestão foi a apresentação das "Diretrizes gerais no setor de energia elétrica", que consolidaram o novo modelo institucional do setor elétrico, vigente até os dias atuais, com as atribuições do Ministério de Minas e Energia, da Eletrobrás e suas regionais, das companhias estaduais etc. (Abreu, 2010). Outra ação importante foi a estruturação do planejamento do setor, em 1965, com a mudança do Departamento Nacional de Águas e Energia – antiga Divisão de águas do DNPM – para o Ministério de Minas e Energia, que passou a exercer a função de fiscalização das empresas subsidiárias da Eletrobrás e das demais concessionárias de energia elétrica. Em 1968, passa a ser denominado Departamento Nacional de Águas e Energia Elétrica – DNAEE (Decreto 63.951, de 31 de dezembro de 1968).

Uma das mais importantes iniciativas desse período para o setor elétrico foi a criação de nova legislação (Decretos nº 54.936 e 54.937, de 4 de novembro de 1964), que regulamentava a aplicação da correção monetária sobre o ativo imobilizado das concessionárias de energia elétrica, o que resultou em aumento do valor real das tarifas e na consequente recuperação da capacidade de autofinanciamento do setor elétrico e garantiu a rentabilidade das empresas estrangeiras, sobretudo do grupo Light, que intencionava manter suas operações no país (Memória da Eletricidade, 2017). Ainda em 1964, as empresas privadas pertencentes ao grupo canadense/norte-americano AMFORP foram incorporadas à Eletrobrás.

Em 1966, foi assinada a Ata do Iguaçu, que selava os entendimentos entre Brasil e Paraguai para o aproveitamento do potencial das águas do Rio Paraná para fins de geração de energia elétrica, pondo fim às discussões entre esses dois países sobre a utilização das águas na fronteira. A Ata do Iguaçu foi o prenúncio do Tratado de Itaipu, que seria assinado em 1973 para viabilizar a construção da usina hidrelétrica de Itaipu.

Uma importante ação da gestão de Mauro Thibau no MME e que vai impactar posteriormente a decisão de construção das hidrelétricas de grande porte, especialmente na Amazônia, refere-se à reforma do Código de Minas, que assinalou como uma necessidade a facilitação da exploração do minério de ferro. Assim abriu-se essa atividade para a iniciativa privada, e por essa razão Thibau foi acusado de favorecer, especialmente, a mineradora norte-americana Hannah Mining, para a qual havia realizado estudos enquanto trabalhava na Consultec (Abreu, 2010).

Na Eletrobrás, o primeiro presidente do período militar foi o engenheiro e empresário Octavio Marcondes Ferraz, membro da seção brasileira da Société des Ingénieurs Civils de France, da American Society of Civil Engineers, do conselho diretor do Clube de Engenharia do Rio de Janeiro e do conselho deliberativo da diretoria da Associação Comercial de São Paulo, tendo ocupado o cargo entre 1964 e 1967 (Abreu, 2010).

Nos anos 1930 Marcondes Ferraz havia trabalhado na Light, da qual saiu para iniciar o primeiro escritório de consultoria e planejamento técnico do país, o Escritório OMF Ltda., em São Paulo.[27] Foi diretor-técnico da Chesf, tendo iniciado, em 1949, as obras de construção da usina de Paulo Afonso no Rio São Francisco. Em 1955, foi ministro da Viação e Obras Públicas. Foi ferrenho defensor de que a usina de Itaipu fosse construída somente em território brasileiro. Marcondes Ferraz permaneceu na Eletrobrás até 1967, retornando em seguida à atividade privada e participando da direção de numerosos empreendimentos no setor privado (Abreu, 2010).

Em 1967, já no governo do General Artur da Costa e Silva, foi criado o Sistema Nacional de Eletrificação, dentro do Programa Estratégico de Desenvolvimento, que atribuiu ao Ministério das Minas e Energia a competência para elaborar, dirigir, coordenar e controlar os programas do governo nos setores energéticos e concentrou a ação da Eletrobrás e dos estados em um pequeno número de empresas e concessionárias, como forma de centralizar as decisões (Memória da Eletricidade, 2017).

O General José Costa Cavalcanti, segundo ministro de Minas e Energia do período militar, permaneceu no cargo de 1967 a 1969, quando foi reposicionado como ministro do Interior, cargo que ocupou até 1974.

O General José Costa Cavalcanti é um bom exemplo da mentalidade e do *modus operandi* dos militares, pelo seu trânsito entre as instituições, em altos cargos burocráticos e com alto poder de decisão, com base na sua influência nos meios militares (CPDOC, 2010).

Como ministro de Estado, foi um dos signatários do Ato Institucional Número Cinco (AI-5), em 1968. O AI-5 é considerado um marco do endurecimento da ditadura militar brasileira, pois dava poder ao presidente de fechar o Congresso e autoridade ao regime sobre os governos estaduais e municipais. O ato eliminou a possibilidade de *habeas corpus* "nos casos de crimes políticos, contra a segurança nacional, a ordem econômica e social e a economia popular" (Brasil, 1968) – o que poderia enquadrar qualquer coisa.

No início dos anos 1970, o general Costa Cavalcanti, então como ministro do Interior, teve de responder publicamente às acusações internacionais de genocídio dos indígenas brasileiros, ao que afirmou, por meio de documento enviado a todas as representações diplomáticas presentes no Brasil, que antropólogos estrangeiros estariam "sequiosos de

---

[27] Em 1962, o governo brasileiro encomendou estudos sobre o aproveitamento hidrelétrico do Salto das Sete Quedas do Rio Paraná. A tarefa ficou a cargo do escritório OMF, que desenhou um projeto de aproveitamento hidráulico somente para o lado brasileiro e preservando as Sete Quedas, o que criou desconforto com o governo paraguaio do general Stroessner. Mais tarde, após os entendimentos entre os dois países, o projeto se transformou no projeto da usina de Itaipu.

notoriedade e baseados em notícias distorcidas pela imprensa mundial", e que seriam eles os responsáveis pelas acusações de genocídio e pela má imagem do Brasil no exterior (Valença, 2010).

Esse fato é interessante, pois deixa clara a postura do "desenvolvimento a qualquer preço" assumida pelos militares no poder e a preocupação em manter a imagem do Brasil como potência emergente diante dos outros países.

As intervenções espaciais na Amazônia, onde se localizava a maior parte das tribos indígenas brasileiras, haviam sido iniciadas mais efetivamente com o Programa de Integração Nacional, instituído pelo Decreto-Lei 1.106, em 16 de junho de 1970, com a finalidade específica de financiar as obras de infraestrutura nas regiões compreendidas nas áreas de atuação da Superintendência de Desenvolvimento da Amazônia (Sudam) e da Superintendência de Desenvolvimento do Nordeste (Sudene), para promoção mais rápida de sua integração à economia nacional.[28]

De acordo com o texto do decreto-lei, a primeira etapa do Programa de Integração Nacional seria constituída pela construção imediata das rodovias Transamazônica e Cuiabá-Santarém, sendo reservadas para colonização e reforma agrária faixas de terra de até dez quilômetros à esquerda e à direita das margens das novas rodovias para se executar a ocupação da terra e a produtiva exploração econômica. As obras das rodovias Transamazônica e Cuiabá-Santarém e a ocupação dos territórios adjacentes dariam, posteriormente, respaldo às obras das hidrelétricas de Tucuruí e Balbina, entre outras, localizadas na região amazônica.[29]

Em reação a esse avanço acelerado sobre a Amazônia, foram levantadas, pela mídia internacional, várias preocupações sobre a questão indígena. Uma série de documentos classificados como secretos durante o regime militar e levantados no Arquivo Nacional do Brasil para esta pesquisa demonstram como o Serviço Nacional de Informação (SNI) solicitava

---

[28] Estão sob jurisdição da Sudene os estados de Alagoas, Bahia, Ceará, Maranhão, Rio Grande do Norte, Paraíba, Pernambuco, Piauí, Sergipe e o norte dos estados de Minas Gerais e do Espírito Santo. A área de atuação da Sudam, denominada Amazônia Legal, compreende a região Norte, o estado de Mato Grosso e a porção do Maranhão a oeste do meridiano 44°, abrangendo os seguintes estados: Acre, Amapá, Amazonas, Maranhão, Mato Grosso, Pará, Rondônia, Roraima e Tocantins.

[29] As normas de aplicação dos recursos do Programa de Integração Nacional foram elaboradas, em conjunto, pelos ministros da Fazenda, do Planejamento e Coordenação Geral e do Interior e aprovadas pelo presidente da República. O PNI tinha dotação inicial de 2 bilhões de cruzeiros (moeda brasileira à época), recebendo aporte financeiro de 4 bilhões de cruzeiros do Programa de Redistribuição de Terras e de Estímulo à Agroindústria do Norte e do Nordeste (PROTERRA), vinculado ao PNI (Decreto-Lei 1.179, de 6 de julho de 1971) e acrescido de 800 milhões em 1972 (Decreto-Lei 1.243, de 30 de outubro de 1972) com recursos do Fundo Nacional de Desenvolvimento do BNDE. Os recursos financeiros do PNI eram provenientes de incentivos fiscais; de contribuições e doações de empresas públicas e privadas; de empréstimos de instituições financeiras nacionais e internacionais; e de outras fontes de recursos "não identificadas".

dados para várias embaixadas ao redor do mundo visando a manutenção da imagem do Brasil no exterior sobre essa questão.

Em um dos informes sobre as notícias veiculadas no primeiro trimestre de 1972 na Holanda lê-se que: "O tema dos índios caiu muito. Teve repercussão favorável a decisão final de proteger as tribos XAVANTES e XERENTES".[30] Ou na imprensa britânica, também em 1972:

> Observe-se que inexistiu qualquer referência à questão dos ÍNDIOS, objeto de menção constante nos meios de comunicação locais até a pouco tempo atrás, bem como se manteve relativo interesse pelos acontecimentos relacionados com a Política Externa (registrou-se ligeira queda na percentagem de incidência, comparada com o trimestre anterior, de 18% para cerca de 10%).[31]

Em resposta à essa pressão foi decretado, em 1973, o chamado "Estatuto do Índio" (Lei 6.001, de 19 de dezembro de 1973), que "regula a situação jurídica dos índios ou silvícolas e das comunidades indígenas, com o propósito de preservar a sua cultura e integrá-los, progressiva e harmoniosamente, à comunhão nacional".

Também em 1973, foi criada dentro do Ministério do Interior, do general José Costa Cavalcanti, a Secretaria Especial de Meio Ambiente (SEMA) (Decreto 73.030, de 30 de outubro de 1973), consequência da participação brasileira na primeira Conferência das Nações Unidas sobre o Homem e o Meio Ambiente, realizada em Estocolmo, em 1972. A SEMA teve como secretário o advogado, naturalista e professor da Universidade de São Paulo, Paulo Nogueira Neto, que ocupou o cargo por onze anos, entre 1974 e 1985 (CPDOC, 2010). A secretaria tinha *status* de ministério e foi a primeira iniciativa voltada a criar ações contra a poluição ambiental.

Em abril de 1974, ano de início da construção da usina hidrelétrica de Itaipu, o general José Costa Cavalcanti foi nomeado diretor-geral da Itaipu Binacional, pelo presidente general Ernesto Geisel (1974-1979), e exerceu essa função até o fim do governo do presidente general João Figueiredo (1979-1985). A partir de 1980, acumulou o cargo de presidente da Itaipu Binacional com a presidência da Eletrobrás (Memória da Eletricidade, 2017).

Para a sucessão do general Costa Cavalcanti no MME, foi indicado, em 1969, ainda durante o governo do presidente general Costa e Silva, o engenheiro e economista Antônio Dias Leite. Dias Leite havia sido anteriormente presidente da Companhia Vale do Rio Doce, de onde saiu para assumir o cargo de ministro de Minas e Energia (CPDOC, 2010).

---

[30] Imagem do Brasil no Exterior, 1972:277. (Arquivo Nacional. Serviço Nacional de Informação. BR_AN_BSB_Z4.PNI 2).
[31] Idem: 274.

Em 1969, o CNAE foi definitivamente extinto, e o DNAEE absorveu as suas atribuições integralmente (Decreto-Lei 689, de 18 de julho de 1969), tornando-se responsável pela autorização ou concessão de aproveitamentos industriais das quedas d'água e de outras fontes de energia hidráulica, como definido pelo Código das Águas (1934). A Eletrobrás ficou então responsável pela execução da política nacional de energia elétrica, enquanto o DNAEE passou a tratar da atividade normativa e fiscalizadora (Abreu, 2010).

Durante a gestão de Dias Leite, que durou seis anos, foram iniciados os esforços para a interligação nacional do sistema de geração, com a transmissão e distribuição entre regiões do país.

Antônio Dias Leite teve papel central nas negociações que resultaram no Tratado de Itaipu. Era defensor da presença do Estado em setores estratégicos para o país – como o elétrico, o petrolífero, o nuclear, o de transportes e o siderúrgico (CPDOC, 2010).

Na iniciativa privada, trabalhou durante a década de 1960 na Economia e Engenharia Industrial S.A. Consultores (Ecotec). Em 1967, nesse escritório, surgiu a iniciativa de se fazer uma empresa de reflorestamento, a Aracruz Celulose (Abreu, 2010).[32] A Ecotec foi responsável, em consórcio com a Engevix, por realizar o inventário na bacia do rio Tocantins, desde as nascentes até a confluência do rio Araguaia, por meio de contrato com a Eletrobrás, datado de 31 de julho de 1972. Em 1973, esse contrato sofreu um aditivo, e passou a incluir o curso superior e afluentes do mesmo rio, até a altura da cidade de Tucuruí, no mesmo aditivo foi incluída a realização do estudo de viabilidade técnica e econômica da usina de Tucuruí (Eletronorte, 1988).

O engenheiro mineiro Mario Penna Bhering, oriundo dos quadros de Furnas e da Cemig, esteve como presidente da Eletrobrás por oito anos (1967 a 1975), perpassando três presidentes da República e três ministros de Minas e Energia. Bhering trabalhou na Allis Chalmers, de equipamentos industriais e elétricos, nas empreiteiras Tratex e Servix e na BFB Engenharia e Consultoria (Brandi, 2010). Após o fim da ditadura, ocupou novamente o cargo de presidente da Eletrobrás, por mais cinco anos (1985 a 1990), sendo esse fato apontado como um dos traços de continuidade da ditadura nos governos democráticos (Campos, 2012).

---

[32] A Aracruz Celulose é hoje uma das maiores empresas de celulose do mundo, depois de ter se fundida com a VCP (Grupo Votorantim), em 2009. A Aracruz Celulose foi beneficiada pela Lei 5.106, de 2 de setembro de 1966, que dispõe sobre os incentivos fiscais – abatimento no imposto de renda – concedidos a empreendimentos florestais (pessoas físicas e jurídicas), que investissem em florestamento e reflorestamento. Essa lei foi alterada em 1970 (Decreto-Lei 1.134, de 16 de novembro de 1970) autorizando, a partir de 1971, o desconto de 50% do valor do imposto de renda de pessoa jurídica, para a aplicação em empreendimentos florestais, cujos projetos tenham sido aprovados pelo Instituto Brasileiro de Desenvolvimento Florestal.

Na gestão de Bhering foram autorizadas a funcionar duas importantes subsidiárias da Eletrobrás: em 1969, a Centrais Elétricas do Sul do Brasil S.A. (Eletrosul), atuando nos estados do Paraná, Santa Catarina e Rio Grande do Sul, e, em 1973, a Centrais Elétricas do Norte do Brasil S.A. (Eletronorte), com atuação nos estados do Amazonas, Pará, Acre, Mato Grosso e Goiás e nos então ainda territórios e hoje estados do Amapá, Roraima e Rondônia (Memória da Eletricidade, 2017). Ainda em 1973, entrou em operação a Usina Hidrelétrica Ilha Solteira, da Centrais Elétricas de São Paulo S.A. (Cesp) – a maior UHE brasileira até então –, que teve suas obras iniciadas em 1967, e começou a ser construído o primeiro grande projeto de represamento da Amazônia brasileira: a barragem da UHE Tucuruí, no Rio Tocantins (Eletronorte, 1988).

As gestões de Bhering foram marcadas também pela ampla presença de quadros da Cemig em altos cargos da Eletrobrás e pela vitória em concorrências públicas para a construção de barragens de hidrelétricas por empreiteiras mineiras, principalmente a Mendes Júnior (Campos, 2012).

Em 1975, após divergências com o então ministro de Minas e Energia, o advogado Shigeaki Ueki, Bhering foi demitido, sendo substituído pelo médico e político baiano Antônio Carlos Magalhães. Logo após a entrada de Antônio Carlos Magalhães na estatal, o seu genro fundou na Bahia a empreiteira OAS, que se beneficiou de projetos de pequenas centrais hidrelétricas. Sua gestão na Eletrobrás foi marcada por beneficiar a empreiteira baiana Odebrecht na construção de usinas hidrelétricas (Campos, 2012).

Shigeaki Ueki, ministro de Minas e Energia entre 1974 e 1979, havia sido assessor do Ministério da Indústria e Comércio durante o governo Castelo Branco. Foi vice-presidente da Bekol e da Cevekol Indústria e Comércio (1967-1968), tendo integrado delegações brasileiras junto à Associação Latino-Americana de Livre Comércio e junto à Organização dos Estados Americanos (Velloso, 2010).[33]

No final de 1969, pouco depois de o general Ernesto Geisel ser empossado na presidência da Petrobrás, foi nomeado diretor de Comercialização e Relações Internacionais da empresa. Concomitantemente, assumiu a presidência da Petrobrás Distribuidora e passou a integrar o Conselho de Empresas Subsidiárias e Associadas à estatal (CPDOC, 2010). Quando Geisel foi indicado à Presidência da República, levou Ueki para o ministério de Minas e Energia.

---

[33] Shigeaki Ueki foi citado pelo ex-deputado federal Pedro Corrêa como participante da origem do esquema de corrupção na Petrobras. "Presidente da Petrobras recebe propina desde a era Geisel, diz relator". *Revista Valor Econômico*. 17/10/2017. Disponível em: https://www.valor.com.br/politica/5159196/presidente-da-petrobras-recebe-propina-desde-era-geisel-diz-delator. Acesso em: 21/03/2018.

Devido à primeira crise do petróleo de 1973, o II Plano Nacional de Desenvolvimento, do governo Geisel, enfatizava a necessidade da diminuição da dependência do país das fontes externas de energia. Desse modo, o Brasil firmou, em 1975, um Acordo de cooperação com a Alemanha para desenvolvimento de energia nuclear em parceria com o país europeu. O acordo, que seria objeto de uma Comissão Parlamentar de Inquérito (CPI) posteriormente, não foi bem recebido no Brasil, tendo críticas principalmente sobre a centralização das decisões e a reduzida transferência de tecnologia, além de ignorar o vasto potencial hidrelétrico ainda não aproveitado dos rios brasileiros e o inevitável aumento da dívida externa.

Outra medida ligada ao MME e igualmente polêmica foi a abertura da Petrobrás a empresas estrangeiras, visando à prospecção de petróleo na plataforma continental do país, pondo fim ao monopólio estatal nessa atividade. Entre 1975 e 1980, o MME anunciou a descoberta de oito novos campos petrolíferos na plataforma continental.

Por essas iniciativas, Ueki sofreu muitas represálias por parte dos sindicatos de operários na indústria de petróleo e petroquímica, ao ser indicado, em 1979, para a presidência da Petrobrás. Ueki foi acusado de ter dado pouco impulso à pesquisa e de ter promovido um programa de privatizações contrário aos interesses dos trabalhadores. Foi o primeiro presidente civil da Petrobrás, desde sua criação, em 1954.

Na iniciativa privada foi presidente executivo da Construtora Camargo Corrêa (1985), tendo adquirido a Camargo Corrêa Engenharia, pertencente ao mesmo grupo, em 1987 (Velloso, 2010).

No âmbito de atuação da Eletrobrás, após Antônio Carlos Magalhães, que renunciou ao cargo para disputar as eleições para o governo da Bahia, passaram pela presidência da estatal o engenheiro civil, mecânico e elétrico Arnaldo Rodrigues Barbalho, por 10 meses (maio de 1978 a março de 1979), e o engenheiro civil Maurício Schulman, por um ano e meio, entre março de 1979 e setembro de 1980.[34] Este último teve de realizar cortes nos investimentos, em decorrência do segundo choque do petróleo, e se opôs ao projeto da UHE de Balbina, propondo como alternativa uma usina a carvão, que seria levado de Santa Catarina a Manaus. Os políticos amazonenses, liderados pelo governador do estado do Amazonas, José Lindoso, reagiram em

---

[34] Foi durante a gestão de Arnaldo Rodrigues Barbalho à frente da Eletrobrás que ocorreu a polêmica compra da Light Serviços de Eletricidade, consumando-se a quase completa estatização do setor de energia elétrica. Em 28 de dezembro de 1978, sem a prévia anuência do Congresso, o presidente Ernesto Geisel aprovou a compra com base em exposição de motivos assinada por Ueki e pelos ministros Mário Henrique Simonsen (Fazenda) e Élcio Costa Couto (interino do Planejamento). Barbalho foi chamado a participar da transação somente no momento do acerto final (Brandi, 2010).

favor de Balbina, alegando que já haviam sido investidos 118 milhões de dólares somente nas obras de infraestrutura inicial (estrada de 70 km ligando Balbina à BR 174). [35]

Schulman recebeu várias críticas e manifestações contrárias à sua posição, sobretudo dos políticos locais. Foi "denunciado" na tribuna do Congresso Nacional pelo deputado Vivaldo Frota (Arena/AM) em 4 de junho de 1979. Incluiu também nessa "denúncia" a UHE de Samuel, em Rondônia. A posição de Schulman também recebeu repercussão negativa principalmente no jornal *A Notícia*, do Amazonas.[36] Títulos como "Traição ao Amazonas", "Boicote contra interesse amazônico", "Povo e autoridades contra Eletrobrás", "Schulman deveria estar na cadeia" e "SCHULMAN: Inimigo No.1 do Amazonas" foram algumas das manchetes de jornais daquele ano. Isso certamente explica sua rápida passagem pela presidência da estatal.

Durante sua permanência na Eletrobrás, Schulman teve crescentes dificuldades de relacionamento com o ministro César Cals, que sucedeu Shigeaki Ueki. Um dos pontos de divergência dizia respeito à ambiciosa política de expansão do parque termelétrico a carvão, traçada pelo ministério, com o objetivo de acelerar a substituição do petróleo por outras fontes de energia. Schulman também se manifestou contrário à política de contenção tarifária e aos novos cortes de investimentos das empresas de energia elétrica, em 1980 (Abreu, 2010).

Renunciou à presidência da *holding* federal em setembro de 1980, sendo substituído pelo general José Costa Cavalcanti, então presidente da Itaipu Binacional, que passou a acumular o comando das duas estatais.

Em 1979, a Light, empresa de capital norte-americano, foi comprada pela Eletrobrás e teve a sua atuação restringida ao estado do Rio de Janeiro. A parte paulista da Light foi incorporada pela então recém-criada Eletropaulo. Nesse mesmo ano entrou em operação a Usina Hidrelétrica de Sobradinho, localizada nos municípios de Juazeiro e Casa Nova, na Bahia (CPDOC, 2010).

O último ministro de Minas e Energia do período militar foi o engenheiro civil e eletricista coronel César Cals (1979 a 1985).

Entre outras funções, trabalhou na Sudene como engenheiro do departamento de energia elétrica, foi conselheiro administrativo da Eletrobrás (entre 1967 e 1970) e presidente da Centrais Elétricas do Maranhão (Cemar). Exerceu o cargo de presidente da Companhia Hidrelétrica de Boa Esperança, no Maranhão, entre 1963 e 1970, tendo ganhado notoriedade na região Nordeste pela construção da barragem de Boa Esperança, localizada entre Piauí e

---

[35] Relatório confidencial de difusão de informações da Agência de Manaus, de 12 de junho de 1979, p. 13. (Serviço Nacional de Informação, Agência de Manaus, AMA_ACE_158_79_0001).
[36] Idem.

Maranhão. Em 1970 foi convidado a ocupar o cargo de governador do Ceará pelo general Médici, então presidente da República (CPDOC, 2010).

Em 1979, foi indicado ao cargo máximo do Ministério de Minas e Energia, quando anunciou como prioridade de seu ministério a privatização da Companhia Vale do Rio Doce – que concentraria suas atividades no Projeto Carajás, o aumento da produção de ouro e a construção de grandes hidrelétricas na Amazônia. Outra diretriz era a dinamização do programa de perfuração petrolífera, com o aumento dos contratos de risco, a diversificação das fontes energéticas e a manutenção do programa nuclear (Abreu, 2010).

Com a criação da Comissão Nacional de Energia (1979) e a mudança da política energética para a atribuição da Secretaria de Planejamento e da Comissão Nacional de Energia, o MME perdeu grande parte de suas atribuições, ficando estas concentradas na coordenação das pesquisas sobre fontes alternativas de energia (Abreu, 2010).[37]

Em 16 de junho de 1983 foi ao Acre e ao Amazonas para uma visita caracterizada pela imprensa local como de "caráter estritamente político-partidário", que nesse caso teria sido motivada por três fatores: a perspectiva de reeleição do presidente Figueiredo, a inauguração de uma termelétrica e a visita à UHE Balbina. Nesse último evento, teria se comprometido a viabilizar 43,5 bilhões de cruzeiros em recursos para as obras, em face da diminuição dos investimentos em Itaipu e em Tucuruí, que já estavam em fase de finalização.[38]

Em 1980 entrou em operação o sistema de transmissão interligado Norte-Nordeste, fruto do trabalho da Companhia Hidrelétrica do São Francisco (Chesf), composto por 1.770 km de linhas conectando a usina de Sobradinho, na Bahia, até a subestação da usina de Tucuruí, no Pará, para viabilizar a sua construção (Memória da Eletricidade, 2017).

Nesse período, houve uma mudança clara no eixo de influência dos atores do setor elétrico do setor privado para a esfera governamental (Figura 9). Além disso, com a consolidação do Ministério das Minas e Energia e a criação do Departamento Nacional de Águas e Energia Elétrica (DNAEE) consolidou-se a predominância do setor de energia elétrica na gestão das águas (Barth, 1999).

---

[37] É importante notar que em 1978 os Ministérios das Minas e Energia e do Interior criaram o Comitê Especial de Estudos Integrados de Bacias Hidrográficas para a classificação e acompanhamento da utilização racional dos recursos hídricos, estando o bom funcionamento destes condicionado pela representatividade política dos participantes, estratégias empresariais e conflitos políticos na esfera federal. Contudo foram experiências importantes, a despeito da carência de respaldo legal e de apoio técnico, administrativo e financeiro para a implantação de suas decisões (Barth, 1999).
[38] Relatório confidencial de difusão de informações da Agência de Manaus.5/07/1983, p. 2. (Serviço Nacional de Informação, Agência de Manaus, AMA_ACE_3828_83_0001).

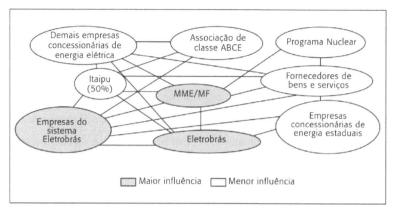

Figura 9: Principais atores sociais no setor elétrico (1979). Gomes; Vieira, 2009:309.

2.2.2 – O financiamento do setor elétrico no Brasil de 1950 a 1980

Desde os anos 1950, o modelo de expansão do setor elétrico brasileiro estabeleceu-se nos pilares do autofinanciamento, do crédito público e do crédito externo (Aniceto, 2011), incorporando os recursos do Imposto Único de Energia Elétrica – criado em 1954, com o Fundo Federal de Eletrificação (FFE) e administrado pelo BNDE e, mais tarde, passando a ser administrado pela Eletrobrás – e complementado pela Reserva Global de Reversão (RGR), em 1962, além dos empréstimos compulsórios à Eletrobrás, previstos em lei, e a tomada de empréstimos internacionais, sobretudo para financiar a importação de equipamentos (Ferreira; Malliagros, 2010; Aniceto, 2011; Carvalho, 2013).[39]

Mais de 20% do valor total dos empréstimos contratados com o Banco Mundial se referiam à ampliação do setor de energia elétrica para atender ao crescimento da demanda do setor industrial, o que deu importância ao país em relação ao total de empréstimos contratados de praticamente zero no período de 1955 a 1964 a aproximadamente 18% no período de 1965 a 1974 (Gonzalez *et al.*, 1990). Mesmo assim, 80% dos recursos para financiamento do setor eram internos (Eletrobrás, com recursos próprios, Imposto Único sobre Energia Elétrica e Empréstimo Compulsório, cotas estaduais do IUEE, bancos de desenvolvimento estaduais, reinvestimentos de lucros operativos e das reservas das empresas) e 20% externos (Banco Internacional para Reconstrução e Desenvolvimento – BIRD – e Banco Interamericano de

---

[39] A Reserva Global de Reversão é um mecanismo de financiamento intrassetorial, criado em 1957 para cobrir eventuais reversões de concessões do setor elétrico, ou seja, se algum concessionário perdesse a concessão, o governo poderia comprar o empreendimento. Em 2011, a existência da RGR foi renovada por mais 25 anos. Tributo sobre energia é prorrogado por 25 anos. *Folha de São Paulo*, 01/01/2011.

Desenvolvimento – BID). Dos 80% internos, 65% eram provenientes dos usuários (recursos operativos, IUEE e Empréstimo compulsório), o que fazia indispensável a manutenção de tarifas atualizadas através de correções anuais dos valores dos investimentos remuneráveis das empresas (Memória da Eletricidade, 2017).

Nos cinco anos compreendidos entre 1966 e 1970 foram investidos, em média, 3,4 bilhões de reais por ano no setor de energia elétrica brasileiro (Ferreira; Malliagros, 2010:11), distribuídos entre geração, transmissão, distribuição e instalações gerais.

Em 1971, com a Lei 5.655, o governo do general Médici promoveu aperfeiçoamentos na legislação tarifária, estabelecendo a garantia de remuneração de 10% a 12% do capital investido, a ser computada na tarifa, o que aumentou ainda mais os investimentos (Gomes *et al.*, 2002).

No ano de 1974, o governo do general Geisel estabeleceu a equalização tarifária (Decreto-Lei 1.383), com a criação da Reserva Global de Garantia (RGG), que buscava estabelecer tarifas iguais em todo o território nacional, por meio da transferência de recursos excedentes das empresas superavitárias para as deficitárias, como uma forma de estimular os investimentos nas diferentes regiões. Essa reserva também passou a ser administrada pela Eletrobrás (Gomes *et al.*, 2002). Essas medidas visavam dar sustentação financeira ao setor, subsidiando o seu crescimento.

Após o início das obras de Itaipu, em 1976, foram investidos R$ 12,6 bilhões por ano e só foi possível manter um nível de investimento elevado devido ao aumento da captação de recursos de terceiros (principalmente recursos internacionais), que chegaram a representar 97,5% do total investido em 1979 (Ferreira; Malliagros, 2010). Itaipu, sozinha, absorveu, em média, 16,2% dos investimentos totais no setor elétrico a partir de 1976 (figura 10).[40]

---

[40] O total investido em Itaipu até a sua finalização, nos anos 2000, foi de aproximadamente 44 bilhões de dólares. Os recursos que financiaram esse investimento vieram de várias fontes, mas, sobretudo, da Eletrobrás e do BNDES. Foram utilizados também recursos do Banco Nacional da Habitação (BNH), do Banco do Brasil e da Financiadora de Fundos e Projetos (Finep) (Carvalho, 2013).

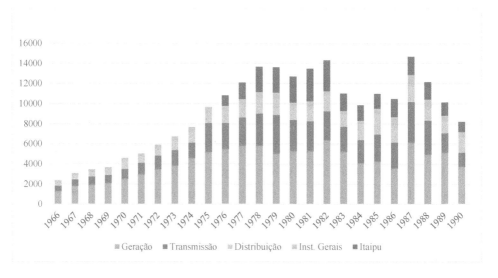

Figura 10: Distribuição dos investimentos no setor de energia, 1966 a 1990. Fonte: FGV, 1995 citado por Ferreira; Malliagros, 2010.

No entanto, no período 1976 a 1983, o desenvolvimento equilibrado e autossustentado do setor elétrico começou a ficar comprometido pela queda nas tarifas e pela extinção de alguns dos tributos vinculados ao setor (Ferreira; Malliagros, 2010).

Especialmente dois decretos, o 83.940/1979 e o Decreto-Lei 1.849, de 1981, são citados, pois contribuíram para o desequilíbrio econômico-financeiro do setor e causaram um gradativo processo de deterioração das concessionárias. O primeiro centralizou a decisão de reajuste dos preços e das tarifas de energia na Secretaria de Planejamento da Presidência da República e, o segundo, alterou a sistemática de transferências da RGG. O critério de serviço pelo custo e a estrutura tarifária vigentes até então foram distorcidas a partir daí, e, desse modo, o setor passou a ser utilizado para outros fins, inclusive como instrumento de combate à inflação (Gomes *et al.*, 2002).

Outro fator é que as políticas de investimento das empresas estatais não foram coordenadas, resultando em investimentos na construção das hidrelétricas de grande porte, sem que isso se justificasse pelo aumento da demanda (Carvalho, 2013).

Tabela 2: Fontes financeiras utilizadas no setor elétrico – 1970 a 1989. Oliveira citado por Ferreira (2000:192).

Em percentual

FONTES E USOS	1970	1975	1980	1985	1989
Fontes de Captação	**100**	**100**	**100**	**100**	**100**
Geração Interna	42	44	44	38	11
Receita Operacional	25	20	29	25	8
IUEE	7	8	4	3	0
Empréstimos Compulsórios	10	7	5	4	2
RGR	0	9	6	6	1
Governos Federal e estaduais	21	18	5	2	44
Empréstimos e financiamento do mercado	37	38	51	60	45
Utilização do Recursos	**100**	**100**	**100**	**100**	**100**
Investimentos	76	75	54	40	25
Pagamento de juros da dívida	14	15	31	68	98
Dividendos e outros	0	2	7	2	19
Mudança no capital de giro líquido	10	8	8	-10	-42

Rompido o modelo de autofinanciamento, os investimentos dependeram cada vez mais da captação de empréstimos e financiamentos a preços do mercado privado (Tabela 2).

Nas décadas de 1970 e 1980, o modelo de financiamento brasileiro incorporou fontes "alternativas" de recursos para utilização pelo BNDE, que voltou a financiar o setor elétrico, depois de alguns anos sem que houvesse essa necessidade. A poupança compulsória do Programa de Integração Social (PIS) e do Programa de Formação do Patrimônio do Servidor Público (PASEP), em 1974, e do Fundo de Investimento Social (FINSOCIAL), em 1982, dentre outros, foi usada como fonte de recursos do BNDE. O Banco Nacional da Habitação (BNH) também concedeu empréstimos para o setor. De forma geral, esses recursos contribuíram para o aumento da participação do crédito público no financiamento do setor privado e na melhoria das condições de captação das empresas públicas (Aniceto, 2011).

Naquele período foram financiadas, por meio da Fundo de Financiamento para Aquisição de Máquinas e Equipamentos (Finame), parte das usinas de Paulo Afonso IV (1979), Itumbiara (1980), Foz do Areia (1980), Salto Santiago (1980), Tucuruí (1984), Itaipu (1984) e

Itaparica (1988). Chama a atenção o financiamento pelo Banco Mundial do projeto de reassentamento de famílias na área de influência do reservatório da usina hidrelétrica de Itaparica (entre Pernambuco e Bahia), no valor de 132 milhões de dólares (Gonzalez *et al.*, 1990).

Bancos privados internacionais e governos estrangeiros também concederam crédito para a construção de hidrelétricas, por exemplo, na construção da usina de Samuel, um grupo de bancos franceses emprestou US$ 563 milhões[41] e o governo francês US$ 65 milhões; para a hidrelétrica de Três Irmãos, em São Paulo, US$ 71 milhões e 600 mil.[42] Na usina de Tucuruí foram tomados empréstimos, por exemplo, com o Bank of Tokio (aproximadamente US$ 32 milhões), Nomura Security (aproximadamente US$ 48 milhões) e o Bank of America (aproximadamente US$ 154 milhões) (Eletronorte, 1988).

Outro agravante para o financiamento do setor foi a aprovação da Política Nacional de Meio Ambiente, em 1981, e o início das discussões a respeito dos impactos sociais – sobretudo sobre grupos indígenas – e ambientais das grandes obras hidrelétricas, pois se inicia um processo de pressão sobre os investidores internacionais.

Os empréstimos internacionais para a construção de grandes hidrelétricas foram praticamente eliminados (Tucci, 2004).[43]

O III Plano Nacional de Desenvolvimento, para o período de 1980 a 1985, do governo do general João Figueiredo, define a agricultura e o abastecimento, a energia e o "social" como políticas setoriais prioritárias. É interessante notar que, para o setor energético, a estratégia passa a ser desestimular, via preços, o uso de fontes de energia primária importada (petróleo e carvão mineral), que representavam então mais de 40% da energia consumida no Brasil, além do estímulo a fontes alternativas, como a produção de álcool combustível, energia solar e eólica, e o apoio integral à substituição do uso de derivados do petróleo (Brasil, 1980). Interessante notar que aparece nesse plano, de modo explícito, que o governo deveria patrocinar o estabelecimento de uma Política Nacional de Recursos Hídricos (Brasil, 1980).

No entanto, nenhum ministério ficou responsável por monitorar o impacto socioeconômico e, muito menos o ambiental, dos planos de desenvolvimento. A SEMA tinha a atribuição de elaborar protocolos contra a poluição ambiental, mas essas orientações estavam

---

[41] "Franceses emprestam US$885mi a Delfim". *Jornal do Comércio*. 22/04/01982. p. 5.
[42] "Cooperação francesa: US$ 510mi". *Jornal do Comércio*. 13/04/01982. p. 5.
[43] O caso da construção e reassentamento da população na UHE de Sobradinho, iniciada em 1975, foi um estímulo para que o Banco Mundial diminuísse os financiamentos em hidrelétricas de grande porte e começasse a repensar as práticas da instituição e a formulação de uma política de reassentamento. Chavkin, S. O banco Mundial vai mudar mesmo? Disponível em: https://apublica.org/2015/06/o-banco-mundial-vai-mudar-mesmo/

apenas começando e ainda não eram muito claras naquele período, além de não haver estrutura de monitoramento.

CONCLUSÃO

Como pode-se depreender, o setor de energia elétrica no Brasil passou por um longo processo de estruturação, que se iniciou vinculado à agricultura e migrou para uma conexão com a indústria, refletindo o processo de substituição de importações e o início do processo de industrialização do país. No período militar, o setor de energia foi quase totalmente estatizado e as decisões foram centralizadas nas instituições públicas, que se tornaram superpoderosas. O Estado passou a ser o planejador e o executor do Sistema Elétrico Nacional, sendo o responsável pela implantação de quase todos os serviços de infraestrutura.

Nesse sentido, o que se delineia, para além do desenho institucional desenvolvido pelos governos militares para viabilizar os grandes projetos das barragens, era o Estado como gestor exclusivo dos recursos naturais e dos recursos hídricos, o que veio a se confirmar nas décadas subsequentes.

Ao assumir o planejamento, as construções e a distribuição de energia, o governo permitia ao capital privado investir em atividades que requeriam menor volume de capital, como nos estudos e consultorias de projeto, na construção e no fornecimento de materiais, máquinas e equipamentos para a construção, entre outros (Pinheiro, 2007). No entanto, o governo criou também linhas de crédito para essas atividades por meio dos bancos estatais, sobretudo o BNDE, com o Finame, por exemplo. Com o impulso creditício do BNDE foi possível a formação de grandes grupos econômicos, beneficiários preferenciais do crédito do Banco (Tautz; Pinto; Fainguelernt, 2012).

Foi criado também um arcabouço legal que favorecia as empresas nacionais. Nesse período, algumas empresas, como as do ramo da construção civil, cresceram e ganharam expertise na construção de barragens sendo, décadas mais tarde, responsáveis por construir essas estruturas também em outros países (Campos, 2012).

A construção de obras civis da magnitude das usinas de Itaipu e Tucuruí, por exemplo, tem a capacidade de movimentar grandes quantidades de capital, técnicas e tecnologias e, também, de contingentes humanos – que afluem para o sítio das obras – movendo um ciclo de grandes alterações espaciais, que se refletem em alterações socioeconômicas e ambientais.

É interessante notar o perfil dos ministros de Minas e Energia e dos presidentes da Eletrobrás. Se os primeiros eram mais qualificados em suas áreas de formação, como engenheiros civis, elétricos, mecânicos, os últimos, principalmente Antônio Carlos Magalhães e Shigeaki Ueki, não trabalharam e não tinham formação específica na área. As suas indicações para os cargos poderiam, desse modo, caracterizar decisões políticas muito mais do que técnicas. Mais que isso, cabe observar a predominância da engenharia, no sentido de executar essas obras puramente como artefatos técnicos e não como uma intervenção espacial, que tem enormes impactos sociais e ambientais. Poder-se-ia argumentar que essa era a visão da época – o que, inclusive se mostra contraditório, diante de todos os estudos de impacto ambiental encomendados pela Eletrobrás, se esse entendimento não continuasse a ser o mesmo nos dias de hoje, como veremos no próximo capítulo.

Apesar de existir uma Secretaria de Meio Ambiente dentro da estrutura do Ministério do Interior, não havia a compreensão de que a água é um recurso essencial sem o qual não haveria a possibilidade de geração de energia hidrelétrica.

A infraestrutura institucional criada, principalmente, a partir dos anos 1960, incluindo a estrutura de financiamento do setor elétrico, possibilitou o início da construção das usinas hidrelétricas de grande porte, inclusive na região amazônica, a partir dos anos 1970.

3

AS POLÍTICAS DO ESTADO E A CONSTRUÇÃO DAS HIDRELÉTRICAS DE GRANDE PORTE DURANTE O REGIME MILITAR: ESTUDO DE CASO DAS UHES TUCURUÍ, BALBINA E BELO MONTE

Ninguém mexeu na estrutura política deixada pela ditadura, então,
como você constrói uma democracia com os instrumentos deixados pela ditadura?
Chauí, 2013

A capacidade instalada em hidreletricidade no Brasil, em 2005, excluindo a parcela paraguaia da Usina de Itaipu, era de 70.961 MW, sendo que 69.631 MW por usinas hidrelétricas de grande porte e somente 1.330MW por pequenas centrais hidrelétricas (Aneel/EPE, 2006). Esse parque gerador compreendia então mais de 400 instalações, no entanto, grande parte da potência total se concentrava em apenas 24 hidrelétricas (52.000 MW), sendo que destas, 15 – somando mais da metade da geração total (46.862 MW) –, foram construídas e entraram em operação durante o regime militar (tabela 3). Observe-se que somente 50% da usina de Itaipu e a UHE Tucuruí, somadas, geram quase 22.000 MW.

Tabela 3: Maiores usinas hidrelétricas brasileiras em capacidade de produção

Usina Hidrelétrica	Ano de entrada em operação	Município e Unidade da Federação	Rio	Potência (MW)
Itaipu[1]	1984	Foz do Iguaçu – PR	Paraná	14.000
Tucuruí[2]	1984	Tucuruí – PA	Tocantins	7.751
Paulo Afonso[3]	1979	Delmiro Gouveia – AL	São Francisco	4.280
Ilha Solteira	1973	Ilha Solteira – SP	Paraná	3.444
Xingó	1994	Canindé de S. Francisco– SE	São Francisco	3.162
Itumbiara	1981	Itumbiara – GO	Paranaíba	2.124
Porto Primavera	1999	Anaurilândia – MS	Paraná	1.980
São Simão	1978	Santa Vitória – MG	Paranaíba	1.710
Foz do Areia	1980	Pinhão – PR	Iguaçu	1.676
Jupiá	1969	Castilho – SP	Paraná	1.551
Itaparica	1988	Glória – BA	São Francisco	1.480
Itá	2000	Itá – SC	Uruguai	1.450
Marimbondo	1975	Fronteira – MG	Grande	1.440
Salto Santiago	1980	Saudade do Iguaçu – PR	Iguaçu	1.420
Água Vermelha	1978	Indiaporã – SP	Grande	1.396
Serra da Mesa	1998	Cavalcante – GO	Tocantins	1.293
Furnas	1963	Alpinópolis – MG	Grande	1.270
Segredo	1992	Mangueirinha – PR	Iguaçu	1.260
Salto Caxias	1999	Cap. Leon. Marques –PR	Iguaçu	1.240
Emborcação	1982	Cascalho Rico – MG	Paranaíba	1.192
Machadinho [4]	2002	Piratuba – SC	Pelotas	1.140
Salto Osório	1975	Quedas do Iguaçu – PR	Iguaçu	1.078
Sobradinho	1982	Juazeiro – BA	São Francisco	1.050
Estreito	2011	Rifaina – SP	Grande	1.050

Notas: (1) Usina binacional, 50% da potência pertence ao Brasil e 50% ao Paraguai. Em operação, a partir de 2006, as duas últimas unidades geradoras de 700 MW, cada. (2) considera a segunda casa de força, em fase de motorização, que abriga 10 unidades geradoras, de 375 MW, cada. (3) compreende as usinas de Paulo Afonso I a IV e Moxotó. (4) A concessão para a construção de Machadinho data de 1982. Fonte: ANEEL/EPE (2006).

As grandes obras hidrelétricas realizadas no período militar foram um dos principais estímulos para o crescimento da construção civil e tinham como objetivo criar condições para o desenvolvimento da indústria brasileira.

Nenhuma outra alteração da *waterscape* teve tamanha magnitude, do período em questão até o presente, considerando que Itaipu, Tucuruí, Ilha Solteira, Samuel, e Sobradinho, todas construídas durante o período militar, ainda hoje, estão entre as maiores UHEs brasileiras – a primeira tendo sido, por mais de 30 anos, a maior usina hidrelétrica do mundo em capacidade média de geração de energia.

Os benefícios da energia gerada pelas usinas hidrelétricas são amplamente conhecidos, no entanto, a sua implantação tem um grande potencial de causar impactos sociais, tais como o aumento da pobreza, as desigualdades e a violência local e regionalmente, além das perdas econômicas e ecológicas, representadas pela perda de florestas naturais, terras agrícolas e habitats naturais.

Os ecossistemas aquáticos são profundamente afetados pelo bloqueio da migração de peixes e pela criação de ambientes anóxicos. A decomposição da vegetação deixada nos reservatórios cria água anóxica e produz metano, liberado das turbinas e vertedouros, além da produção de CO_2. As grandes barragens também são consideradas grandes emissoras de gases de efeito estufa, especialmente em áreas tropicais (Fearnside, 2011; 2015; Silva, 2015).

Além disso, podem ser apontados os impactos sobre a ictiofauna em decorrência da transformação do ambiente em lêntico; a diminuição da quantidade de peixes e da ictiofauna a jusante das barragens em consequência do rompimento das migrações dos peixes e da mudança da qualidade da água em decorrência da sedimentação e dos processos biogeoquímicos, na nova dinâmica das águas (WCD, 2000).

Como demonstrado no capítulo anterior, o poder do setor de energia cresceu e ganhou prioridade dentro do ciclo desenvolvimentista, que é uma das marcas do regime autoritário instalado no Brasil entre 1964 e 1985. Políticas sociais e ambientais não estavam entre as prioridades governamentais naquele período, ou seja, a ideia que se tinha de desenvolvimento não incluía o respeito ao "social" e ao "ambiental".

A ausência de salvaguardas legais e institucionais para os cidadãos e para o meio ambiente – ainda que estudos de impactos tenham sido realizados – deixa claro quais eram as prioridades e o *modus operandi* dos militares na execução dessas grandes obras.

Trata-se, a seguir, de como o sistema de gestão de recursos hídricos foi formulado, até a promulgação da Política Nacional de Recursos Hídricos e do processo utilizado no licenciamento das usinas hidrelétricas no Brasil.

Dois breves casos de estudo emblemáticos serão utilizados para ilustrar a construção das usinas hidrelétricas de grande porte no período militar brasileiro: Tucuruí e Balbina. Essas usinas representaram a manifestação espacial do poder político e econômico do governo naquela época.

As usinas de Balbina e Tucuruí foram construídas na região Norte do Brasil e são, em termos de engenharia, dois projetos completamente diferentes. A usina de Balbina é hoje considerada um monumento à estupidez, pois é um símbolo de incompetência técnica e causou um desastre ecológico com o enchimento de seu reservatório que se situa em uma superfície praticamente plana, além de ter causado muitos problemas sociais para a geração de meros 250 MW. A usina de Tucuruí, por outro lado, tem uma capacidade de geração instalada de 8.370 MW, apesar de também ter gerado muitos problemas sociais e ambientais.

Na penúltima sessão desse capítulo, abordar-se-á a construção da usina hidrelétrica de Belo Monte, que foi construída cerca de 30 anos depois das UHEs Tucuruí e Balbina, mas, aparentemente, não com muitos avanços no que se relaciona à governança da água – embora a gestão dos recursos hídricos tenha passado por grandes aprimoramentos – com consequências nos impactos sociais e ambientais causados e, principalmente, nas relações de poder.

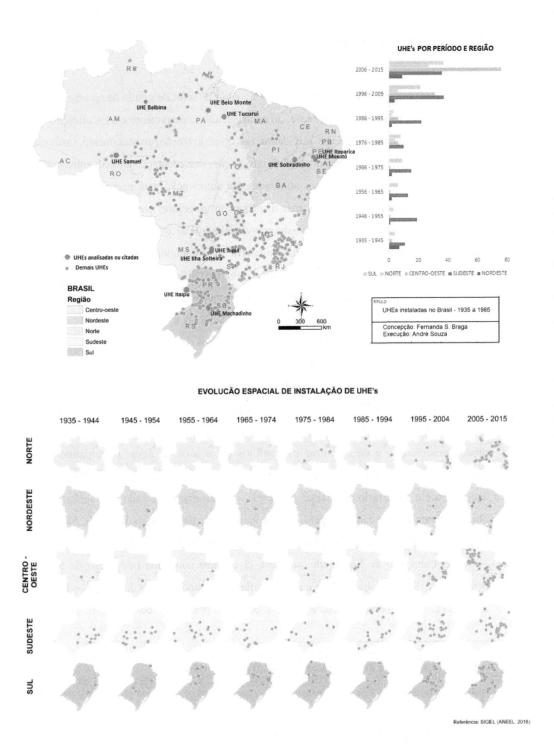

Figura 11: UHEs instaladas no Brasil – 1935 a 2015. Elaboração própria. Fonte: Sigel / Aneel, 2016.

3.1 – GESTÃO DAS ÁGUAS NO BRASIL

O que se conhece hoje como "setor de águas" ou "setor de gestão de recursos hídricos" são as atividades relativas à autorização, ao controle, ao monitoramento e à fiscalização do uso dos recursos hídricos em diferentes atividades, tais como irrigação, abastecimento, saneamento, geração de energia, controle de inundações, navegação, dessedentação animal, entre outras.

Até o período militar, essas atividades e a autorização para exercê-las não estavam circunscritas a um setor específico, mas dispersas em diferentes pastas, como a de Minas e Energia (regime hidrológico e fontes de energia hidráulica) e Interior (saneamento básico, beneficiamento de áreas e obras de proteção contra secas e inundações, irrigação)[44] e poluição ambiental, com a Secretaria Especial de Meio Ambiente (SEMA)[45].

Gestão e governança caminham juntas, conquanto a primeira se relacione com os estudos técnicos sobre qualidade e a quantidade das águas e a segunda se relacione com a negociação nas tomadas de decisão sobre os diversos usos da água.

Iniciativas isoladas de gestão e governança das águas já estavam em desenvolvimento no Brasil, a partir da década de 1970. Por exemplo, o governo do estado de São Paulo criou regulamentações, em 1975, que previam a proteção dos mananciais, cursos e reservatórios de água (Lei 898/1975, Lei 1.172/1976, Decreto 9.714/1977), com o objetivo de conter a expansão urbana desordenada e de amenizar os conflitos pelos usos da água, principalmente entre abastecimento, indústria e geração de energia, no território do estado. Em 1976 houve um acordo entre o Ministério das Minas e Energia e o Governo do Estado de São Paulo com o objetivo amenizar os conflitos pelo uso da água na Região Metropolitana de São Paulo e melhorar a qualidade da água nas bacias do Tietê e Cubatão (Henkes, 2003).[46]

O município de São Paulo, sozinho, já contava com uma população de 5.978.977 pessoas, em 1970 (IBGE, 2010), e a pressão sobre a demanda de uso dos recursos hídricos só aumentava. O crescente adensamento dos conflitos pela água no território desse Estado

---

[44] Decreto-Lei nº 200, de 25 de fevereiro de 1967, que dispõe sobre a organização da Administração Federal, estabelece diretrizes para a Reforma Administrativa e dá outras providências.

[45] Decreto 73.030/1973. A portaria GM/13 de 15/01/1976 criou a classificação das águas de acordo com a qualidade, para diferentes usos. O enquadramento, no entanto, seria estabelecido pela SEMA, mas ouvido o DNAEE (IV, letra c).

[46] Alguns autores (Luchini, 2000; Henkes, 2003; Corrêa e Costa, 2016) citam a criação de um grupo interministerial, denominado Comitê Especial de Estudos Integrados de Bacias Hidrográficas (Portaria Interministerial nº 90, de 29/03/1978), do qual fariam parte: DNAEE, ELETROBRAS, SEMA e Departamento Nacional de Obras e Saneamento (DNOS), e que teria como finalidade "promover a utilização racional dos recursos hídricos das bacias hidrográficas dos rios de domínio da União". No entanto, não se pôde confirmar essa informação, pois essa portaria não foi encontrada.

impulsionou a formulação de um sistema de gerenciamento integrado de recursos hídricos, em 1991 (Lei 7.663/1991), antes mesmo da formulação e regulamentação do sistema nacional de gerenciamento.

Outros estados também promulgaram políticas estaduais de recursos hídricos antes da Política Nacional: Ceará, em 1992 (Lei 11.996 de 24/07/1992), Minas Gerais, Santa Catarina e Rio Grande do Sul, em 1994 (Lei 11.504 de 20/06/1994; Lei 9.748 de 30/11/1994 e Lei 10.350, de 30/12/1994, respectivamente).

Para que esse movimento fosse iniciado alguns atores e acontecimentos foram importantes. O primeiro deles foi a criação da Secretaria Especial de Meio Ambiente (SEMA), em 1973, graças à repercussão negativa da participação brasileira na conferência de meio ambiente da ONU, em Estocolmo, em 1972. Pode-se identificar aí, portanto, uma estratégia de governança autoritária do regime, já que havia pressão social, principalmente internacional, não só para uma abertura democrática, mas para que fossem observados os direitos humanos e ambientais.[47]

A SEMA foi alocada no Ministério do Interior com a função de propor os critérios e padrões para evitar e corrigir os efeitos danosos da poluição, atribuição que lhe foi garantida, em parte, por meio do seu decreto de criação e em parte pela aprovação do II Plano Nacional de Desenvolvimento (1975-1979), que contemplava ações para a redução da poluição da água, do ar e do solo e o ordenamento do espaço urbano. Em seu início, a SEMA contava com apenas seis funcionários, tendo Paulo Nogueira Neto como o seu primeiro secretário e, pelo que consta, muito do que se tem atualmente estruturado em torno do Ministério do Meio Ambiente se deve à influência e inteligência dele.[48]

Em 1985, a Secretaria Especial de Meio Ambiente foi alçada à Ministério do Desenvolvimento Urbano e do Meio Ambiente, já no governo de transição de José Sarney (Decreto 91.145/1985). Nesse ponto, a SEMA já contava com mais de 400 funcionários, com

---

[47] Outras conferências foram importantes em nível internacional, como a Conferência das Nações Unidas sobre a Água, realizada em Mar del Plata, na Argentina, em 1977, que reconheceu pela primeira vez a água como um direito, declarando que "todos os povos, qualquer que seja seu estágio de desenvolvimento e condições sociais e econômicas, têm o direito de ter acesso à água potável em quantidades e de uma qualidade igual às suas necessidades básicas" (United Nations, 2017). Essa conferência influenciou o olhar sobre os recursos hídricos. No Brasil, houve um Seminário Internacional de Gestão de Recursos Hídricos, realizado em Brasília, em 1983. A Associação Brasileira de Recursos Hídricos (ABRH), fundada em 1977, inicialmente formada predominantemente por engenheiros civis produziu, em 1987 e em 1989, duas cartas técnicas, saídas dos seus encontros bianuais, que delineavam os princípios básicos que deveriam ser seguidos em uma política de gestão de recursos hídricos (Porto; Porto, 2008).

[48] Paulo Nogueira Neto fez parte da Comissão Brundtland, das Nações Unidas, de 1983 a 1986, como um dos dois representantes da América Latina. Como se sabe, essa comissão foi a responsável pela criação do conceito de desenvolvimento sustentável.

o Conselho Nacional de Meio Ambiente (CONAMA) estruturado e funcionando e a Política Nacional de Meio Ambiente, com critérios de licenciamento e regulamentação ambiental para novos empreendimentos, aprovada e com 3.2 milhões de hectares de florestas nativas preservadas em várias unidades de conservação.

Pelo que consta, a aprovação da Política Nacional de Meio Ambiente pelo Congresso, em 1981, pegou de surpresa a Confederação Nacional da Indústria, que pediu o veto de 13 artigos da Lei. No entanto, somente 2 deles foram retirados. Essa Política antecipou várias das disposições adotadas na Constituição Federal de 1988 na questão ambiental.[49]

Com o fim do regime militar no Brasil e outros governos autoritários na América Latina e com o fim da guerra fria, foram difundidos valores que estimularam a descentralização das decisões e impulsionaram a participação social nos negócios de Estado.

Cabe observar que a política de meio ambiente foi, assim, formulada em um vácuo institucional, mas a política de recursos hídricos foi intencionalmente desenhada, para atender a uma exigência constitucional, ainda que como uma complementação especializada da política de meio ambiente. O sistema de gestão de recursos hídricos foi sistematizado somente no final dos anos 1990, quase 20 anos depois da política de meio ambiente.

A Política Nacional de Recursos Hídricos – PNRH (Lei 9.433/1997), ao adotar a ideia de participação na gestão e na administração públicas dos recursos hídricos, preconizada na Constituição Federal do Brasil, de 1988, e ao colocar a bacia hidrográfica como uma nova territorialidade para se pensar a gestão integrada da água, acabou por criar novas estruturas descentralizadas de poder, representando um avanço importante na constituição da cidadania, devido às dimensões e peculiaridades regionais do país, o que impõe desafios no que concerne à alocação da água entre usos concorrentes, tais como a agricultura, o abastecimento público, o saneamento, o lazer, e torna claro os nexos entre água e energia.

A PNRH criou o Sistema Nacional de Recursos Hídricos, que é composto pelo Conselho Nacional de Recursos Hídricos (CERH) os Conselhos de Recursos Hídricos dos Estados e do Distrito Federal; as Agências executivas de bacia hidrográfica, os Comitês de Bacia Hidrográfica Em 2000, foi criada a Agência Nacional de águas – ANA (Lei 9.984/2000). A política nacional também definiu os instrumentos de gestão de recursos hídricos: Planos de Recursos Hídricos; enquadramento dos corpos de águas em classes de usos preponderantes;

---

[49] "Morre Paulo Nogueira Neto, criador da Política ambiental brasileira". *Folha de São Paulo* on line. Disponível em: https://www1.folha.uol.com.br/ambiente/2019/02/morre-paulo-nogueira-neto-criador-da-politica-ambiental-brasileira.shtml

outorga de direitos de uso dos recursos hídricos; cobrança pelo uso dos recursos hídricos; compensação aos municípios; Sistema de Informações sobre Recursos Hídricos.

O setor de geração de energia tem uma representação muito significativa no tocante à gestão dos recursos hídricos e, apesar dessa atividade fazer uso considerado, teoricamente, não consuntivo da água, ela representa grandes impactos tanto no que se refere à alteração de ecossistemas e regime hidrológico, quanto à mobilidade de populações de áreas a serem alagadas. Por outro lado, representa uma opção pertinente para a geração de energia elétrica em um país nas proporções do Brasil.

Como se pode observar, durante o regime militar, a governança da água não se dava da forma como a conhecemos hoje, mas de alguma forma, as sementes da PNRH foram lançadas durante a década de 1970 e os processos que atualmente são entendidos como governança já se delineavam.

3.1.1 – O processo autorizativo para a construção de usinas hidrelétricas no Brasil

O processo de autorização para a construção de usinas hidrelétricas no Brasil atualmente é complexo, e diversos atores tomam parte (figura 12). O MME é responsável pelo planejamento setorial, pela concessão de direito de exploração do aproveitamento hidrelétrico e pela definição das diretrizes dos leilões de energia, que são realizados pela Agência Nacional de Energia Elétrica (ANEEL).[50]

Quem ganha a disputa pela concessão de uma hidrelétrica no leilão tem como principal fonte de receita futura a venda de energia para o sistema interligado nacional. Essa concessão, no entanto, é independente do processo de outorga de uso da água e outros recursos naturais. O empreendedor ganha o direito de faturar a energia elétrica, apresentando a melhor proposta de geração *versus* custo. Nesse ponto, ele já deve ter duas permissões vinculadas: a Declaração de Reserva de Disponibilidade Hídrica (DRDH) e a Licença Prévia (LP). A DRDH, obtida junto

---

[50] Uma característica notável no Brasil foi o fato da privatização de utilidades públicas ter sido realizada por meio de contratos de concessão, em vez de uma transferência permanente de ativos. A ideia era que o vencedor do contrato de concessão operasse uma instalação por um período limitado de tempo (geralmente de 20 a 25 anos) ao final do qual os ativos reverteriam novamente para o Estado, a menos que uma nova concessão fosse dada à antiga empresa ou a um recém-chegado, após um leilão apropriado. A administração do contrato de concessão estaria nas mãos de instituições reguladoras especiais (por exemplo, ANATEL; ANEEL) e, em alguns casos, ministérios governamentais (Amann; Baer, 2005).

aos órgãos gestores de recursos hídricos (Agência Nacional de Águas – ANA, em casos de rios de dominialidade federal ou instituições estaduais, em rios de domínio dos estados), não confere o direito de uso dos recursos hídricos e se destina, unicamente, a reservar a quantidade de água necessária à viabilidade do empreendimento hidrelétrico.[51] É como se fosse uma "pré-outorga" para o uso do recurso hídrico, tem validade de 3 anos, renováveis por mais 3, e é condição para a obtenção da LP.[52] A LP, emitida pelo Instituto Brasileiro de Meio Ambiente (IBAMA) ou pelas secretarias de meio ambiente dos estados, aprova a localização e a concepção do empreendimento, atestando a viabilidade ambiental e estabelecendo os requisitos básicos e condicionantes a serem atendidos nas próximas fases de implantação do empreendimento, que são a Licença de Instalação e a Licença de Operação.

Além dessas duas autorizações, os empreendedores precisam apresentar os estudos de inventário, viabilidade e estudos de impacto ambiental.

---

[51] A Lei 9.984 de 17 de julho de 2000, em seu artigo 7º, §1º estabelece como atribuição da ANEEL a solicitação de Declaração de Reserva de Disponibilidade Hídrica (DRDH), em articulação com os órgãos gestores estaduais. No entanto, a ANEEL delega a realização dos estudos de disponibilidade hídrica aos empreendedores interessados ou a solicita, por meio da Empresa de Pesquisa Energética (EPE), quando o interesse é do governo.

[52] Em alguns estados, os Comitês de Bacias Hidrográficas atinentes à área de construção da usina ou o Conselho Estadual de Recursos Hídricos são consultados, antes da concessão da DRDH. Em Minas Gerais DN CERH 31/2009.

A ANEEL, parte da estrutura do MME, é responsável por registrar, analisar e aprovar os estudos de inventário, viabilidade e projetos básicos dos aproveitamentos hidrelétricos a serem licitados. A Empresa de Pesquisa Energética (EPE), promove a habilitação técnica dos empreendimentos, desenvolvendo estudos para cálculo da garantia física, definição do ponto de conexão ao Sistema Interligado Nacional e estabelecimento da tarifa-teto a ser considerada no leilão.

Procedimento administrativo para Usinas Hidrelétricas – UHE

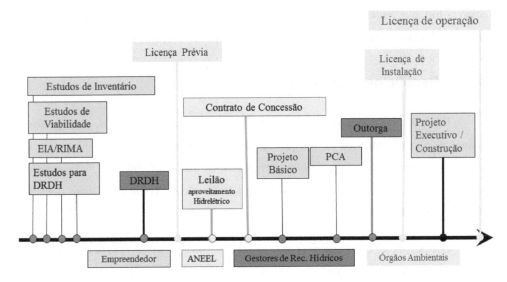

Figura 12: Procedimento administrativo para autorização de construção de UHEs. Fonte: Instituto Mineiro de Gestão das águas, 2010.

Durante o processo de viabilização de uma usina hidrelétrica são necessários três tipos de licenciamento ambiental: a Licença Prévia (LP), que aprova a viabilidade ambiental do empreendimento e autoriza a sua localização e a sua concepção técnica, estabelecendo também as condições a serem consideradas nas fases subsequentes do projeto; a Licença de Instalação (LI), que autoriza o início da obra ou instalação do empreendimento; e Licença de Operação (LO), que autoriza o início de seu funcionamento comercial. Essas licenças são concedidas pelo

Ibama ou pelos órgãos estaduais de meio ambiente.[53] De acordo com a legislação, a DRDH é convertida em outorga automaticamente na fase da LI.

De acordo com a Lei 12.334/2010, a responsabilidade pela fiscalização da segurança das barragens com finalidade de geração de energia é também da ANEEL, e das barragens de usos múltiplos é da Agência Nacional de Águas ou de órgãos gestores estaduais de recursos hídricos, mas essa fiscalização muitas vezes depende de relatórios feitos pelas próprias administradoras das barragens ou consultorias contratadas por elas.

Dependendo do contexto local e regional onde a barragem será construída, instituições como o Instituto Nacional de Reforma Agrária (INCRA) e a Fundação Nacional do Índio (FUNAI) devem ser consultadas e podem vir a participar do processo de licenciamento.

3.1.2 – Benefícios compartilhados

Em 1989, foi instituída para os estados, distrito federal e municípios, a compensação financeira pelo resultado da exploração de petróleo, gás natural, recursos minerais e dos recursos hídricos para fins de geração de energia elétrica, pela Lei 7.990/1989.[54] No entanto, a regulamentação da Compensação Financeira pela Utilização de Recursos Hídricos (CFURH) só foi regulamentada em 1998 (Lei 9.648/1998).

O valor da CFURH equivale a 6.75% (Lei 9.984/2000) de toda a energia gerada mensalmente em uma hidrelétrica e é paga pelo titular da concessão ou autorização para exploração do potencial hidráulico.[55] A quantia arrecadada é repartida entre os estados e os municípios localizados na área de influência dos reservatórios das hidrelétricas das empresas geradoras, e órgãos da administração direta da União. A proporção a ser respeitada é a seguinte:

---

[53] A Agência Nacional de Águas – ANA, as instituições estaduais gestoras de recursos hídricos, o Instituto Brasileiro de Meio Ambiente (IBAMA) e as secretarias de meio ambiente dos estados fazem parte da estrutura institucional do Ministério do Meio Ambiente.

[54] Essa lei sofreu alterações em 1990 (Lei 8.001/1990), 1998 (Lei 9.648/1998), 2000 (Lei 9.984/2000), 2016 (Lei 13.360/2016) e 2018 (Lei 13.661/2018).

[55] O decreto 3.739/2001 estabelece que o valor total da energia produzida, para fins da compensação financeira, será obtido pelo produto da energia de origem hidráulica efetivamente verificada, medida em megawatt-hora, multiplicado pela Tarifa Atualizada de Referência (TAR), fixada pela Agência Nacional de Energia Elétrica – ANEEL anualmente. Atualmente o valor da TAR é de R$ 74,03/MWh (Resolução homologatória ANEEL 2.342/2017).

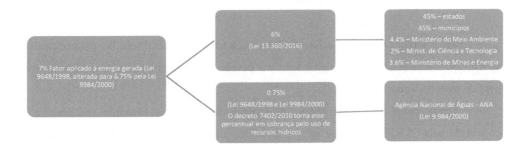

Figura 13: Distribuição da CFURH. Elaboração própria a partir da legislação disponível em http://www.planalto.gov.br.

A ANEEL gerencia a arrecadação e a distribuição dos recursos. A compensação é repassada mensalmente e não pode ser usada para pagamento de folha de pessoal ou para quitar dívidas, exceto as contraídas junto à União.

3.2 – TRÊS ESTUDOS DE CASO: TUCURUÍ, BALBINA E BELO MONTE

3.2.1 – "O maior vertedouro do mundo": A Usina Hidrelétrica de Tucuruí

A construção da UHE Tucuruí fez parte do projeto de integração da região Amazônica, iniciado efetivamente com o Plano de Integração Nacional (PIN), junto com outras iniciativas do mesmo período como a Rodovia Transamazônica, a Zona Franca de Manaus, o projeto Grande Carajás, a usina hidrelétrica de Balbina, a Albrás, entre outras.

A decisão de construí-la partiu da descoberta de enormes jazidas de ferro e de bauxita na região Amazônica (Abreu, 2010). Todos os projetos de bauxita, alumina e alumínio foram implementados em associação com o capital estrangeiro, principalmente japonês, neerlandês, americano.

A grande usina que a Eletronorte está construindo no rio Tocantins oferece as características não menos importantes de primeiro marco de efetivo desenvolvimento agroindustrial plantado na imensa Amazônia, onde recentes levantamentos após fotointerpretação, revelaram a existência de imensas e diversificadas jazidas minerais.[56]

Para o jornal *O Estado de São Paulo*, com a visão "otimista" que lhe era peculiar à época, "Sem essa decisão, pouco será feito e o potencial das águas e do subsolo continuará perdido na selva amazônica."[57]

O embaixador dos Estados Unidos da América do Norte, John Crimmins, no Brasil, foi convidado pela CVRD para visitar as instalações da mina de Carajás, que deveria "coincidir com o término das negociações com a United States Steel (US Steel), objetivando definir a participação de outros sócios estrangeiros na exploração das reservas de minério de ferro do Pará."[58] Ainda segundo a matéria, a US Steel havia criado um impasse, pois teria condicionado a aceitação dos acordos à sua permanência à frente da holding a ser formada.

A usina foi incluída entre os empreendimentos prioritários do II Plano Nacional de Desenvolvimento, levando em conta a grande demanda de energia de projetos de indústrias eletrointensivas na Amazônia e também o atendimento à região Nordeste.

A barragem da UHE Tucuruí tem 8km de comprimento e 78 metros de altura e situa-se no rio Tocantins, estado do Pará, a cerca de 300km a sul da capital do estado, Belém. O lago do reservatório (Figura 14) tem uma área total de 2850 km² (WCD, 2000). Tucuruí ficou famosa, não só por ser a primeira grande usina hidrelétrica da região amazônica, mas por ter "o maior vertedouro do mundo"[59]. Oito municípios tiveram a sua área inundada parcial ou totalmente pelo reservatório de Tucuruí.

---

[56] Tucuruí, uma usina gigante na floresta. *O Estado de São Paulo*. 18/09/1977, p. 18.
[57] Há 80 milhões de Kw nos rios da Amazônia. *O Estado de São Paulo*. 07/07/1974, p. 52.
[58] Com Tucuruí, 7 rios e 8 cidades vão desaparecer. *O Estado de São Paulo*. 18/03/1976, p. 38.
[59] Tucuruí, para conquistar a Amazônia. *O Estado de São Paulo*. 23/09/1981, p. 1.

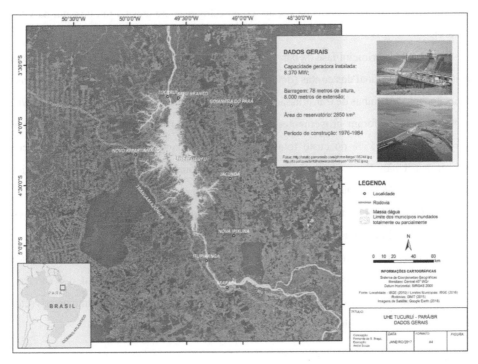

Figura 14: O reservatório da UHE Tucuruí.

Com o Decreto 74.279, de 11/07/1974, assinado pelo presidente general Geisel e pelo ministro de minas e energia Shigeaki Ueki, foi outorgada à Eletronorte, a concessão para o aproveitamento progressivo da energia hidráulica do Rio Tocantins, em toda sua extensão, desde as nascentes dos seus formadores, no Estado de Goiás, até a sua foz, no estuário do Rio Amazonas, no Estado do Pará. Sendo que a concessionária deveria dar prioridade aos aproveitamentos hidrelétricos localizados na região de Tucuruí, no Pará, e de São Félix, em Goiás.

A Eletronorte realizou os estudos de viabilidade técnica da usina e ficou responsável também por licitar, contratar e acompanhar as obras da UHE Tucuruí (WCD, 2000).

O Decreto 78.659, de 1 de novembro de 1976, declarava de utilidade pública, para fins de desapropriação, áreas de terra e benfeitorias, necessárias à implantação do canteiro de obras, e demais unidades de serviço, bem como à formação do reservatório da Usina Hidrelétrica de Tucuruí, da Eletronorte, localizadas no Estado do Pará.

Para construir a usina, foi necessário instalar uma vila residencial que chegou a ter 50 mil moradores, além de dois portos, um aeroporto e uma termelétrica de 43 MW. A Eletronorte teve que arcar com várias obras na região, como estradas e até mesmo um hospital na vila de Tucuruí.[60]

O custo da primeira fase da barragem foi previsto em 2,5 bilhões de dólares, mas somou quase 8 bilhões no final das contas (dólar de 1984), incluindo US$ 2 bilhões (23%) de juros do financiamento. As linhas de transmissão e subestações custaram outros US$ 1,3 bilhões (WCD, 2000). Os fundos foram provenientes de várias fontes do Governo Federal e do BNDES. Aproximadamente 55% do custo total do projeto foi financiado por fontes externas como Banque de L'Union Européenne, Bank of America, National Bank of Canada, Crocker National Bank e um consórcio de bancos franceses (WCD, 2000).

A Construtora Camargo Corrêa foi a única responsável pelas obras de engenharia civil da usina, que se iniciaram em 1976.

Com as obras da hidrelétrica verificou-se um acentuado aumento no índice demográfico na área (cerca de 40 mil trabalhadores), especialmente, do município Tucuruí, que não estava preparado para absorvê-lo. Isso ocasionou uma série de deficiências, principalmente nos setores de saúde pública, abastecimento de água, comércio e educação.

> As ruas se encontram em más condições, e o prefeito pouco pode fazer para melhorá-las. A esses problemas, somam-se, ainda, as enchentes periódicas do Rio Tocantins – Dez a Abr – às margens do qual se localiza a cidade-sede, causando inúmeros desabrigados, solapando os parcos recursos econômicos do município.[61]

A Lei Federal 3.824, de 23 de novembro de 1960, declarava ser obrigatório o desmatamento e a consequente limpeza das bacias hidráulicas, dos açudes, represas ou lagos artificiais, construídos pela união, pelos estados, pelos municípios ou por empresas particulares. No entanto, na região amazônica isso representou um grande problema na construção das barragens. Primeiramente, porque era uma região de difícil acesso para o escoamento da madeira, depois porque não existiam empresas brasileiras especializadas na retirada de madeira em reservatórios.

A madeira de lei presente na área do reservatório de Tucuruí teria sido avaliada em 3 bilhões de dólares (dólares de 1981).[62] No entanto, a única empresa que se habilitou para a concorrência na retirada da madeira da área de inundação do reservatório foi a Agropecuária

---

[60] Tucuruí, a primeira hidrelétrica de porte na Amazônia. *Revista O Empreiteiro*.
[61] Visita presidencial ao estado do Pará – municípios de Altamira e Tucuruí. 09/07/1979. (Serviço Nacional de Informação, Agência de Belém, ABE_ACE_375_79)
[62] "Tucuruí, para conquistar a Amazônia". *O Estado de S. Paulo*, 23/09/1981, p. 1.

Capemi Indústria e Comércio, empresa criada pelos militares, vinculada à Carteira de Pensões dos Militares (Capemi), somente três meses antes da licitação. A Capemi recebeu o pagamento diante do comprometimento de subcontratar especialistas estrangeiros para o devido assessoramento, no entanto, somente removeu 10% da área contratada, tendo aberto processo de falência (MPF, 2014). Como agravante, parte da madeira retirada terminou se deteriorando nos pátios de armazenamento, por estarem *Sub Judice* em decorrência da execução do processo falimentar. Um caso explícito de corrupção que voltou a ser investigado pelo Ministério Público Federal (MPF), em 2014.

Vários documentos do SNI apontam o levantamento de informações sobre esse caso e mostram que as autoridades da época estavam cientes dos atrasos e dos problemas, embora a tomada de decisões e o trabalho conjunto dos órgãos fosse bastante moroso.

> A freqüente contemporização dos erros, sem que o contrato fosse cancelado e sem que a empresa fosse penalizada, embora sob o argumento do interesse e da segurança nacional, evidenciou a falta de capacidade decisória e de administração pública e permitiu que se avultassem as deletérias conseqüências econômicas. Não funcionou, também a sincronização de decisões entre os diversos órgãos federais, necessária à remoção de certos entraves burocráticos, como a liberação de importação de equipamentos. A evidente inoperância do Governo somou-se a incapacidade empresarial do Grupo CAPEMI na execução do projeto que, não cumprindo o mais elementar de seus deveres, cercou-se de dirigentes e técnicos sem comprovada experiência no setor extrativo e comercial de madeiras e não soube maximizar o aproveitamento dos serviços de assessoria técnica prestados pela equipe francesa contratada. Mais ainda, o estilo de administração independente e auto-suficiente que foi imprimido à empresa durante muito tempo resultou, não raramente, em completo descaso às recomendações do órgão coordenador e em decisões inadequadas e inoportunas. Além disso, no processo de falência emergiram sobejas evidências de que houve má fé na aplicação de parte dos recursos, beneficiando diretores da empresa e, possivelmente, em alguns casos, funcionários públicos.
>
> A tentativa de retirada, com aproveitamento econômico, da madeira existente na área do reservatório da UHE DE TUCURUÍ, deixou um inolvidável registro do fracasso de um empreendimento, de razoável porte, por ineficiência governamental e privada. [63]

A Capemi foi também acusada de utilizar dioxina (o "agente laranja", famoso por ter sido usado na guerra do Vietnã pelos Estados Unidos) para desfolhar a vegetação da área do reservatório de Tucuruí, e nas áreas sob as linhas de transmissão da Eletronorte (nesse caso, realizado pela Agromax), produtos tóxicos para desfolhar as árvores na área do reservatório. A Eletronorte não admitiu que o pesticida tenha sido usado, mas em reportagens para os jornais

---

[63] Relatório confidencial descaracterizado (sem timbres). Retrospectiva do processo de tentativa de desmatamento da bacia de acumulação da UHE de Tucuruí. Uma lição para UHE de Balbina e UHE de Samuel. 26/11/1985, p. 9-10 (Serviço Nacional de Informação, Agência Central, AC_ACE_53879_86).

da época, aparecem bastantes referências a esse respeito. No jornal *Folha de São Paulo* de 4 de dezembro de 1984, um dos entrevistados, Benedito Clarindo Moreira, morador de Nazaré dos Patos, na área da UHE Tucuruí, afirmava que "a água aqui não vai prestar mais com esse veneno todo que a Capemi jogou na área da represa."[64]

Nos relatórios do SNI se afirma que teria sido utilizado um produto químico, mas que não havia sido comprovado o uso do agente laranja.

> Pode-se afirmar que a empresa AGRICULTURA E PECUÁRIA LTDA (AGROMAX), subempreiteira da CENTRAIS ELÉTRICAS DO NORTE DO BRASIL S.A (ELETRONORTE), encarregada de desmatar a área sob a linha de transmissão de 500 kV, num trecho entre TUCURUÍ e BELÉM/PA, realmente utilizou agentes químicos a fim de controlar o crescimento de vegetais e proteger a linha contra queimadas, entretanto, não foi comprovado até agora, a aplicação de dioxina - Agente Laranja. Mas está confirmada a morte de cerca de 80 bovinos, em fazendas localizadas em TAILÂNDIA, no Município de MOJU/PA.[65]
>
> [...] existem informes que as pulverizações realizadas pela AGROMAX, subempreiteira da ELETRONORTE, estão estreitamente ligadas a um desastre ecológico que pode ter matado cerca de 13 pessoas, provocado em torno de 12 abortos, além de dizimar criações de gado e de animais domésticos no município de MOJU/PA e no povoado de TAILANDIA/PA, a margem da nova Rodovia PA-150.[66]

A Eletronorte prestou esclarecimentos, por meio de nota oficial, de que o agente químico utilizado teria sido, na verdade, o Tordon 101-BR, para evitar o renascimento de vegetação perto das linhas de transmissão. De todo modo, pode-se ler no relatório da agência de Belém do SNI, sobre um encontro realizado na semana do meio ambiente, que o fechamento das comportas da barragem de Tucuruí teria sido adiado até que fosse completada a varredura da área para retirada dos estoques de agrotóxicos abandonados pela CAPEMI.[67] Isso talvez explique porque as comportas da hidrelétrica foram fechadas em sigilo e só noticiadas depois de iniciado o enchimento do reservatório.[68]

Após o seu enchimento, a não retirada da madeira da área do reservatório teve consequências muito graves em termos ambientais, pois a madeira que ficou submersa se decompôs e gerou (e continua a gerar) enorme quantidade de gases de efeito estufa (Fearnside, 2015; Silva, 2015). Gerou também macrófitas aquáticas que se reproduziram tão rapidamente

---

[64] "Com a energia, Tucuruí traz a desorganização social". *Folha de São Paulo*. 4 de dezembro de 1984. p 9.
[65] Uso da dioxina – Agente laranja – pela Eletronorte. 17/01/1984. (Serviço Nacional de Informação, Agência de Belém, ABE_ACE_4431_84)
[66] Idem
[67] Semana Nacional do meio ambiente - discussão sobre política ambiental e uso de agrotóxicos na Amazônia (Serviço Nacional de Informação, Agência de Belém, ABE_ACE_4711_84).
[68] "O Tocantins é fechado. Vai surgir Tucuruí". *O Estado de S. Paulo*. 07/09/1984, p.1

que o lago se tornou um imenso criatório primário de larvas de mosquitos, que se proliferaram de forma irrefreável nas áreas adjacentes da usina, causando problemas de saúde nas populações. A deterioração da água impediu também a pesca e a circulação de barcos, o comprometimento de plantações, o aparecimento de insetos, entre outros problemas (WCD, 1999).

Com a construção foram desapropriadas 4.407 famílias, sendo 3.407 reassentadas em loteamentos rurais e 1000 famílias reassentadas em núcleos urbanos, construídos pela Eletronorte: Novo Repartimento na porção sudoeste e Breu Branco a leste, emancipados posteriormente ao Município de Tucuruí em dezembro de 1992 (Eletrobrás, 1992). A nações indígenas afetadas foram os Parakanãs (área do reservatório), os Guajajara, os Krikatis, os Pucuruí, os Assurini do Tocantins e os Gaviões da Montanha.

A usina de Tucuruí foi inaugurada, com atraso, em novembro de 1984 no final do governo do general João Batista Figueiredo. Segundo o relatório preliminar da World Comission on Dams, os benefícios econômicos esperados da usina no período após o início da geração foram perdidos, pois a energia fornecida às grandes indústrias, especialmente as de alumínio (japonesas, canadenses e norte-americanas) tinha preços muito reduzidos (US$ 24/MWh em 1998) (WCD, 2000).

A Hidrovia Tocantins-Araguaia, passou a ser navegável com a conclusão das eclusas e serve de rota de escoamento para a bauxita e outros minerais extraídos no Pará.

O município de Tucuruí recebe *royalties* pela produção de energia elétrica e CFURH pela área inundada pelo reservatório e, por isso, é a cidade com segundo maior orçamento no estado do Pará, depois da capital Belém.

Quando inaugurada, a UHE Tucuruí era responsável pelo fornecimento de energia para fabricação de alumínio da Albrás, situada em Barcarena (Pará) – CVRD e Nippon Amazon Aluminium Co. –, Alumar, situada em São Luís (Maranhão) – Alcoa S.A. e Shell –, e da mina de ferro da Companhia Vale do Rio Doce, em Marabá (Pará). A UHE também realizava os suprimentos às concessionárias estaduais Celpa, Cemar e Celg (figura 15). No entanto, os contratos de fornecimento assinados pela Alumar e pela Albrás, por exemplo, garantiam 10% e 15% de desconto respectivamente às indústrias, além da garantia do governo de esse preço não ultrapassar 20% o do alumínio.[69] Desse modo, fica fácil entender o anúncio da Albrás no

---

[69] "A importância da energia para a Alumar". *Gazeta mercantil*. Suplemento 1, 22/11/1984, p.1.

jornal O Globo, no dia da inauguração de Tucuruí: "Obrigado, ELETRONORTE. Estamos prontos para iniciar a produção de alumínio brasileiro". [70]

MERCADO DE ENERGIA NA ÁREA DE INFLUÊNCIA
DA UHE TUCURUÍ - 1989

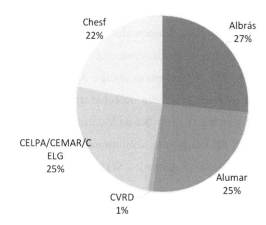

Figura 15: Mercado de energia da UHE Tucuruí em 1989. Fonte: Eletronorte, 1988.

3.2.2 – *"foi como perfurar um poço de petróleo para acender uma lamparina."[71]: O desastre ecológico da Usina Hidrelétrica de Balbina*

A Usina Hidrelétrica de Balbina se localiza no estado do Amazonas, a cerca de 175 quilômetros ao norte da capital do estado, Manaus (figura 16). A outorga que concedeu a autorização à Eletronorte para a sua construção foi assinada pelo presidente general Geisel e pelo ministro de minas e energia Shigeaki Ueki (Decreto 79.321, de 1º de março de 1977). Em 1979, foram iniciadas as obras do projeto, com a construção da estrada de ligação entre a BR-174 e o futuro campo de obras da usina. Para a construção dessa estrada, a licitação foi dispensada pela urgência, graças à proximidade do período chuvoso e ao corte de recursos da Eletrobrás. A construtora Andrade Gutierrez, que já estava trabalhando em obras de retificação e pavimentação da Rodovia AM-010 (Manaus-Itacoatiara), foi então consultada se teria interesse nessa e outras obras e, após apresentar duas propostas e negociar com o Departamento

---

[70] *O Globo.* 22/11/1984, p. 21.
[71] Balbina: uma fonte de prejuízo. *Jornal do Comércio,* 31 de julho de 1988.

de Estradas de Rodagem do Amazonas (DERA), foi contratada também para a construção daquela estrada e obras de apoio à construção da UHE Balbina, como o galpão de obras e acampamento para funcionários.[72]

As obras de construção da usina propriamente dita, foram iniciadas em maio de 1981 e ficaram a cargo da empreiteira Andrade Gutierrez. O desvio total das águas do rio Uatumã ocorreu em novembro de 1985 e a última comporta foi fechada para o enchimento do reservatório no dia 1º de outubro de 1987.[73]

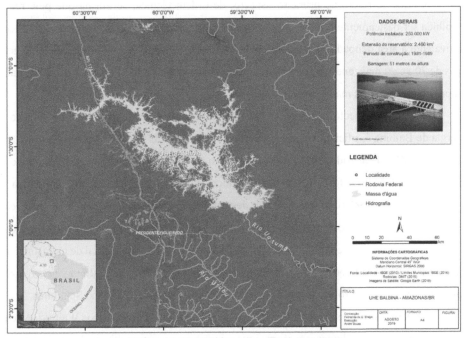

Figura 16: O reservatório da UHE de Balbina.

Entre 1976 e 1980, a Eletronorte realizou estudos para a implantação de quatro usinas hidrelétricas na região amazônica: Balbina, no rio Uatumã no Amazonas, Samuel, no Jamari em Rondônia, Couto de Magalhães, no rio Araguaia em Mato Grosso, e São Félix, no rio Tocantins, em Goiás. As duas primeiras foram efetivamente construídas, entrando em operação comercial em 1989 (Memória da Eletricidade, 1998). Embora o presidente general Geisel tenha

---

[72] "A dispensa da licitação referente ao Convênio firmado com a ELETRONORTE, foi homologada pelo então Governador do Estado do Amazonas, Henoch Reis, através do Decreto 4.282, que se encontra publicado no Diário Oficial do Estado, edição 15 de julho de 1978.", 19/04/79 (Serviço Nacional de Informação, Agência de Manaus, AC_ACE_1767_79).
[73] Os 25 Anos da Usina Hidrelétrica de Balbina (Parte I). 17/02/2014. Disponível em: http://amazoniareal.com.br/os-25-anos-da-usina-hidreletrica-de-balbina-parte-i/. Acesso em: 12/08/2017.

assinado a exposição de motivos 218/1978 para justificar a construção de Balbina pela garantia de suprimento de energia elétrica para o desenvolvimento do Amazonas[74], não resta claro quais foram, de fato, as razões para que o projeto fosse instalado e, mesmo depois de severas críticas, inclusive por parte da Federação Nacional de Engenheiros (FNE), continuado. [75]

Desde o início do projeto, a UHE de Balbina sofreu diversas críticas, sobretudo, no que concerne a quatro aspectos: os de natureza técnica, os de natureza econômica, os de natureza ambiental e os de natureza social.

No que se refere ao primeiro aspecto, de ordem técnica, se afirma que pela região escolhida ser basicamente plana, o lago formado ocupa hoje uma área de cerca de 2.460 Km², equivalente a área ocupada pelo lago da hidrelétrica de Tucuruí, que tem capacidade de gerar mais de 30 vezes mais energia por quilômetro quadrado que os 250 MW que Balbina produz.[76] Itaipu produz 56 vezes mais energia.

O segundo aspecto se refere ao valor do quilowatt. A capacidade total de geração de energia de Balbina é, oficialmente, de 250 MW, embora outras fontes afirmem que se trata de meros 112 MW (Fearnside, 2015). De acordo com o *Jornal do Comércio*, de 31 de julho de 1988: "construir Balbina foi como perfurar um poço de petróleo para acender uma lamparina."[77]

O terceiro aspecto, se refere ao não desmatamento da floresta na área de inundação da represa, que provocou problemas pela decomposição da madeira, que causou a eutrofização do lago e do rio Uatumã, deteriorando a qualidade da água. O secretário especial de meio ambiente na ocasião, Paulo Nogueira, foi um dos opositores ao projeto de Balbina, pelas razões apresentadas, além do próprio presidente da Eletrobrás na ocasião, Maurício Schulman.

O quarto aspecto, se relaciona principalmente ao contato com as tribos Waimiri-Atroari. Nos documentos consultados se afirma que ninguém ao certo sabia onde se iniciava ou terminava as reservas indígenas garantidas por lei. Outras populações tradicionais e ribeirinhas da região foram também afetadas.

Em documento confidencial de 1989, se lê uma carta de repúdio da Federação Nacional dos Engenheiros (FNE) – que congregava 24 sindicatos de engenharia –, à obra de Balbina. Nessa carta, o conselho de representantes da FNE publicamente condena a Eletronorte pelo

---

[74] Cópia da correspondência enviada ao presidente general Figueiredo pelos meios empresariais do Amazonas, 24/06/1979. (Serviço Nacional de Informação. Agência de Manaus. AMA_ACE_342_79_001).

[75] Nota de repúdio. Federação Nacional dos Engenheiros. 06/05/1989. (Serviço Nacional de Informação, Agência Central, AC_ACE_72605_89).

[76] Balbina: uma usina de prejuízos? *A Notícia*, Manaus, 31 de julho de 1988.

[77] Balbina: uma fonte de prejuízo. *Jornal do Comércio*, 31 de julho de 1988.

desastre ecológico provocado pela construção e fechamento das comportas da hidrelétrica de Balbina no rio Uatumã. [78]

Teoricamente, a decisão pela construção da UHE Balbina foi tomada graças à segunda crise do petróleo (1979), como alternativa para a geração de energia para a Zona Franca de Manaus que estava se expandindo e ao crescimento populacional de Manaus, mas como se tratava de uma proposta tecnicamente controversa, pode-se deduzir que, na verdade, a decisão foi muito mais política do que técnica: "O governo queria dar uma grande obra ao Estado do Amazonas. O local alternativo mais próximo com potencial substancialmente melhor (Cachoeira Porteira) fica no Estado do Pará." (Fearnside, 2015:101).

Em junho de 1979, foi enviado uma correspondência por representantes dos meios empresariais do Estado do Amazonas ao Presidente da República, contendo uma exposição de motivos sobre a construção da hidrelétrica de Balbina, solicitando que se desse continuidade ao projeto. Segundo essa correspondência a construção de Balbina "[...] tem elevado sentido econômico e social para o estado do Amazonas, pois representa uma contribuição efetiva para a ocupação dos nossos espaços vazios a par da utilização de grandes contingentes de trabalhadores e intenso emprego de materiais de construção, com reflexos benéficos para a carente economia do Amazonas." [79] Assinaram o manifesto a Federação das Indústrias do Estado do Amazonas, a Associação Comercial do Amazonas, a Federação do Comércio do Estado do Amazonas, a Federação da Agricultura do Estado do Amazonas e o Clube dos Dirigentes Lojistas.

A construção de Balbina foi também uma demonstração da capacidade do governador do estado do Amazonas de conseguir benefícios para o estado, já que o partido do governador coincidia com o do governo central. O presidente General Figueiredo, aparentemente também queria uma usina para chamar de sua, pelo menos é o que sugerem os discursos em defesa de Balbina e a criação do município de "Presidente Figueiredo", em 1981, próximo a Balbina.

O prefeito de Manaus naqueles anos (1983-1986) era Amazonino Mendes, que em 1989 chegou a declarar que Balbina era um "mal irreparável"[80] e que teria sido "um erro".[81]

---

[78] Nota de repúdio da Federação Nacional dos Engenheiros, 06/05/1989 (Serviço Nacional de Informação, Agência Central, AC_ACE_72605_89).

[79] Cópia da correspondência enviada ao presidente general Figueiredo pelos meios empresariais do Amazonas, 24/06/1979 (Serviço Nacional de Informação. Agência de Manaus. AMA_ACE_342_79_001).

[80] Nota de repúdio da Federação Nacional dos Engenheiros, 06/05/1989 (Serviço Nacional de Informação, Agência Central, AC_ACE_72605_89).

[81] Balbina: uma usina de prejuízos? A Notícia, Manaus, 31 de julho de 1988. Amazonino Mendes é também uma figura controversa. Advogado e empresário, fez carreira no Departamento de Estradas e Rodagem do Amazonas nas décadas de 1970 e 1980. Se elegeu prefeito de Manaus em 1983-1986, 1993-1994 e 2009-2012 e foi governador do estado do Amazonas em três ocasiões, entre 1987 e 1990, entre 1995 e 1998 e de 2017 a 2018, graças à realização de eleições suplementares, após a cassação do governador eleito José Melo, acusado de compra

A construção de Balbina facilitou a extração de cassiterita (estanho) na área, razão pela qual, em vários documentos analisados, inclusive relatos de viagem a campo dos funcionários da Eletronorte, dão conta da atuação da mineradora Paranapanema, além da exploração do ouro, que não era fiscalizado.[82] Em um dos relatórios da equipe da Eletronorte de 1982, se lê que:

> Chamou atenção particularmente, a falta de fiscalização por parte da RECEITA FEDERAL, fato que propicia um enorme descaminho do ouro produzido. Por informações dos técnicos do DNPM, no local, a produção registrada é de cerca de 700 quilos e a produção real avaliada em mais de duas toneladas.[83]

Em documento confidencial descaracterizado sobre a semana de meio ambiente no Amazonas há o relato de que "10 barragens dos lagos de decantação dos resíduos da lavagem de cassiterita na mina do Pitinga, pertencente ao GRUPO PARANAPANEMA haviam sofrido rompimento no dia 01 MAI 87 e uma 'argila coloidal' avançara sobre as águas dos rios Tiarajú, Jauaperi e Alalaú."[84]

Interessante notar a participação do empresário Otávio Lacombe Cavalcanti, Diretor-Presidente do grupo Paranapanema, construtora e mineradora, durante um encontro dos Presidentes de 8 Países da Região Amazônica, onde foi assinada uma carta de intenções prevendo a construção de uma estrada de 600 Km, ligando Boa Vista à capital da Guiana, Georgetown. Lacombe teria anunciado interesse em executar a obra no trecho sob responsabilidade brasileira.[85]

---

de voto. Interessante notar que o político tenha uma mansão no valor de 1,3 milhão de reais, mesmo com o salário de 8 mil reais mensais. Na revista *Veja* de 19 de setembro de 2001, lê-se que "Em 2000, Amazonino pagou apenas 618 reais pelo IPTU da mansão. O imposto anual de um imóvel desse porte custa, em média, 12.000 reais." Fonte: "IPTU bem camarada". *Veja*, 19 de setembro de 2001. Disponível em:
https://web.archive.org/web/20101124082822/http://veja.abril.com.br/190901/p_042.html
Segundo a edição da revista *Veja*, de oito de novembro de 1995, Amazonino teria distribuído mais de 2.000 motosserras durante a campanha de 1989 como forma de atrair madeireiras/empreiteiros para o estado do Amazonas. "Inferno na fronteira verde". *Veja*, 8 de novembro de 1995. Disponível em:
https://web.archive.org/web/20090827110336/http://veja.abril.com.br/arquivo_veja/capa_08111995.shtml

[82] O presidente do DNPM saiu em defesa da mineradora Paranapanema no *Jornal do Comércio*, de 28 de setembro de 1984, afirmando que "o Grupo PARANAPANEMA é genuinamente nacional, recolhe impostos, gera empregos e circula riquezas no território nacional, contribuindo decisivamente para a libertação do Brasil do subsolo estrangeiro". Belfort responde ao Movimento de apoio ao Waimiri-Atroari. *Jornal do Comércio*, 28 de setembro de 1984.

[83] Relatório de viagem. Ministério de Minas e Energia. Divisão de segurança e informações, 21/10/1982, p.7. (Serviço Nacional de Informação, Divisão de Segurança e Informação do Ministério de Minas e Energia, AC_ACE_28456_82).

[84] Relatório sobre as discussões sobre a semana de meio ambiente. Agência Amazonas, 09/06/1987, p. 3 (Serviço Nacional de Informação, Agência de Manaus, AMA_ACE_7053_87_001).

[85] Carta interna do grupo MAREWA, em defesa dos índios Waimiri-atroari, interceptada pelo SNI. A carta era assinada por Egydio Schwade, um dos criadores do Conselho Indigenista Missionário (Cimi), p. 14 (Serviço Nacional de Informação, Agência de Goiânia, ACG_ACE_8618_89).

Tanto a presença de Lacombe naquele evento, quanto a sua espontânea oferta, mostra o quanto os interesses das empresas orientavam os Governo latino-americanos chegando ao ponto de programar encontros e até a pauta de assuntos dos mesmos.

No *website* do Grupo Paranapanema se lê que "o incremento de sua atuação na mineração acentuou-se após a abertura de capital e listagem na Bovespa (atual BMF Bovespa), em 1971, com investimentos em pesquisa e desenvolvimento de novas técnicas, com a constituição das empresas Taboca (extração de cassiterita) e Mamoré (metalurgia do estanho e suas ligas)."[86]

Em 1983, a Paranapanema ganhou dois projetos na área de construção civil: a fábrica de alumínio Albrás em Barcarena, no Pará, e as obras civis da mina do Projeto Ferro Carajás, controlada pela Vale do Rio Doce.

Antes mesmo de serem iniciadas as obras da UHE de Balbina, o presidente da Eletrobrás, Maurício Schulman, sugeriu que as obras fossem paralisadas e que a geração de energia fosse realizada por meio das termoelétricas a carvão mineral, que seria enviado de Santa Catarina para Manaus. Schulman, que era engenheiro civil, permaneceu no cargo somente por 18 meses, como dito anteriormente.

A paralisação das obras sofreu muitas manifestações em contrário, sobretudo por parte da federação das indústrias e do comércio do Amazonas, mas também por parte dos políticos locais, encabeçados pelo então governador do estado do Amazonas, José Lindoso.[87]

No que se refere ao aspecto ambiental, a não retirada de madeira do reservatório antes do seu enchimento propiciou a produção de gases de efeito estufa. Uma vez encobertas, as árvores apodreceram degradando a qualidade da água e produzindo dióxido de carbono e metano, fazendo com que a eletricidade de Balbina produza 10 vezes mais gases estufa por megawatt que uma termoelétrica (Fearnside, 2015).

Os impactos ambientais causados por Balbina já haviam sido alertados muitos anos antes do enchimento da represa e foram assunto para muitas polêmicas e críticas nos jornais da época. Manchetes como "Hidrelétrica de Balbina pode provocar desastre ecológico"[88],

---

[86] Página do Grupo Paranapanema. Histórico da empresa. Disponível em https://www.paranapanema.com.br/show.aspx?idCanal=1NTD1upE0zLybLpflICJng== Acesso em 14/11/2018.
[87] Carta interna do grupo MAREWA, em defesa dos índios Waimiri-atroari, interceptada pelo SNI. A carta era assinada por Egydio Schwade, um dos criadores do Conselho Indigenista Missionário (Cimi) (Serviço Nacional de Informação, Agência de Goiânia, ACG_ACE_8618_89).
[88] Balbina pode provocar desastre ecológico. *Folha de São Paulo*, 6 de julho de 1987, p. 14.

"Biólogos vêem ecologia sob ameaça em Balbina"[89], "O lago de Balbina põe em perigo os animais"[90] eram comuns à época.

No entanto, o desastre ecológico anunciado já era do conhecimento da Eletrobrás muito antes dos jornais noticiarem, como mostram os documentos internos ao SNI.

3.2.2.1 – Retirada da madeira do reservatório

Pelo desastroso caso ocorrido em Tucuruí, uma preocupação recorrente e um dos grandes motivos de crítica à construção da UHE de Balbina era a necessidade de desmatamento da floresta onde seria enchido o reservatório – que por ter menos volume que Tucuruí, por exemplo, estaria mais sujeito a contaminação da água pela decomposição da madeira.

A Jaakko Pöyry Engenharia, consultoria que desenvolveu um estudo a pedido da Eletrobrás sobre a bacia de inundação da UHE de Balbina, concluído em 1983, estimava que deste total de massa lenhosa existente na área, 87% poderiam ser aproveitadas da seguinte forma: 26% para energia, 55% para transformação mecânica e 28% para carvoejamento. Esse total é representado por 161 espécies de madeira, das quais apenas 68 espécies foram selecionadas para o estudo, por apresentarem frequência significativa e volume comercial.[91]

No dia 13 de dezembro de 1984 foi lançado o edital para a retirada da madeira em proveito próprio da área a ser inundada pelo lago de Balbina. O desmatamento de uma área de 165 mil hectares (sendo 84 mil hectares de madeira de alto valor comercial)[92] deveria ser executado em dois anos e meio para que fosse possível o início da inundação em abril de 1987 e entrada em operação em abril de 1988 – uma vez que a vazão do rio Uatumã é lenta e demoraria um ano para o enchimento.

Para a retirada e utilização da madeira, foram criadas algumas propostas por diferentes atores. A Agropecuária Capemi Indústria e Comércio Ltda., a mesma que havia falhado na retirada da madeira da UHE Tucuruí a tempo, propôs que fosse feita uma parceria com a empresa suíça Inventa, para a produção de etanol por hidrólise de madeira, como diversificação da obtenção de álcool, visto que a Capemi já possuía uma destilaria de álcool de cana de açúcar, em Itacoatiara, distrito de Manaus, no Estado do Amazonas. O contrato seria na ordem de 1 milhão de dólares, pagos pela Capemi, com possibilidades de aditivos de valores

---

[89] Biólogos vêem ecologia sob ameaça em Balbina. *O Estado de São Paulo*, 19 de junho de 1986, p. 16.
[90] O lago de Balbina põe em risco os animais. *O Estado de São Paulo*,7 de outubro de 1987, p. 12.
[91] Exploração do potencial madeireiro do reservatório da usina hidrelétrica de Balbina no Amazonas. Agência Amazonas. 23/08/1985, p. 3 (Serviço Nacional de Informação, Agência de Manaus, AMA_ACE_5703_0001).
[92] Eletronorte talvez não desmate área de Balbina. *Folha de São Paulo*, 17 de dezembro de 1984.

posteriormente. Essas informações estão contidas na minuta de contrato apresentada pela Capemi ao Conselho Nacional de Energia e, cópia, ao Coronel Lício, do SNI, com um bilhete de Fernando José Pessoa dos Santos, diretor da Capemi solicitando a interferência do Serviço para acelerar os trâmites burocráticos de um projeto de aproveitamento florestal e assinada com "um abração", tratamento que por não ser corriqueiro entre os militares, demonstra que havia relação pessoal de amizade entre as partes citadas.[93]

O relatório da Brascep enviado ao ministro de minas e energia, Cesar Cals, em 30 de abril de 1981, sugere a instalação de uma usina termelétrica flutuante para a utilização da madeira, excluindo a madeira nobre.[94]

A Companhia Auxiliar de Empresas Elétricas Brasileiras (CAEEB) foi contatada pelo MME, que determinou a análise da possibilidade de a mesma vir a explorar a extração de lenha e fabricação de carvão vegetal (não há mais informações sobre o seguimento dessa consulta nos documentos).

Em 02 de junho de 1981, a Agência Central do SNI pediu uma "busca" para a análise das alternativas, bem como da análise dos estudos oficiais no âmbito do MME e da Eletronorte sobre o aproveitamento da biomassa florestal de Balbina.

Em 14 de outubro de 1981, já prestes a ser iniciado o período chuvoso na Amazônia, que segundo o Instituto Brasileiro de Desenvolvimento Florestal (IBDF), inviabilizaria a realização dos estudos, o SNI chegou a uma conclusão:

> Do exposto, observa-se a ausência da necessária coordenação geral das tentativas setoriais de solução do problema, que duplicam e pulverizam esforços e recursos.
> Assim, o projeto de aproveitamento da biomassa existente na área do futuro reservatório de BALBINA, parece fadado a repetir as situações verificadas em CURUÁ-UNA EMBORCAÇÃO e mesmo em TUCURUI, onde a indefinição e o atraso na demarragem, impediram(ão) o pleno aproveitamento da madeira, com conseqüentes prejuízos para o País.[95]

Recomendava-se também o engajamento da FUNAI – "posicionando-se quanto às áreas que serão inundadas, pertencentes à Reserva dos ATROARIS-WAIMIRIS, à montante da

---

[93] Correspondência entre a Capemi e o SNI. 27/05/1981 (Serviço Nacional de Informação, Agência Central, AC_ACE_22320_82_001).
[94] Relatório da Brascep engenharia. Análise sobre a alternativa de aplicação energética da biomassa florestal do lago da UHE Balbina. Arquivo Confidencial, 14/04/1981 (Idem).
[95] Aplicação energética da biomassa florestal do futuro lago da UHE de Balbina, 14/10/1981, p. 71 (Serviço Nacional de Informação, Agência Central, AC_ACE_22320_82_002).

confluência dos rios PITINGA e UATUMÃ" e do Incra para promover a discriminação das áreas, permitindo a agilização dos processos de retirada do material lenhoso do reservatório.[96]

A Eletrobrás, em reunião de 29/07/81, autorizou a contratação dos serviços de consultoria especializada da BRASCEP Engenharia, para elaboração de estudo de viabilidade, objetivando a realização do inventário florestal, a determinação da forma de exploração e transporte, beneficiamento e utilização da biomassa, implantação de central termelétrica à lenha, pelo valor de Cr$ 32,5 milhões, com recursos de sua Diretoria de Planejamento e Engenharia.

Outra empresa interessada em desmatar a área da represa, o consórcio composto pela Consulpar e pela Dong Gyo, da Coréia do Sul, propôs limpar a área em troca da exportação de 80% da madeira extraída.

A Eletronorte solicitou ao Ministro das Minas e Energia a autorização para contratar os serviços de desflorestamento da Consulpar, sem concorrência. A madeira deveria ser fornecida em bruto ou em cavacos para a futura Usina Termelétrica de Balbina, com a realização da exploração da floresta ciliar e das ilhas do reservatório, mediante seu manejo progressivo.

No entanto, investigação da Agência Central do SNI informou que as empresas envolvidas no consórcio não tinham registro no Departamento Nacional de Registro do Comércio, nem em cartório, nem na Junta comercial do Distrito Federal, nem no Cadastro Geral de contribuintes do Ministério da Fazenda.

Por fim, em 25 abril de 1983, a Divisão de Segurança e Informações do MME, respondendo ao pedido de busca (27.01.1983) da Agência Central do SNI, informa que as negociações com esse consórcio não foram autorizadas pelos seguintes motivos:

> Apesar das pesquisas realizadas, não foi possível identificar pessoas que representem no BRASIL e na Coréia a empresa DONG-GYO, bem como comprovação da idoneidade técnica, administrativa e econômico-financeira da firma, a nível internacional.
> Consta que a CONSULPAR está sendo ativada como empresa pertencent [SIC] ao Grupo BRASILINVEST, somente para participar do empreendimento.
> Não existem projetos, estudos, relatórios ou minuta de contrato. A ELETRONORTE não autorizou o envio ao Consórcio de propostas ou estudos concretos.[97]

---

[96] Aplicação energética da Biomassa florestal do futuro lago da UHE de Balbina. 14/10/1981 (Serviço Nacional de Informação, Agência Central, AC_ACE_22320_82_002).
[97] Pedido de busca de informação. Aproveitamento da madeira do lago da UHE de Balbina – Proposta da Dong-Gyo enterprises CO. LTD., p.5 (Serviço Nacional de Informação, Agência Central, AC_ACE_35103_83).

O assunto com relação ao desmatamento da área de Balbina foi várias vezes debatido em reuniões, simpósios e meios de comunicação, mas deixando o assunto sempre em aberto, embora estivesse claro que Eletronorte estava ciente dos danos a serem provocados pela não retirada da madeira da área a ser inundada. A presença da floresta em Balbina era considerada um dos pontos mais críticos para a água do futuro reservatório. Uma vez inundada, o tempo de residência da água e a profundidade média eram evidências incontornáveis de que haveria problemas posteriores com a área alagada. O que se confirmou mais tarde, de acordo com todas as previsões e alertas de cientistas e especialistas.

Em 1987, mais de duzentos lavradores – com apoio do Conselho Missionário (CIMI) e do Movimento de apoio aos Waimiri-Atroari –, entraram com uma Ação Judicial na 1ª Vara da Justiça Federal no Amazonas, solicitando embargo das obras da Hidrelétrica de Balbina, até que as irregularidades fossem sanadas pela Eletronorte.[98]

O Ministério das Relações Exteriores, em documento enviado 13 de fevereiro de 1989, relata a publicação de extensa matéria no jornal alemão *Sueddeutsche Zeitung* sobre a usina de Balbina, intitulada: "Como a floresta tropical será afogada: a catástrofe ecológica da represa de Balbina, no Amazonas" e como essa matéria poderia repercutir negativamente na opinião pública internacional. Menciona ainda que um especialista em desenvolvimento, chamado Hedrich, aconselhara publicamente o Governo alemão a opor-se ao crédito de 500 milhões de dólares do Banco Mundial para o setor energético brasileiro.[99]

Além da questão do desmatamento da área do reservatório, havia a questão dos grupos indígenas que habitavam a área. O MME e a Eletronorte asseguraram que não haviam aldeias na área de inundação do reservatório de Balbina e que esta seria somente de perambulação dos índios. No entanto, duas aldeias foram "encontradas" na área de inundação após o Banco Mundial pressionar o governo dizendo que somente autorizaria novos empréstimos depois da garantia real de que não existiam mais povos indígenas na área.[100] A Eletronorte, por mais que possa parecer ironia, chegou a afirmar que a represa seria inclusive benéfica para os índios, pois os isolaria ainda mais e evitaria invasões de suas terras.[101]

---

[98] Documento descaracterizado, confidencial sobre a semana de meio ambiente – paralisação das obras de Balbina – Amazonas, p.4 (Serviço Nacional de Informação, Agência de Manaus, AMA_ACE_7053_87_001).

[99] Floresta tropical. Represa de Balbina no Amazonas. Posição dos moderados da CDU/CSU. Informe 218/89 (Serviço Nacional de Informação, Divisão de Segurança e Informações do Ministério das Relações Exteriores, BR_DFANBSB_V8).

[100] Carta interna do grupo MAREWA, em defesa dos índios Waimiri-atroari, interceptada pelo SNI. A carta era assinada por Egydio Schwade, um dos criadores do CIMI, p. 10 (Serviço Nacional de Informação, Agência de Goiânia, ACG_ACE_8618_89).

[101] "A questão da presença indígena na área de Balbina era tão conhecida que quando o Presidente Francês GISCARD D'ESTAING em 1978 veio assinar um acordo, incluindo financiamento para Tucuruí e Balbina. Os

A Eletronorte recebeu algumas cartas de instituições das Filipinas, Inglaterra (2), Alemanha, Canadá, Escócia sobre a preocupação com a relocação de populações indígenas na área de construção da UHE Balbina, ao que respondeu que não haveria motivos para preocupação, pois "somente" 490km² da reserva indígena seriam possivelmente alagados com a represa.[102]

> Tranquilizadoras foram para nós as conclusões técnicas posteriormente obtidas, de que a área tida inicialmente como de ocupação indígena, na verdade fora de *mera perambulação*, onde, inclusive, pelo êxodo havido, não mais se registrava a presença de aldeamentos.
>
> Por essa razão, causaram-nos profunda surpresa as afirmativas de sua carta, somente admissíveis como fruto de certo alheiamento [SIC] em relação aos fatos ligados à realidade do Brasil. Salientamos que entendemos como absurda a sugestão de paralisar um programa de aproveitamento energético de suma importância para nosso País, o qual, mais do que nunca, precisa superar a dependência ainda existente em relação às fontes não renováveis de energia.
>
> A construção da Usina Hidrelétrica de BALBINA, assim como de outras no Brasil *é de tão grande importância quanto a preservação etnológica de nossos ancestrais.*[103]

Apesar de nas fontes oficiais pesquisadas, o MME e o governo justificarem a relação com os índios Waimiri-Atroari divulgando os acordos realizados com a intermediação da Funai (acordo de assistência com validade de 25 anos), o deslocamento de tribos, sem resistência e sem impacto para as mesmas, outras fontes dão conta de que a relação com os Waimiri-Atroari não foi assim tão amigável. Há inclusive um relato de que os índios teriam, em 23 de dezembro de 1974, atacado o posto da Funai na região de Balbina e matado todos os funcionários, incluindo o sertanista Gilberto Pinto Figueiredo, que trabalhava na área há mais de trinta anos e estava há quatro dias de sua aposentadoria.

Na ocasião da assinatura do acordo de financiamento da construção da usina de Balbina, entre os governos brasileiro e francês, o Conselho Indigenista Missionário divulgou nota protestando contra a invasão das terras dos grupos Waimiri-Atroari e Parakanãs. Dizia a nota que "é deveras triste e profundamente lamentável, que o governo francês, que afinal é um

---

jornalistas questionaram o Presidente Francês e seu acordo, por que concedia "financiamentos para duas usinas hidrelétricas, exatamente em território indígena?"
Carta interna do grupo MAREWA, em defesa dos índios Waimiri-atroari, interceptada pelo SNI. A carta era assinada por Egydio Schwade, um dos criadores do Conselho Indigenista Missionário (Cimi), p.10 (Serviço Nacional de Informação, Agência de Goiânia, ACG_ACE_8618_89).
[102] Danos ecológicos área indígena (AI) Waimiri Atroari, p. 37-39 (Serviço Nacional de Informação, Agência Central, AC_ACE_47750_85).
[103] Resposta da Eletronorte à carta de Greer Hart, presidente da Scottish Tree Trust & South side conservation group, que expressava preocupação com a inundação da reserva dos índios Waimiri-atroari pelo enchimento do reservatório de Balbina. 17/03/83 (Danos ecológicos área indígena (AI) Waimiri Atroari, p.38, Grifo nosso (Serviço Nacional de Informação, Agência Central, AC_ACE_47750_85).

governo eleito pelo povo, assine um acordo com tão sombrias conseqüências, sem saber o que é notório há muito tempo no Brasil e possivelmente também na França, pois a situação das populações indígenas brasileiras é conhecida internacionalmente." [104]

O Conselho Indigenista Missionário (CIMI) e a Conferência Nacional de Bispos do Brasil (CNBB) denunciaram em várias ocasiões a relação da Eletronorte com os índios. O documento confidencial, da Agência Central do SNI, datado de 30 de junho de 1981, informa que o CIMI estaria realizando uma "campanha" contra a construção da UHE de Balbina, sob a alegação de que a obra apressaria o extermínio dos índios Waimiri-Atroari e provocaria a depredação do meio-ambiente, com a consequente alteração do equilíbrio ecológico da Amazônia. [105]

Segundo o CIMI, dos 3.000 índios residentes na área, em 1968, somente 600 a 1.000 haviam sobrevivido em 1981.[106]

3.2.3 – "A história se repete, a primeira vez como tragédia e a segunda como farsa."[107] - Usina Hidrelétrica de Belo Monte

Na história recente do Brasil, um dos empreendimentos hidrelétricos mais significativos é o projeto da Usina de Belo Monte, que, apesar de toda a controvérsia no que diz respeito a questões socioambientais, foi inaugurada, em abril de 2016, no estado brasileiro do Pará, na Amazônia. De um lado, as populações tradicionais ribeirinhas e as comunidades indígenas, bem como ativistas do Movimento dos Atingidos por Barragens (MAB) e grupos ambientalistas, vêm questionando os impactos da construção dessa usina, e, de outro, o governo e segmentos da indústria têm defendido o empreendimento em prol do aumento da produção de energia no país, o que beneficia a economia e poderá, em tese, colocar um ponto final nos receios de uma crise energética no futuro.

Essa usina, quando finalizada – sua conclusão está prevista para 2019 –, será a maior hidrelétrica 100% nacional e a terceira maior usina hidrelétrica do mundo em capacidade de produção de energia, ficando atrás somente de Itaipu, usina paraguaio-brasileira, e da usina de Três Gargantas, na China. Segundo a Empresa Brasil de Comunicações (2016) e a Norte Energia (2017) – Sociedade de Propósito Específico (SPE) vencedora da licitação para

---

[104] Barragem provocará a morte de dois povos livres. *Revista Tempo e presença*, n. 143. Outubro de 1978, p.27.
[105] Campanha do CIMI contra a construção da hidrelétrica de Balbina /MA [sic], 30/06/1981, p. 2, confidencial. (Serviço Nacional de Informação, Agência Central, AC_ACE_18402_81).
[106] Idem, p.4
[107] Marx, K. Dezoito Brumário de Louis Bonaparte. São Paulo: Centauro, 2006.

exploração do aproveitamento hídrico, formada por nove empresas[108] –, o reservatório da usina ocupará uma área superior a 500 quilômetros quadrados, e a energia terá potencial de abastecer a 60 milhões de pessoas em 17 estados, o que representaria 40% do consumo residencial total do país, se a energia fosse utilizada somente para esse fim.

A usina promete, como pode ser lido no *website* da SPE Norte Energia, uma verdadeira transformação social (figura 17). No entanto, ao observar alguns indicadores sociais da região onde o empreendimento está se instalando, constata-se, por exemplo, que a cidade de Altamira – localizada 40 quilômetros a montante da barragem principal, no Rio Xingu – foi o município brasileiro mais violento em número de homicídios no ano de 2015, de acordo com o Atlas da violência (IPEA, 2017). O estado do Pará não tinha aparecido no Atlas da violência nos anos anteriores, o que nos faz questionar a que tipo de transformação social a Norte Energia se referia.

A Usina de Belo Monte foi proposta pelo governo em 1975, durante um dos períodos mais desenvolvimentistas dos governos militares, com o nome indígena de Kararaô, palavra que se refere a um grito de guerra indígena. O projeto foi engavetado em 1989, sob pressão internacional, que apoiou as reivindicações dos índios Kayapó pela demarcação de suas terras e contra o uso de nomes indígenas em construções dessa natureza.[109]

O projeto da usina voltou à luz durante o governo de Fernando Henrique Cardoso (1994-2001), e teve bastantes alterações, sendo que o maior delas talvez tenha sido a redução da área do reservatório de 1225 km² para 516 km² (Relatório de Impacto Ambiental – Belo Monte, 2009). Isso se deve à alteração da engenharia do projeto da usina, que passou a ser a fio d'água, preservando o curso do rio.

---

[108] SPE Norte Energia: Companhia Hidro Elétrica do São Francisco (CHESF), com 49,98%; Construtora Queiroz Galvão S/A, com 10,02%; Galvão Engenharia S/A, com 3,75%; Mendes Junior Trading Engenharia S/A, com 3,75%; Serveng-Civilsan S/A, com 3,75%; J Malucelli Construtora de Obras S/A, com 9,98%; Contern Construções e Comércio Ltda, com 3,75%; Cetenco Engenharia S/A, com 5%; e Gaia Energia e Participações, com 10,02%. "Consórcio Norte Energia vence o leilão de energia da Usina Hidrelétrica Belo Monte". Disponível: http://www.aneel.gov.br/home?p_p_id=101&p_p_lifecycle=0&p_p_state=maximized&p_p_mode=view&_101_ struts_action=%2Fasset_publisher%2Fview_content&_101_returnToFullPageURL=%2F&_101_assetEntryId=1 4579661&_101_type=content&_101_groupId=656877&_101_urlTitle=consorcio-norte-energia-vence-o-leilao-de-energia-da-usina-hidreletrica-belo-monte. Acesso em: 21/07/2018.
[109] O cantor Sting, figura proeminente à época e apoiador da campanha *Human Rights Now!*, da anistia internacional, apoiou a causa dos índios Kayapó e, junto com o cacique Raoni, visitou 17 países no final da década de 1980, em busca de apoio para a demarcação das terras indígenas. A empreitada foi parcialmente bem-sucedida, e os índios tiveram parte de suas terras demarcadas.

Figura 17: UHE Belo Monte – Usina de transformação social. Fonte: www.norteenergiasa.com.br. Acesso em 01/06/2017.

Os estudos ambientais e de viabilidade de Belo Monte foram interrompidos por decisão judicial no ano de 2002, tendo sido retomados em 2005, já no governo Lula, quando a Eletrobrás foi autorizada pelo Congresso Nacional (Decreto 788/2005), a concluir os estudos.[110]

Em 2006, o Superior Tribunal Federal (STF) suspendeu decisão que definia que os povos indígenas atingidos pela UHE Belo Monte fossem escutados, como determina o artigo 231 da Constituição Federal brasileira e a Convenção 169 da Organização Internacional do Trabalho, que determina a realização de consulta prévia a qualquer medida administrativa ou ato legislativo passível de afetar os povos indígenas e demais populações tradicionais. O STF sob o fundamento de que o empreendimento já havia custado milhões aos cofres públicos, entendeu que a continuidade do licenciamento era importante para a manutenção da ordem e economia públicas e, baseado na Lei 4.348 de junho de 1964 – que criou o instrumento processual da Suspensão de Segurança –, fez o processo seguir.[111]

---

[110] Os Estudos de Viabilidade Técnica, Econômica e Socioambiental da UHE Belo Monte foram o resultado do acordo de cooperação técnica entre a Eletrobrás e as construtoras Andrade Gutierrez, Camargo Correa e Norberto Odebrecht.

[111] A suspensão de segurança traz a possibilidade de que as pessoas jurídicas de direito público (União, Estados-membros, Distrito Federal e Municípios) possam suspender os efeitos de liminares ou sentenças em Mandado de Segurança para evitar "grave lesão à ordem, saúde, segurança e economia pública" (Lei 4.348/1964). Assim, a decisão judicial que concede segurança a uma pessoa ofendida por autoridade pública pode ser cassada, com base

Em 2007, o projeto estava pronto para ser licitado como uma das prioridades do Programa de Aceleração do Crescimento (PAC) do governo federal. Sob protestos, o Conselho Nacional de Política Energética (CNPE) decidiu, em 2008, que a UHE Belo Monte seria a única usina a ser construída no Rio Xingu, contrariando o escopo inicial do projeto, que previa a construção de outras 4 barragens a montante. Determinou também que a Eletrobrás realizasse estudos antropológicos sobre as comunidades indígenas na área do aproveitamento e ouvisse as comunidades afetadas pelo empreendimento (Craide, 2008).

O início das obras da UHE Belo Monte chegou a ser suspenso por seis vezes, por diferentes motivos, dentre eles o descumprimento de condicionantes socioambientais e a não efetivação de consulta prévia aos povos e comunidades tradicionais (Santos; Gomes, 2015). No entanto, em 2011, a Agência Nacional de Águas concedeu a outorga de direito de uso de recursos hídricos à Norte Energia, após o cumprimento das condicionantes da Declaração de Reserva de Disponibilidade Hídrica (DRDH), acordada em 2009, e então a Licença de Instalação parcial pôde seguir, mas foi novamente suspensa pela Justiça Federal do Pará, com consequente impedimento do Banco Nacional de Desenvolvimento Econômico e Social (BNDES) de transferir recursos financeiros a SPE Norte Energia. A decisão foi derrubada pela Advocacia-Geral da União (AGU) no mesmo ano.

As obras da UHE Belo Monte chegaram a receber 25 mil trabalhadores (87% homens) dos quais 71% era menor de 39 anos. O salário dos operários era, em média, de R$ 1.200 (mil e duzentos reais) e, durante as obras, foram registrados cerca de 170 pedidos de demissão todos os meses por causa das condições de trabalho (Datafolha, 2013).

O termo "indígena" é citado 249 vezes nas de cerca de 100 páginas do Relatório de Impacto Ambiental (RIMA) de Belo Monte, encomendado pelo Ministério de Minas e Energia e pela Eletrobrás e executado pelas empreiteiras Andrade Gutierrez, Camargo Corrêa e Odebrecht e pela empresa de engenharia consultiva Leme/Tractebel. Esse número é capaz de demonstrar a importância desse assunto na área de construção do empreendimento e a razão pela qual, até 2015, a Norte Energia havia destinado cerca de 290 milhões de reais para o componente indígena do Projeto Básico Ambiental (Norte Energia, 2016).

---

nesse instituto. Colares, S. M. Suspensão de segurança. 22/08/2005. Disponível em: https://www.direitonet.com.br/artigos/exibir/2230/Suspensao-de-Seguranca. Acesso em 12/03/2017. Em 1992, foi editada a Lei 8.437, que ampliou a possibilidade do uso da suspensão de segurança para abranger a execução de liminares nas ações movidas contra o Poder Público ou seus agentes. Com a edição da Medida Provisória 2.180-35 de 2001, dispositivos da Lei 8.437/1992 foram alterados para ampliar, ainda mais, os efeitos da suspensão de segurança. De acordo com a nova redação, a decisão ficaria suspensa até o final do julgamento de todos os recursos possíveis. Atualmente, o mandado de segurança é regulado pela Lei 12.016 de 2009, que manteve a redação do artigo 4º da Lei 4.348/1964 no que se refere ao mecanismo da suspensão de segurança (Santos; Gomes, 2015).

As terras indígenas dos grupos Jurunas da Paquiçamba (4.348 ha e 81 indivíduos) e Araras da Volta Grande (25.498 ha e 107 indivíduos) e a área indígena Juruna (35 ha e 38 indivíduos), às margens da Rodovia PA-415, foram as únicas incluídas na área de impacto direto do Relatório de Impacto Ambiental de Belo Monte. As duas primeiras, pois seriam afetadas pela redução da vazão do rio Xingu e a terceira porque a rodovia sofreria grande aumento de tráfego (Relatório de Impacto Ambiental – Belo Monte, 2009). Além dessas, outras sete que formam um bloco contínuo de terras indígenas foram classificadas como áreas de influência indireta. A Funai determinou que fossem considerados também os índios que moram na cidade de Altamira e às margens do rio Xingu, nos trechos a serem afetados pela usina.

O cadastro das comunidades indígenas foi encerrado em janeiro de 2013, com 654 famílias na área urbana e outras 98 na área rural. A Themag, a Intertechne e a Engevix foram as empresas responsáveis pelos estudos das comunidades, terras e áreas indígenas (Relatório de Impacto Ambiental – Belo Monte, 2009).

Além das comunidades indígenas, foram cadastradas 26.000 pessoas (4.063 famílias), que teriam as suas casas alagadas pelo reservatório, para relocação nos chamados reassentamentos urbanos coletivos, parte das condicionantes socioambientais para a construção da usina. A Norte Energia construiu 4.140 casas para reassentar essas famílias (figura 18), mas algumas preferiram receber indenizações pelas terras e benfeitorias, ou cartas de crédito. Os critérios utilizados foram: tamanho do terreno, cultivos e construções e as indenizações variaram de R$2.972 (0,5 hectare) a R$869.935 (158 hectares). [112]

No final de 2016, como parte da Operação Lava Jato[113], foi assinado no Conselho Administrativo de Defesa Econômica (CADE) – órgão que controla as ações de livre concorrência do mercado – um acordo de leniência com a construtora Andrade Gutierrez Engenharia para colaboração na investigação de formação de cartel na contratação para a construção da Usina Hidrelétrica de Belo Monte, em concorrência privada da SPE Norte Energia (CADE, 2016). [114]

---

[112] Empreiteira corre para remover moradores. *Folha de São Paulo*. 01/02/2015. Mercado, p. B6.
[113] A Operação Lava Jato, iniciada em março de 2014, é um conjunto de investigações em andamento pela Polícia Federal do Brasil, que cumpriu mais de mil mandados de busca e apreensão e onde foram presas mais de cem pessoas. A operação policial investiga supostos crimes de corrupção ativa e passiva, gestão fraudulenta, lavagem de dinheiro, organização criminosa, obstrução da justiça, operação fraudulenta de câmbio e recebimento de vantagem indevida, nas quais estariam envolvidos supostamente membros da Petrobras, políticos dos maiores partidos do Brasil, incluindo presidentes, deputados, senadores e governadores de estados, além de empresários de grandes empresas brasileiras.
[114] As empresas inicialmente apontadas como participantes da conduta anticompetitiva foram a Andrade Gutierrez Engenharia, a Camargo Corrêa e a Norberto Odebrecht (CADE, 2016).

Como parte dessa investigação, em 09 de março de 2018, a Polícia Federal intimou o ex-ministro e ex-deputado Antônio Delfim Netto a prestar esclarecimentos sobre o recebimento de propina para auxiliar na formação da concorrência pela concessão da energia e beneficiar partidos políticos.[115] Três dias depois, a Norte Energia publicou um comunicado de que teria sido contratada uma auditoria externa para averiguar as denúncias, mas que nenhuma irregularidade teria sido identificada. Esse caso, supostamente, continua sob investigação. [116]

Em fevereiro de 2017, a Secretaria de Estado de Meio Ambiente e Sustentabilidade do Pará (Semas) concedeu a Licença de Instalação (LI) para a empresa canadense de extração de ouro Belo Sun Mineração, nas margens do rio Xingu, logo a jusante da barragem de Belo Monte (figura 19), contrariando a recomendação do Ministério Público daquele estado, que concluiu, após visita técnica, que seria necessário um plano alternativo para a sobrevivência de comunidades ribeirinhas tradicionais, tribos indígenas e assentados pela reforma agrária, já impactados pelo projeto de Belo Monte.

A mineradora Belo Sun pretende extrair do subsolo do Xingu 600 toneladas de ouro, em 12 anos (Campelo, 2017). A equipe que fez o estudo de Belo Sun não contava com antropólogos, apesar da proximidade das terras indígenas.[117]

---

[115] Antônio Delfim Netto (1928), participou dos governos dos generais Castello Branco (1964-1967), no Conselho Consultivo de Planejamento; Costa e Silva (1967-1969) e Médici (1969-1973), como ministro da Fazenda; e Figueiredo (1979-1984), como ministro da Agricultura e secretário do Planejamento, controlando, a partir da primeira metade de 1979, o Conselho Monetário Nacional e o Banco Central. Em 1974, ainda no governo de João Figueiredo, foi acusado de beneficiar a construtora Camargo Corrêa na concorrência pela construção da hidrelétrica de Águas Vermelhas (MG). Foi também acusado pelo banco francês Crédit Commercial de France de ter requisitado sessenta milhões de dólares para a construção da usina hidrelétrica de Tucuruí, obra executada exclusivamente pela construtora Camargo Corrêa. Em dezembro de 1982, denúncia do Jornal *Folha de São Paulo* apontou que o Banco Nacional da Habitação beneficiou o Grupo Delfin, empresa privada de crédito imobiliário de Delfim Netto, com 70 bilhões de cruzeiros (moeda brasileira à época). Somente em 2006 esse caso foi fechado, quando o Superior Tribunal de Justiça (STJ) apontou como pagamento da dívida, dois imóveis de propriedade da Delfin. Outro caso de corrupção em que Delfim Netto foi citado, foi o Panama papers, investigação sobre a camuflagem de dinheiro em paraísos fiscais.
[116] Comunicado Norte energia. 12 de março de 2018. Disponível em: https://www.norteenergiasa.com.br/pt-br/imprensa?pagina=1. Acesso em 20/03/2018.
[117] Tudo sobre Belo Monte. Especial *Folha de São Paulo*, 2013. Disponível em: http://arte.folha.uol.com.br/especiais/2013/12/16/belo-monte/index.html. Acesso em 23/05/2018.

Figura 18: Casas em assentamento da UHE Belo Monte. Fonte: Folha de São Paulo, 2013.

Volta Grande do Xingu - Localização do Projeto Belo Sun

Casa de Força
da UHE Belo Monte

Altamira BR230

Área de Influência Direta
da UHE Belo Monte

Barragem Principal
da UHE Belo Monte

TI Paquiçamba
(ampliação)

TI Paquiçamba

Trecho de Vazão
Reduzida (TVR)

Rio Xingu

Ilha da
Fazenda

Ressaca

Garimpo
do Galo

TI Arara da
Volta Grande
do Xingu

Projeto Belo Sun

0 2.5 5   10   15   20
Km

ISA

Área Influência Direta (AID) Belo Sun	Trecho de Vazão Reduzida (aprox.)	Estradas Principais
Área Influência Indireta (AII) Belo Sun	Reservatório Planejado Belo Monte (cota 97)	Estradas Secundarias
Área Influência Direta (AID) Belo Monte	Terra Indígena	Comunidade Rural na AID Belo Monte

Fontes: EIA/RIMA Belo Monte, EIA/RIMA Belo Sun, IBGE, FUNAI   Realizado pelo Laboratório de Geoprocessamento do ISA/Altamira, Janeiro de 2013

Figura 19: Localização do Projeto Belo Sun. Fonte: Instituto Socioambiental, 2013.
https://www.socioambiental.org/

A composição acionária atual da usina de Belo Monte é de maioria estatal. A Eletrobras, Chesf e Eletronorte detêm 49.98%, as entidades de previdência Petros e Funcef detêm 20%, a Neoenergia (Belo Monte participações) detém 10%, a Aliança Norte Energia S.A. (Vale, Cemig e Sinobras) detém 10%, a Amazônia Energia S.A. (Light e Cemig) detém 9.77% e a J. Malucelli Energia detém 0.25% das ações.[118] Note-se que no processo de licitação para a construção da obra participavam também a construtora Andrade Gutierrez, a mineradora Vale, e a Companhia Brasileira de Alumínio, além de outras empresas, que decidiram se retirar do consórcio, depois de vencida a licitação. Essas mesmas construtoras, mais a Camargo Corrêa e a Odebrecht, foram contratadas pela Norte Energia para a construção da Usina, o que demonstra que, para essas empresas, era muito mais lucrativo participar da obra, do que participar da composição acionária, que ficou, no final das contas, sob administração praticamente estatal.

Assim como durante a ditadura militar, o governo chegou a usar a Força Nacional para refrear tanto as manifestações de indígenas e outras populações atingidas pela construção da hidrelétrica, quanto as greves de trabalhadores nos canteiros da obra usina.[119]

Conclusão

Como fica claro a partir dos estudos de caso aqui apresentados, a opção de desenvolvimento realizado pelos governos militares teve (e ainda tem) um custo muito alto para as populações tradicionais e indígenas, além de custos ambientais que, por exemplo no caso de Balbina, não se justificariam nem mesmo pelo aspecto econômico. A construção e a gestão daquelas infraestruturas hidráulicas envolveram uma multiplicidade de atores sociais e institucionais e mobilizou recursos humanos, financeiros e ambientais criando, desse modo, um "padrão de desenvolvimento" para a Amazônia, que foi replicado na construção de diversas usinas na região (figura 20).

Diante de todos os relatos sobre as populações indígenas, o que fica claro, como na fala do funcionário da FUNAI e chefe da Frente de Atração Waimiri Atroari, em 1984, Apoena Meireles, era que as relações eram extremamente desiguais.

> Hoje em dia vamos em missão de paz, de amizade com os índios, mas na verdade estamos é trabalhando como pontas-de-lança das grandes empresas e dos grupos econômicos que vão se instalar na área. Para o índio fica difícil

---

[118] Composição acionária Norte Energia. https://www.norteenergiasa.com.br/pt-br/ri/composicao-acionaria.
[119] Belo Monte, empreiteiras e espelhinhos. Disponível em: https://amazonia.org.br/2015/07/belo-monte-empreiteiras-e-espelhinhos/

acreditar em missão de paz se atrás de você vem um potencial de destruição ecológica.[120]

Uma pesquisa encomendada pela Comissão Nacional da Verdade (CNV) estimou que cerca de 8.350 índios foram mortos entre 1946 e 1988. Atualmente, a própria compensação pelos danos socioambientais causados pelas usinas, por exemplo, se torna uma outra forma de impacto. No caso da UHE de Belo Monte, as casas de madeira, com chão de cimento queimado construídas pela Norte Energia na aldeia Paratati, diferem totalmente das casas tradicionais da tribo, que eram feitas de barro e palha de babaçu.[121] Há também relatos da necessidade de a Norte Energia fornecer farinha de mandioca aos índios, o que talvez seja a maior materialização da tragédia a que essa população está sendo submetida, já que o plantio de mandioca e a produção da farinha são heranças culturais brasileiras provenientes da gastronomia desses povos.

O relato desses casos serve para dar uma perspectiva dos atores envolvidos na construção de projetos de usinas hidrelétricas de grande porte e de como, entre outros aspectos, a governança da água foi, e ainda é, realizada no Brasil, trazendo problemas sociais e ambientais.

Os megaprojetos de infraestrutura, como as hidrelétricas e outros funcionam, muitas vezes, como ícones de uma injustiça social que é generalizada, pois tornam clara a precariedade do poder da parte mais pobre da sociedade nas negociações, que tem os seus direitos mais básicos atropelados, aumentando a sua exclusão e a sua fragilidade. É como se fossem um fator acelerador de uma "violência lenta" (Nixon, 2011) a que essas populações são submetidas. Nesse sentido, são sim, "templos da modernidade", como na fala de Jawaharlal Nehru mencionada na introdução desse trabalho, mas no sentido de que a modernidade traz em si injustiças por trás da retórica da salvação pela missão civilizadora, complementada com a ideia de "progresso" (Mignolo, 2017). A modernidade, assim, guarda em si a contradição, que torna vidas humanas dispensáveis em benefício do aumento da riqueza de poucos.

A "captura" do Estado pelas corporações se dá muitas vezes utilizando-se dos próprios mecanismos do Estado, como no caso do uso da suspensão de segurança, e fica óbvia após a consolidação desses projetos, quando se torna ainda mais claro para quê e para quem esses investimentos foram realizados. Por exemplo, a utilização da energia produzida pela UHE

---

[120] Movimento de apoio à resistência Waimiri-Atroari (Marewa). 16/11/1984 (Serviço Nacional de Informação, Agência de Manaus, AMA_ACE_5057_84_0001).
[121] Especial da Folha "Tudo sobre Belo Monte". https://www1.folha.uol.com.br/especial/2013/belomonte/

Tucuruí, que após a sua inauguração tinha a energia utilizada quase em 50% pelas mineradoras e refinarias de bauxita no Pará. Esses números não mudaram muito nos últimos 30 anos.

Desta forma, o Estado contribuiu para a diminuição do custo de extração das matérias-primas e dos recursos naturais, com a construção de infraestrutura, além de isenção de impostos etc., mas quem se beneficia com isso são as grandes corporações. Segundo Paula (2012), em 2010, quarenta corporações que operam no estado do Pará foram responsáveis por 96,14% das exportações brasileiras. Somente a Vale foi responsável por 52% das exportações, sendo seguida pela Alunorte, com 14% e pela Albras, com 4% (Paula, 2012).[122]

A Alunorte é a maior refinaria de alumínio do mundo fora da China e, atualmente, é de propriedade da Norsk Hydro Alunorte, de capital norueguês.[123] A Alumínio do Brasil (Albras) é a maior produtora de alumínio primário no Brasil e tem como acionistas da empresa a Norsk Hydro (51%) e a Nippon Amazon Aluminium Co. Ltd. (49%), ou seja, seu capital não é nacional, apesar do nome.

As fábricas da Norsk Hydro se localizam em Barcarena, município que sofre com altos índices de desemprego e onde o Índice de Desenvolvimento Humano médio, é de 0,662 (PNUD, 2013). Além disso, a contaminação ambiental tem sido um constante problema. Em 2018, a Hydro Alunorte foi denunciada por despejar rejeitos de minério e material contaminante de forma irregular em rios e igarapés dos municípios de Barcarena e Paragominas.[124] Embora o sistema de governança ambiental e dos recursos hídricos para esses empreendimentos tenha sido melhorado, ainda se continua a excluir a população do debate transparente a respeito das reais razões pelas quais as usinas são construídas. Dessa forma, reforça-se a percepção de que a população arca com os prejuízos e recebe muito poucos benefícios em troca.

---

[122] A Vale do Rio Doce, agora somente Vale, foi fundada em 1942, por Getúlio Vargas e teve investimento estatal até o final da década de 1990, quando foi privatizada pelo governo Fernando Henrique Cardoso, pela bagatela de R$ 3,3 bilhões. Se for desconsiderado todo o patrimônio físico e a infraestrutura montada pelo Estado para extração e escoamento do minério ao longo dos anos, somente as reservas minerais de propriedade da empresa foram calculadas em mais de 100 bilhões de dólares. Ficou acertado no leilão da então estatal, que o Tesouro participaria dos lucros resultantes da produção do minério em algumas minas recém descobertas. No entanto, o governo participaria somente dos lucros, não do aumento do valor do patrimônio e consequente valorização das ações da empresa resultante de novas jazidas. Como se não bastasse, "A Vale do Rio Doce foi entregue a Benjamin Steinbruch com 700 milhões de reais em caixa" (Biondi, 2003:16).

[123] Dos 121.190 habitantes de Barcarena, a Alunorte emprega 4000 trabalhadores (ou 3% da população), segundo informa o sítio web da Norsky Hydro. A empresa tem um lucro anual na casa de 250 milhões de dólares. Em média, 14% de sua produção vai para o mercado interno e os outros 86% para exportação. "Resultado trimestral da Norsk Hydro sofre com restrições no Brasil". *Revista Exame* on line. 7/02/2019. Disponível em: https://exame.abril.com.br/negocios/resultado-trimestral-da-norsk-hydro-sofre-com-restricoes-no-brasil/ Acesso em: 16/03/2019.

[124] "Governo do Pará envia equipe para avaliar situação da Hydro Alunorte". 04/10/2018. *Revista Exame* on line. Disponível em https://exame.abril.com.br/negocios/governo-do-para-envia-equipe-para-avaliar-situacao-da-hydro-alunorte/. Acesso em 05/12/2018.

A governança da água, sendo mais ampla que a gestão técnica da qualidade e da quantidade, tem que lidar com os interesses de diferentes setores, como as concessões para a geração de energia, por exemplo, culminando em conflito entre uma gestão progressista e uma governança retrógrada, amarrada em privilégios criados historicamente para proteger determinados grupos e setores.

Uma outra característica que pode ser considerada ao mesmo tempo positiva e negativa é que o sistema pressupõe uma gestão democrática, descentralizada e participativa dos recursos hídricos. Isso significa dizer que, no Brasil, a gestão de recursos hídricos está sob a competência dos 27 estados e do Distrito Federal, além dos órgãos de bacia hidrográfica (mais de 200 comitês de bacia, conselho nacional e estaduais e agências executivas), o que implica em lidar com escalas diferentes de governança. Apresenta-se, assim, um grande desafio de coordenação de ações e, principalmente, de fiscalização e monitoramento.

Como em outros países, o gerenciamento descentralizado é uma resposta apropriada à diversidade de necessidades e condições locais, mas é também particularmente crítica. Enquanto as outorgas de uso da água nos rios federais são concedidas pela Agência Nacional de Águas (ANA), as autorizações para os rios estaduais são emitidas por instituições estaduais. Como as prioridades diferem entre as entidades federais, estaduais e da bacia, a questão é como tomar as decisões nesses níveis de forma compatível e alinhada, sem gerar conflito e respeitando as peculiaridades locais. Portanto, a governança e a alocação da água estão intimamente ligadas, pois, regimes de alocação de água mais eficientes exigem maior coordenação nos níveis federal, estadual e da bacia, além da coordenação entre os diferentes atores e setores usuários de água. A governança da água é, assim, uma negociação social sobre a alocação da água e deve atender ao máximo de usos possível.

O desafio da governança da água em aproveitamentos hidrelétricos e outros, portanto, não é admitir a participação de diferentes atores, trata-se de um processo muito mais complexo, que parte da necessidade de se criar mecanismos de inclusão e de garantia de que os direitos sejam assegurados, especialmente dos grupos historicamente desfavorecidos. Trata-se, assim, de uma quebra de paradigma que também se relaciona com a concentração de poder na tomada de decisão sobre os usos da água, fato esse que também não nos parece ser exclusividade brasileira, como apontam, por exemplo, os movimentos sociais contra represas em outras partes do globo e as reticências do Banco Mundial em financiar projetos da magnitude das mega hidrelétricas, por vários anos.

O desenvolvimento capitalista pressupõe uma produção ideológica articulada à produção econômica, de modo a criar um imaginário social identificado com certas ideias de progresso e prosperidade. Nesse sentido, de modo complementar à organização institucional (e empresarial), foram tomadas outras medidas durante o governo militar, para a promoção da ideia de desenvolvimento vislumbrada por eles. Essas ações tiveram um cunho mais ideológico e visavam a legitimar e a consolidar um imaginário de progresso econômico.

Além da violência direta do Estado, os povos indígenas sofreram com a omissão do governo e o abuso de indivíduos e da empresa privada em nome da ideologia do "Brasil Potência". A esse respeito, trata-se no próximo capítulo como se construiu e se legitimou a ideia de que as hidrelétricas eram imprescindíveis para o progresso do país.

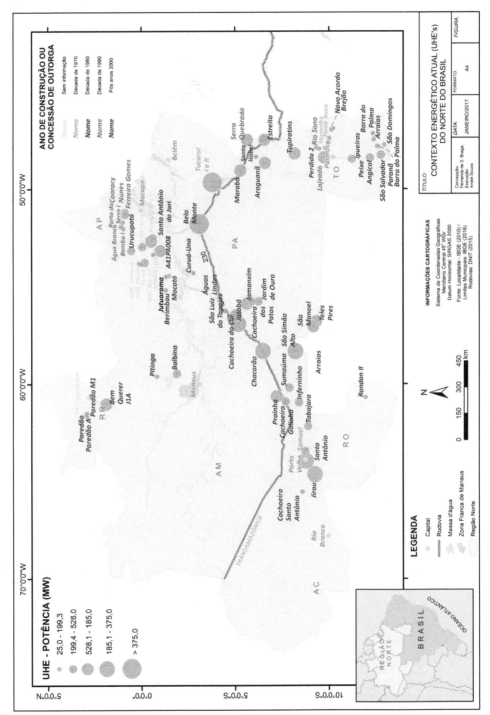

Figura 20: Usinas hidrelétricas na Amazônia – Anos 1970-2000. Fontes: IBGE, 2010; 2016; DNIT, 2015; ANEEL, 2016.

4

CONTROLE DA INFORMAÇÃO E LEGITIMAÇÃO DAS HIDRELÉTRICAS DE GRANDE PORTE POR MEIO DA PROPAGANDA GOVERNAMENTAL E COMERCIAL

"Louvo na origem progressista da imprensa de meu país a grande multiplicadora de ideias e o instrumento indispensável à mobilização dos recursos humanos para o nosso desenvolvimento econômico". [125]

Presidente general Médici, setembro de 1970.

"O poder da ideologia me faz pensar nessas manhãs orvalhadas de nevoeiro em que mal vemos o perfil dos ciprestes como sombras que parecem muito mais manchas das sombras mesmas. Sabemos que há algo metido na penumbra mais não o divisamos bem. A própria "miopia" que nos acomete dificulta a percepção mais clara, mais nítida da sombra. Mais séria ainda é a possibilidade que temos de docilmente aceitar que o que vemos e ouvimos é o que na verdade é, e não a verdade distorcida." [126]

Paulo Freire

---

[125] Pronunciamento do presidente Médici na inauguração da sede do Sindicato dos Jornalistas, em São Paulo, setembro de 1970. *O Estado de São Paulo*, setembro de 1970.
[126] Freire, Paulo. Pedagogia da autonomia: saberes necessários à prática educativa. São Paulo: Paz e Terra, 1996.

Ideias complexas têm maior potencial de criar significações e identificação se se apresentam com simplicidade. Essa premissa parece ter orientado, de certa forma, a criação de um discurso que traduzisse as ideologias presentes, tais como o desenvolvimentismo e a segurança nacional, para a população durante a ditadura militar.

Naquele período, todo um discurso voltado à ideia de um país cheio de potencialidades, devidas principalmente às suas riquezas naturais, mas também ao caráter batalhador e alegre do povo, foi utilizado para criar o imaginário do "Brasil Grande" ou "Brasil Potência", a tradução de um ideal de grandeza nacional, ordem social e desenvolvimento econômico. Para além disso, se tratou de uma estratégia ideológica, que utilizou um processo complexo de representações e jogos de interesses sociais, políticos e econômicos, contribuindo para a sedimentação de um "verde-amarelismo" surgido na sociedade brasileira muitas décadas antes, para exaltar o agrarismo e a extensão do território (Chauí, 2000)

As referências ao subsolo "mais rico do mundo" – especialmente quando da descoberta de Carajás –, à fronteira agrícola, à abundância de água, à floresta rica e exuberante a ser dominada e ocupada conclamavam a participação e a responsabilidade de todos os brasileiros no desenvolvimento do país.[127] Segundo o ministro do interior Costa Cavalcanti "o desenvolvimento de um país baseia-se na confiança, participação, esforço e determinismo de seu povo."[128]

O regime militar ressignificou uma filosofia das esperanças históricas de um "país formidável", "de futuro" e uma tendência de longa duração no Brasil: a construção de uma visão otimista sobre o país, que se contrapõe e ofusca uma outra, de cunho pessimista (Fico, 1997) e que, de certa forma, é responsável pela passividade da população frente aos desmandos da política brasileira.[129]

---

[127] O Brasil, aliás, sofreu uma espécie de personificação, como na campanha "O Brasil que os brasileiros estão fazendo", de 1978: "No sul do país, o Brasil construiu e está construindo barragens em quase todos os rios onde podia ter usinas para a produção de energia elétrica" *Spot* de rádio da AERP, Arquivo Nacional.

[128] 1º seminário sobre a realidade amazônica, realizado em Florianópolis – cidade localizada no sul do Brasil, diga-se de passagem –, em 1973.

[129] As ideias de otimismo e pessimismo no Brasil estiveram presentes praticamente desde a invasão portuguesa, mas, sobretudo após a independência, tiveram como aspectos positivos a natureza exuberante e a mistura das três raças e, como aspectos negativos, a preguiça, a sensualidade permissiva, a ignorância, a indolência entre outros. No Estado Novo (1937-1945), no entanto, foram criadas as matrizes ideológicas que seriam mais tarde utilizadas pela ditadura militar: a mistura de raças, a crença no caráter benevolente e pacífico do povo brasileiro, o enaltecimento do trabalho e uma ideia de nação coesa e cooperativa. Nos anos 1950, essas ideias ganharam força, mas tendo como referencial o "povo brasileiro" como portador da tradição, da transformação ou da contestação

As representações do mundo, ou o imaginário social, são influenciadas pelos interesses dos grupos que as forjam e, por isso, as lutas simbólicas pela imposição de representações têm tanta importância quanto as lutas econômicas para compreender os mecanismos pelos quais os grupos impõem, ou tentam impor, a sua concepção do mundo e os seus valores sobre outras concepções e valores possíveis (Sánchez, 2003).

Cabe dizer que o poder dos grupos dominantes é mantido e reproduzido por sua capacidade de comunicar, pelos meios disponíveis e através de todos os outros níveis e divisões sociais, seus valores e uma imagem do mundo consoante com sua própria experiência (Cosgrove, 2004). Assim, "[...] a construção de imagens opera necessariamente com sínteses, seletivas e parciais, que dão relevância a alguns aspectos e omitem outros, respondendo ao universo especial de interesses dos sujeitos que as constroem e aos objetivos que se pretende atingir. " (Sánchez, 2003:117).

Para Zukin, a circulação de imagens para consumo visual é inseparável das estruturas centralizadas do poder econômico: "[...] com os meios de produção tão concentrados e os meios de consumo tão difusos, a comunicação dessas imagens torna-se um meio de controle tanto do conhecimento quanto da imaginação: uma forma de controle social. " (Zukin, 2000:96).

O imaginário social é, muitas vezes, orientado pelas mídias e pelas decisões políticas e econômicas tomadas em instâncias que, embora algumas vezes os considere, vão além dos indivíduos. Nesse sentido, poder-se-ia deduzir que as mídias contribuem para a produção da comunhão, da coesão social, produzindo intensos sentimentos coletivos, pela partilha das imagens, possibilitada pelos diversos meios de comunicação em ação nas sociedades. Cabe dizer que os detentores do poder geralmente são os que detêm o controle dos meios de comunicação (Schneider, 2017).

Pode-se afirmar, desse modo, que essa ideia de "Brasil Grande" teve como foco principal a aprovação dos governos militares – e do seu golpe de estado – e da intervenção estatal na economia, subsistindo como um movimento simbólico, que visava comunicar e legitimar as estratégias governamentais adotadas e as intervenções espaciais realizadas. [130]

(Fico, 1997). Houve aí uma "consciência do subdesenvolvimento" – sobretudo depois dos trabalhos do ISEB – mas também uma expectativa de futuro. O slogan da campanha de Juscelino Kubitscheck: "50 anos em 5", por exemplo, viria a se casar bem com essas ideias e alimentar, de alguma forma, a esperança no futuro do país. A visão otimista do Brasil se constituiu na base de um auto reconhecimento social e identitário do brasileiro, que passou a se identificar com a imagem de otimista, esperançoso e crente no futuro.
[130] Uma das demonstrações da importância do discurso para legitimar as práticas é que os militares no poder, naquele período, passaram a chamar o seu golpe de estado de "revolução", como forma de justificá-lo (Toledo, 2004).

Dito de outro modo, o "Brasil Grande" se tratou, por fim, de um imaginário social criado para sustentar uma ideologia desenvolvimentista e de segurança nacional, que beneficiava a determinados grupos sociais, como o empresariado, por meio da consecução de obras "faraônicas", que são uma das marcas do regime militar, e significaram, por fim, grandes contratos e grandes financiamentos. Nesse sentido, o "Brasil Grande" foi uma mistura de referências que atendiam tanto a uma classe média sedenta por crescimento econômico e boas possibilidades de negócios e vantagens, como para o pobre, que, agora sendo habitante das cidades, via esse caminho como uma oportunidade para se inserir na sociedade de consumo e contribuir para o desenvolvimento do país. Uma euforia apoiada, sobretudo, pelo "milagre econômico", que deu força ao discurso ufanista.

Sendo o discurso um suporte abstrato que sustenta os vários textos que circulam em uma sociedade (filmes, programas de televisão, revistas, anúncios etc), ao analisar-se o discurso, por meio da propaganda – comercial e governamental –, está-se inevitavelmente diante da questão de como ela se relaciona com a realidade que a criou.

A propaganda é uma forma de comunicação do discurso (Pratkanis; Turner, 1996; Pratkanis; Aronson, 2001; Parry-Giles, 2002), que tem sido amplamente empregada na esfera política, desde o século XIX, para promover várias agendas, candidatos e grupos de interesses, sempre articulados em torno de um "sistema de verdades", e seria uma tentativa deliberada e sistemática de difundir valores, convencer o público e direcionar o comportamento, para se obter uma resposta que favoreça a intenção desejada do propagandista (Taithe; Thorton, 2000; Jowett; O'Donnell, 2012).

No caso brasileiro, alguns autores defendem que a propaganda durante o regime militar não foi uma construção ardilosamente arquitetada pelo governo para atingir a um determinado fim, mas atuou com o propósito de legitimar as decisões tomadas pelos governantes (Fico, 1997; Schneider, 2017). O que se procura mostrar aqui é que, apesar de não ter sido arquitetado, essas instituições agiam de modo a complementarem-se.

Os meios de comunicação agiram mediando a relação entre Estado e sociedade e ajudaram a legitimar os governos militares no sentido de construir a ideia de que eles eram absolutamente necessários para colocar o Brasil "nos eixos" novamente, para a segurança da nação, para a proteção e a moralização das instituições e para o desenvolvimento econômico.

A partir do golpe de estado, essa quimera autoritária estava claramente fundada na ideia de que os militares eram, naquele momento, superiores aos civis em questões como patriotismo, conhecimento da realidade brasileira e retidão moral (D'Araújo; Soares; Castro, 1994).

O desbravamento da selva amazônica e outros rincões do país, atribuía certa aura de bravura e dava legitimidade ao poder dos militares, que eram percebidos pela opinião pública nacional como autoridades a quem outorgavam a responsabilidade pelo desenvolvimento e pela segurança do país.

Promessas de inclusão do homem comum por meio da participação no desenvolvimento do país costumavam estar entre os discursos implícitos na propaganda e que serviram para legitimar a construção de infraestruturas. "Terras sem homens para homens sem terras", parte da propaganda governamental para a "colonização" da Amazônia, foi uma das estratégias discursivas que contribuiu para a criação desse imaginário do desenvolvimento, com o argumento da inclusão e da participação do povo.

O discurso foi dissimulado de tal forma, que fazia parecer que o Brasil vivia em uma época de paz e tranquilidade, quando na verdade os cidadãos eram privados de seus direitos políticos (como o direito de voto) e sociais, com o crescimento da concentração da renda exposta pelo achatamento do salário mínimo, por exemplo (figura 21). Nesse sentido, por mais benéficos que fossem os impactos em relação ao crescimento econômico, a forte presença do Estado falhou em melhorar o padrão de distribuição de renda (Amann; Baer, 2005; Souza, 2016).

Relatos e metáforas dos desbravamentos da selva amazônica e do poder criativo da engenharia fizeram mudanças em grande escala na paisagem natural brasileira, em uma narrativa quase mágica de progresso: "terra de oportunidades", "Prospere com a Amazônia" (figura 22) e que fariam o Amazônia deixar de ser um vazio demográfico e seria integrada à economia brasileira. Como na fala do então presidente da Eletronorte, Raul Garcia Llano

> Esses empreendimentos servirão aos interesses de integração nacional, garantindo a ocupação do grande vasio [sic] demográfico amazônico, pela exploração racional de seus recursos naturais e possibilitando o desenvolvimento econômico-social de amplas zonas de baixa densidade populacional a serem conquistadas para o progresso do País oportunamente, desde que resguardadas de futuros entraves que possam dificultar suas realizações.[131]

Esse discurso oficial veiculado por meio da propaganda encobria, na realidade, que grandes investidores internacionais ganhavam a infraestrutura de acesso às áreas mais remotas da Amazônia de forma "gratuita" para explorar e, na maior parte das vezes, exportar, as reservas de alumínio e alumina, ouro, entre outros metais, além das reservas de madeira de lei, que têm grande valor de mercado.

---

[131] Correspondência entre o presidente da Eletronorte, coronel Raul Garcia Llano e o ministro de minas e energia Shigeaki Ueki em 31/07/1974. (Serviço Nacional de Informação, Agência Central, AC_ACE_30880_83_003).

Como dito anteriormente, as infraestruturas servem como ícones ou fetiches que dão materialidade ao discurso, que por sua vez, veicula uma ideologia.

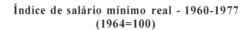

Índice de salário mínimo real - 1960-1977 (1964=100)

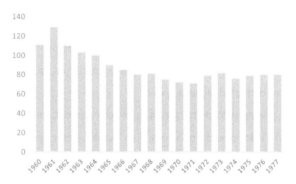

Figura 21: Índice de salário mínimo real 1960-1977. Fonte: Ipea data, citado por Luna; Klein, 2014.

As usinas hidrelétricas, como grandes projetos de engenharia, foram utilizadas como um desses ícones do "Brasil grande" e do poder dos militares. As usinas hidrelétricas, nessa leitura, funcionaram quase como um elo de ligação entre o desenvolvimento e as potencialidades naturais do Brasil. Era como que a promessa de um crescimento econômico que promoveria, em algum momento, a equanimidade social, mas não se sabia bem ao certo como. A ideia era "fazer o bolo crescer para depois dividi-lo", discurso que também camuflava as desigualdades crescentes no país.[132] O bolo cresceu, mas foi dividido não de forma equânime entre os convidados da "festa do crescimento", sendo seus maiores beneficiados a classe média e o empresariado.

Três aparelhos governamentais – para usar um termo próprio da ditadura – foram fundamentais para a gestão da informação e para a construção da imagem do regime militar. O primeiro, foi o Sistema Nacional de Informação (SISNI), que era responsável pela produção de informações, censura e espionagem. O segundo foi a Agência Nacional, responsável por

---

[132] Alusão à famosa frase de Delfim Neto, ex-ministro da fazenda dos governos Costa e Silva e Médici, entre os anos de 1967 e 1974.

noticiar os acontecimentos do governo e o terceiro, a assessoria de relações públicas da presidência, que era responsável pela criação da propaganda oficial do governo.[133]

Além disso, as revistas e jornais privados de grande circulação exerceram um papel muito importante ao veicular publicidade e matérias pagas ou não pelo governo, que lhes era favorável.

Figura 22: Publicidade do Banco da Amazônia e da SUDAM/Ministério do Interior, 1976.

Sabe-se, no entanto, que a legitimação do regime militar e de sua ideologia foi muito mais ampla e complexa do que somente o uso da propaganda, e atuou até mesmo nas escolas de ensino médio, por meio do ensino da disciplina de Educação moral e cívica (Fico, 1997; Schneider, 2017). As disciplinas de Filosofia e Sociologia foram abolidas dos currículos

---

[133] Não se pode desconsiderar, no entanto, que outras instituições governamentais voltadas para a produção de material audiovisual foram criadas nessa época, embora com outras funções, que não a de, exclusivamente, promover a imagem do governo. São exemplos disso, o Instituto Nacional de Cinema (1966), a Empresa brasileira de filmes (1969) e a Radiobrás (1975).

escolares, em 1971, para onde retornaram somente em 2006 (Parecer nº 38/2006, do Conselho Nacional de Educação).

Os livros didáticos, principalmente de história e geografia, foram também utilizados como fonte de doutrinação ideológica ou veiculação da ideologia militar (Faria, 1994; Kunzler; Wizniewsky, 2007; Oliveira; Cordenonsi, 2015; Simões; Ramos; Ramos, 2018).

O mercado de livros didáticos aumentou em 74% na década de 1970 e o governo era o principal comprador de livros. Era uma forma ambígua de incentivar e, ao mesmo tempo, controlar o setor editorial. Dentro do acordo entre Ministério da Educação (MEC) e United States Agency for International Development (USAID), foi criada a Comissão nacional do livro técnico e didático que, entre 1966 e 1980, quadruplicou a produção de livros didáticos, alcançando 100,2 milhões de exemplares. "O volume de compras governamentais era enorme, refletindo a expansão do sistema de ensino marcada pelo controle ideológico." (Hallewell, 2012).

Não se pode desconsiderar também a importância das publicações técnicas especializadas, principalmente as de engenharia, pois também contribuíram para a constituição desse imaginário social do "Brasil grande", que seria o objetivo comum de todos os brasileiros. Boletins de associações e federações, revistas e jornais especializados tiveram talvez um papel mais importante para alinhar entre a classe de determinada profissão qual seria a ideologia/linha a ser seguida, principalmente visando a fazer negócios, mas essas publicações não atingiram e não atingem a população comum, para além de seu nicho ou público alvo, ainda que tenha poder de expansão daí para a grande mídia.

É objetivo desse capítulo analisar como o discurso utilizado pelo governo e pela grande mídia, através da propaganda, contribuiu para a legitimação das transformações sócioespaciais realizadas por meio das usinas hidrelétricas de grande porte.

Optou-se por analisar os comerciais e matérias jornalísticas publicadas no período sobre a construção das usinas hidrelétricas. Foram utilizados exemplos coletados em meios de grande circulação à época: os jornais *O Estado de São Paulo, Folha de São Paulo, Jornal do Brasil,* revistas *Veja* e *Manchete*. Foram também analisados filmes da Agência nacional com a temática das hidrelétricas, além de *jingles* e filmes das Assessorias de relações públicas da presidência, produzidos no final da década de 1970 e início da de 1980.

Primeiramente, trataremos do Sistema Nacional de Informações pela sua importância no controle do fluxo da informação e consolidação da ideologia. Em seguida, trataremos da Agência Nacional e os "cinejornais", para em seguida abordar as assessorias de relações públicas, pela sua importância na divulgação da boa imagem do governo e do presidente da república. Por fim, falaremos do papel da grande imprensa para a veiculação e consolidação do projeto desenvolvimentista em curso naquele momento.

4.1 – ARQUIVOS CONFIDENCIAIS: SISTEMA NACIONAL DE INFORMAÇÕES

Cientes da importância de se produzir e controlar informações e dados, uma das primeiras iniciativas do governo militar, após o golpe de 1964, foi a criação do Serviço Nacional de Informação (SNI), que tinha como finalidade coordenar nacionalmente as atividades de informação e de contrainformação, em particular, aquelas de interesse para a segurança nacional (Lei 4.341 de 13 de junho de 1964), o que se tornou uma paranoia dos militares durante todo o período em que estiveram no poder, como expressado na fala do marechal Humberto Castelo Branco, em 1964:

> Como é natural, a gestão dos negócios do Estado requer seguras informações, oportunas e convenientemente analisadas, que colaborem nas múltiplas decisões a serem tomadas com frequência. Impunha-se, pois, a criação desse órgão, do qual se ressentia a estrutura governamental, que exige seguro conhecimento sobre ocorrências *em todos os campos da atividade nacional.*[134]

O SNI ficou situado no mesmo nível dos Gabinetes Militar e Civil da Presidência da República e atendia ao presidente e ao Conselho de Segurança Nacional[135] e o seu chefe tinha prerrogativas de ministro.[136] O SNI era parte de um sistema maior, o Sistema Nacional de Informações (SISNI), composto por diversas agências regionais e várias Divisões de Segurança e Informações (DSI), que se situavam dentro dos ministérios civis e militares e, em algumas empresas públicas, como é o caso de Itaipu e da Companhia Siderúrgica Nacional (figura 23).[137]

---

[134] Mensagem ao Congresso Nacional, Castelo Branco, 1965:33. Grifo nosso.

[135] O Conselho de Segurança Nacional (CSN) foi um órgão criado pela Constituição de 1937, com a função de estudar todas as questões relativas à segurança nacional e que teve suas atribuições ampliadas durante o regime militar para planejar e supervisionar a realização dos estudos necessários à política de segurança nacional, e também para orientar a busca de informações (Kornis, 2010).

[136] Além do general Golbery do Couto e Silva foram também chefes do SNI: Emílio Garrastazu Médici (17 de março de 1967 – 28 de março de 1969), mais tarde indicado à presidência da república; Carlos Alberto da Fontoura (14 de abril de 1969 – 15 de março de 1974); João Batista Figueiredo (15 de março de 1974 – 14 de junho de 1978), também indicado à presidência da república; Octávio Aguiar de Medeiros (15 de junho de 1978 – 15 de março de 1985); Ivan de Souza Mendes (15 de março de 1985 – 15 de março de 1990).

[137] Uma das funções dessas assessorias dentro das empresas era fazer o levantamento de dados biográficos de pessoas candidatas a trabalhar em suas dependências. Em 1971, foi criada a Assessoria de Segurança da Informação da Eletrobrás.

As Divisões de Segurança e Informações receberam, pelo decreto 60.940, de 4 de julho de 1967, a atribuição de fornecer informações ao Conselho de Segurança Nacional, aos respectivos ministros aos quais estavam subordinadas e ao SNI. Cabia a essas divisões, como órgãos de assessoramento dos ministros de Estado, fornecer dados, observações e elementos necessários à formulação do conceito de estratégia nacional e do Plano Nacional de Informações; colaborar na preparação dos programas particulares de segurança e informações relativos aos Ministérios e acompanhar a sua respectiva execução (Arquivo Nacional, 2013).

O Serviço Nacional de Informação tinha uma Agência central, localizada no prédio do Ministério da Fazenda no Rio de Janeiro[138], que controlava o fluxo de informação estratégica produzido pelos investigadores, recebendo e encaminhando os documentos, após classificados, aos responsáveis pelas providências a serem tomadas, pois não cabia a eles apresentar solução para nenhum problema objeto de investigação.[139]

No caso das hidrelétricas de grande porte foram recuperados no Arquivo Nacional documentos das Agências Pernambuco, Bahia, Amazonas, Pará, Paraná, além da própria agência central, devido à relação espacial das grandes usinas com essas agências. Esses documentos contêm várias informações sobre assuntos polêmicos da época, tais como, o desmatamento das áreas a serem alagadas nas hidrelétricas de Tucuruí e Balbina, problemas com os operários de Itaipu, a investigação sobre caso de corrupção ocorrido em Balbina, investigações sobre o papel da igreja católica na organização de alguns movimentos contestatórios e até mesmo abusos cometidos pela polícia militar na construção da usina de Tucuruí e muitas correspondências sobre o caso Capemi.

Nos documentos sigilosos e confidenciais produzidos nas décadas de 1970 e 1980, pode-se constatar várias agressões perpetradas pela polícia militar e publicações que foram censuradas ao tratar dos impactos sociais e ambientais que já eram constatados no momento da construção das barragens e que só se agravaram com o passar do tempo.

Uma das funções do Sistema Nacional de Informação era manter a boa imagem do Brasil no exterior. Os documentos que foram acessados através do Arquivo Nacional, mostram, por exemplo, que era solicitado a várias embaixadas – tais como a da Alemanha, Bolívia, Chile, Coreia no Sul, Equador, Estados Unidos, Israel, Panamá, Paraguai, Senegal, Uruguai e Venezuela – que observassem e reportassem a atividade da imprensa desses países para o que

---

[138] Serviço Nacional de Informação – SNI. Disponível em: http://www.abin.gov.br/institucional/historico/1964-servico-nacional-de-informacoes-sni/. Acesso: 20/08/2018.
[139] Alguns documentos dão conta de que a Agência Central se localizava no Bloco J do setor de áreas isoladas Sul, na cidade de Brasília.

era chamado pelos agentes do SNI de "Campanha contra o Brasil no exterior", que era uma preocupação sobre como os países percebiam o que estava se passando no Brasil.

É preciso destacar também a existência de instituições ligadas diretamente à repressão. Essas eram os braços "operacionais" do Sistema Nacional de Informações (SISNI): o Centro de Operações de Defesa Interna (CODI), órgãos de planejamento e comando da estrutura militar e estava diretamente ligado ao Estado Maior das Forças Armadas (EMFA). Hierarquicamente abaixo dele estavam os CODIs de cada arma e os CODI regionais militares, que eram comandados pelo chefe do estado maior de cada arma (exército, marinha e aeronáutica). O Destacamento de Operações e Informação (DOI), realizava repressão direta e era o responsável pelos inquéritos, que não raro, usavam de tortura como meio de obtenção de informações (Comissão da Verdade do estado de São Paulo, 2014).

Esses braços operacionais eram responsáveis por infiltrar agentes em locais estratégicos, inclusive em jornais e movimentos populares

> A imprensa localizada na área de SAO PAULO, por sua importância regional, nacional e internacional tem sido objeto de infiltrações. A censura imposta nos jornais O SÃO PAULO e o MOVIMENTO e revista VEJA pelo DPF, combinada com a auto-censura que outros Órgãos de comunicação tem observado e mais a vigilância exercida pelos órgãos de Informações da área, não tem permitido que os meios de comunicações difundam matéria de caráter subversivo. Tal difusão tem-se limitado a panfletagem normal com insignificante repercussão popular.
> Sob a responsabilidade do Sindicato de Jornalistas em SÃO PAULO, com um quadro social de 8.000 sócios, tem sido tentado realimentar o caso WLADMIR HERZOG que apresentam como um mártir, principalmente através do jornal UNIDADE que editam. Todas as suas tentativas nesse sentido não têm repercutido como esperavam no seio da opinião pública, mas provocam no Campo militar uma certa preocupação pela versão distorcida que apresentam dos fatos.[140]

Em documento confidencial de disseminação interna, são dadas instruções claras para que não se fale sobre a Frente Brasileira de Informação, que seria uma organização para divulgar informações sobre a repressão e a tortura, e a nenhum questionamento da Anistia Internacional:

> Com o Aviso n 348/SI-Gab, de 05 Out 72, deste Serviço, foi solicitado a esse Órgão não permitir que fossem respondidas as correspondências recebidas da AMNESTY INTERNACIONAL, organização internacional que participa da campanha difamatória contra o BRASIL, no exterior, e manter, ligações com

---

[140] Relatório periódico de informações n. 4/76. Ministério do Exército, Comando do II Exército, Quartel general, 5/6/1976, p.39. Confidencial (Serviço Nacional de Informação, Agência de São Paulo, ASP_ACE_10900_82). Wladmir Herzog foi um professor e jornalista, torturado e assassinado nas dependências do DOI/CODI, em São Paulo. Os agentes tentaram fazer sua morte parecer um suicídio.

a FRENTE BRASILEIRA DE INFORMAÇÕES - FBI, órgão da difusão de infâmias e mentiras, no exterior, contra o nosso País.[141]

Mesmo vigiados e perseguidos, alguns dos opositores do regime encontraram brechas para denunciar, por diferentes meios, a situação vivida no país. Foi o caso do livro *Pau de Arara: La violence militaire au Brésil*, publicado na França, em 1971. O livro era uma denúncia do uso da tortura pelo governo brasileiro.

A embaixada polonesa encaminhou ao ministério de relações exteriores uma publicação da Frente Brasileira de Informação de outubro de 1972, intitulada "Amazônia, nova colônia americana", além de outras informações a respeito dessa organização.

Os documentos confidenciais mostram também que eram conhecidos os danos sociais e ambientais e os riscos da não retirada da vegetação da área de alagamento de Balbina, por exemplo, bem antes dos jornais pulicarem sobre isso.

Existe um documento, secreto e descaracterizado, que foi enviado aos ministros da agricultura, interior e minas e energia alertando sobre os erros cometidos no desmatamento da área a ser inundada na UHE de Tucuruí, para que não fossem repetidos na UHE de Balbina, e também documentos que mostram que as autoridades estavam cientes dos problemas ocorridos com os índios, embora estivessem instruídos a não se pronunciarem a esse respeito. [142]

Interessante notar que as localidades que apresentavam interesse à segurança nacional tinham codinomes, que eram utilizados em comunicações, principalmente, radiofônicas e telefônicas para "dificultar que integrantes do SNI e EsNI [Escola Nacional de Informações], ao se comunicarem, sejam levantados por pessoas ou órgãos não autorizados".[143] No caso das usinas hidrelétricas, por exemplo, Tucuruí era Garças, Itaipu era Murici, Foz do Iguaçu era Morrinhos, Sobradinho era Luziânia, entre outros.

Compreender a estrutura e as estratégias de funcionamento do SNI é de fundamental importância para se compreender os documentos citados nessa tese.

Impressiona a abrangência da atuação das agências de informação que vai desde reuniões pequenas da Associação de apoio ao índio em Porto Alegre, no Rio Grande do Sul até assuntos sobre contrabando de soja na fronteira entre Brasil e Paraguai. Assuntos esses que, a princípio, nada teriam a ver com questões de segurança nacional.

---

[141] Documento confidencial assinado pelo embaixador Antônio Francisco Azeredo da Silveira, Ministro de Relações exteriores, datado de 15 de outubro de 1974.
[142] Relatório confidencial descaracterizado (sem timbres). Retrospectiva do processo de tentativa de desmatamento da bacia de acumulação da UHE de Tucuruí. Uma lição para UHE de Balbina e UHE de Samuel. 26/11/1985, p.9-10 (Serviço Nacional de Informação, Agência Central, AC_ACE_53879_86).
[143] Lista de codinomes. Serviço Nacional de Informações. Brasília, 15/12/1979. Arquivo Nacional.

O que fica claro nas comunicações do SISNI é que controlavam ou, pelo menos, tentavam controlar a informação que saía do governo e o que se falava sobre o governo, não só internamente, mas externamente ao país e, dessa forma, manipular a opinião pública pela omissão de fatos e informações relevantes.

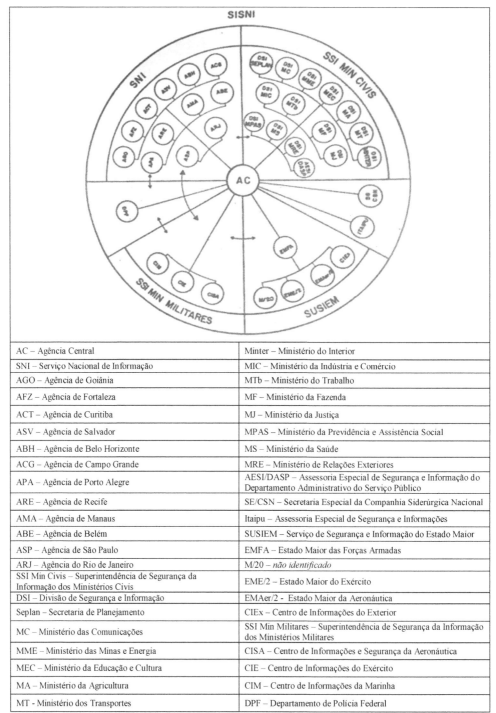

AC – Agência Central	Minter – Ministério do Interior
SNI – Serviço Nacional de Informação	MIC – Ministério da Indústria e Comércio
AGO – Agência de Goiânia	MTb – Ministério do Trabalho
AFZ – Agência de Fortaleza	MF – Ministério da Fazenda
ACT – Agência de Curitiba	MJ – Ministério da Justiça
ASV – Agência de Salvador	MPAS – Ministério da Previdência e Assistência Social
ABH – Agência de Belo Horizonte	MS – Ministério da Saúde
ACG – Agência de Campo Grande	MRE – Ministério de Relações Exteriores
APA – Agência de Porto Alegre	AESI/DASP – Assessoria Especial de Segurança e Informação do Departamento Administrativo do Serviço Público
ARE – Agência de Recife	SE/CSN – Secretaria Especial da Companhia Siderúrgica Nacional
AMA – Agência de Manaus	Itaipu – Assessoria Especial de Segurança e Informações
ABE – Agência de Belém	SUSIEM – Serviço de Segurança e Informação do Estado Maior
ASP – Agência de São Paulo	EMFA – Estado Maior das Forças Armadas
ARJ – Agência do Rio de Janeiro	M/20 – *não identificado*
SSI Min Civis – Superintendência de Segurança da Informação dos Ministérios Civis	EME/2 – Estado Maior do Exército
DSI – Divisão de Segurança e Informação	EMAer/2 - Estado Maior da Aeronáutica
Seplan – Secretaria de Planejamento	CIEx – Centro de Informações do Exterior
MC – Ministério das Comunicações	SSI Min Militares – Superintendência de Segurança da Informação dos Ministérios Militares
MME – Ministério das Minas e Energia	CISA – Centro de Informações e Segurança da Aeronáutica
MEC – Ministério da Educação e Cultura	CIE – Centro de Informações do Exército
MA – Ministério da Agricultura	CIM – Centro de Informações da Marinha
MT - Ministério dos Transportes	DPF – Departamento de Polícia Federal

Figura 23: Estrutura Sistema Nacional de Informações. Fonte: Arquivo Nacional do Brasil. Data provável em torno de 1979, dada a existência da Seplan, da Itaipu e do DASP, que na Lei 6036 de 1º. de maio de 1974 teria deixado de existir na estrutura governamental, retornando em 1979 pela Lei 6650 de 23 de maio.

4.2 – "ESTE CINEMA NÃO ANUNCIA UM ESPETÁCULO GRANDIOSO". AGÊNCIA NACIONAL: A FIGURA DO PRESIDENTE E O DESENVOLVIMENTO NACIONAL

Agência Nacional existe desde 1937 e é, ainda hoje, a agência de notícias governamental, vinculada ao Ministério da justiça. Em 1967, já durante o regime militar, foi transferida para o Gabinete Civil da Presidência da República e, em 1979, durante o governo do general João Figueiredo, a Agência Nacional foi transformada em Empresa Brasileira de Notícias (Lei 6.650 de 23 de maio de 1979), voltando a ser subordinada ao Ministério da Justiça.

A Agência Nacional é responsável pela transmissão em cadeia nacional dos pronunciamentos oficiais dos presidentes, no entanto, um dos meios de interlocução mais eloquente entre Estado e a sociedade, criado por essa agência foram os Cinejornais, que se tornaram um mecanismo eficiente de difusão das ideias do governo, ao serem transmitidos de forma obrigatória antes das sessões de cinema longa-metragem em todo o país.

O Cinejornal era uma série de minifilmes agrupados em no máximo quatro, iniciados quase sempre mostrando algum ato ou evento oficial da presidência da república, e totalizando de sete a onze minutos de exibição. Essas produções eram isentas de censura.[144]

Os eventos da presidência eram sempre pomposos, seja por serem revestidos de glamour, como na assinatura do Tratado de Itaipu – e o jantar de gala em homenagem ao presidente Geisel com sua esposa e filha –, ou por mostrarem o esforço do presidente em estar nos mais longínquos rincões do país, como na inauguração das obras da Transamazônica pelo presidente Médici, ou o encontro do presidente Geisel com Alfredo Strossner, o presidente do Paraguai, na ponte da amizade, sempre acompanhados de soldados e tropas. Seguiam-se temáticas mais ou menos aleatórias como arte, cultura, folclore, esportes, educação, sempre com a voz de um narrador sobre uma série de imagens.

Os Cinejornais tinham a intenção de informar "imparcialmente" sobre os acontecimentos na presidência, nos ministérios e outros fatos supostamente do interesse popular.

Foram feitos também várias séries especiais, que eram filmes mais longos, com 15-16 minutos e, invariavelmente, exaltavam as realizações do governo para o desenvolvimento do país. Essas séries tinham uma linguagem própria, de certo modo, "paternal" e emotiva, como nos exemplos a seguir:

---

[144] Interessante notar que a maioria dos cinejornais cita a isenção de censura, que seria dada pelo decreto Lei 20.943 de 1946. No entanto, ao pesquisarmos o decreto pelo número no website da Câmara dos deputados, em 21 de fevereiro de 2019, consta que essa norma: "Autoriza o Ginásio Santana, com sede em Santa Maria, no Estado do Rio Grande do Sul, a funcionar como colégio", não restando claro se o número da norma no website está equivocado ou se a referência nos vídeos da Agência Nacional a tal decreto é que está equivocada.

Na conquista de novas etapas do desenvolvimento, o Brasil está vencendo sérios desafios, que exigem maciços investimentos, crescente aprimoramento da força de trabalho e arrojada disposição humana. Algumas hidrelétricas brasileiras poderiam atender a países inteiros da Europa, Ásia e África. Nas telecomunicações avançamos muitos anos. Breve superaremos nossas necessidades de combustíveis. Rapidamente passamos dos 100 milhões de habitantes e o crescimento urbano exigiu a criação de vias expressas, sistemas de transporte de massa e grandes programas de serviços públicos.[145]

O Rio Grande do Sul está com os olhos postos no amanhã. Trabalhando no presente para o futuro de seus filhos, que deseja sadios, cultos e felizes, com tempo para as alegrias da vida, para a vibração dos grandes estádios, onde a alma popular extravasa a afirmação de suas convicções de que somos um grande povo, que zela pelo porvir, com o carinho que dedica às gerações que irão viver nas cidades que estamos construindo e onde o pessimismo está dando lugar à morada do otimismo, da certeza de que o gigante não está mais deitado em berço esplêndido, mas de pé, vigilante e disposto, como sua gente, a encurtar o caminho entre o hoje e o amanhã.[146]

O Brasil não precisa temer pelo seu futuro diante da força e da sinfonia das águas. Ponto culminante são as cataratas do Iguaçu, um misto de força e beleza que a transformam em um dos maiores centros turísticos do mundo.[147]

Os cinejornais utilizavam-se de jargões como "Você constrói o Brasil"[148] e deixava explícito a ideologia militar de "Desenvolvimento e Segurança: bem-estar da coletividade"[149] Alguns vídeos se dirigem diretamente ao público presente à sessão de cinema:

Este cinema não anuncia um espetáculo grandioso. Essas cenas são apenas o trailer do que ocorrerá em 16 meses. Aguardem! E que as bênçãos do secular convento da Penha ajudem a concretizar a missão de unir brasileiros. Para isso nada melhor que uma estrada! [...] Avante com o desmatamento! Depois dele virá o caminho do serviço, muita poeira. Depois, a grande estrada que unirá regiões produtoras de minerais, dará escoamento a produções agrícolas e pecuárias, integrará Belo Horizonte ao triângulo mineiro, *integrará o próprio Brasil*. Mãos à obra minha gente! O pessoal aí da plateia não pode esperar 16 meses por um final feliz.[150]

Note-se que é utilizada a temática da integração associada ao progresso e ao desenvolvimento do país, que foi bastante explorada, sobretudo no governo Médici.

---

[145] Filme: "Construtores do progresso". Agência Nacional, 1970 (Arquivo Nacional, Agência Nacional, BR RJANRIO EH.0.FIL, DCT.25).

[146] Filme "Em ritmo de futuro", 1970 (Arquivo Nacional, Agência Nacional, BR RJANRIO EH.0.FIL, DCT.33)

[147] Cinejornal n 133 "O Brasil no seu tempo". Agência Nacional, 1969.

[148] Filme "Aço, alfabetização e energia elétrica", 1972. Série "Você constrói o Brasil". (Arquivo Nacional, Agência Nacional, BR RJANRIO EH.0.FIL, FIT.8).

[149] Filmes "Desenvolvimento e segurança", 1970. (Arquivo Nacional, Agência Nacional, BR RJANRIO EH.0.FIL, FIT.122 e BR RJANRIO EH.0.FIL, FIT.123).

[150] Filme "BR-262: a transversal do progresso". Agência Nacional, 1971. Arquivo Nacional.

Os presidentes Castello Branco e Geisel, parecem ter utilizado muito mais os serviços da Agência Nacional do que os demais presidentes. Em checagem nos vídeos disponíveis no Arquivo Nacional, constatou-se que o presidente Geisel é quem tem mais aparições nos vídeos da Agência Nacional durante o seu governo e talvez isso explique, em parte, a sua resistência em investir em uma Assessoria de relações públicas, pois essa função já estaria sendo exercida pela Agência Nacional. Inicialmente, esse raciocínio faz sentido, mas somente até que se conheça o material produzido pelas Assessorias, que tinham um caráter bastante diferente.

4.3 – "O BRASIL QUE OS BRASILEIROS ESTÃO FAZENDO": AS ASSESSORIAS DE RELAÇÕES PÚBLICAS DA PRESIDÊNCIA DA REPÚBLICA

A entrada dos militares no poder veio acompanhada de uma imagem soturna, que remetia ao poderio militar, à polícia, ao uso legal da força e da violência e, embora para os setores sociais que apoiaram o golpe de 1964, essa imagem estivesse vinculada à ideia de "ordem e progresso", para o restante da população essa imagem dava uma sensação de excesso e desgoverno (Fico, 1997).

Essa sensação foi comum, sobretudo após a promulgação dos primeiros atos institucionais, entre eles o AI-2, de 1965, que extinguiu os partidos políticos e decretou o recesso temporário do congresso nacional, e o AI-5, de 1968, considerado um dos atos institucionais mais duros do período militar, que resultou na cassação de mandatos de parlamentares e também na suspensão de quaisquer garantias constitucionais.

Por esse motivo, a tentativa de transformar os generais e coronéis em "gente como a gente" foi parte da estratégia não só de aproximar e criar simpatia do brasileiro comum com os militares, mas também para desviar a atenção dos desacertos do governo. A figura do presidente deveria mostrar "seu aspecto humano, moderado e compreensivo, para caracterizar toda a campanha orientada no sentido da valorização do homem, a única susceptível de criar uma imagem efetiva e imediata do governo" (Chaparro, 2008:43)[151]. Passava-se a impressão de que os militares estavam fazendo o que tinha que ser feito para melhorar o Brasil.

A tarefa de trazer os generais e militares para mais perto do povo ficou a cargo das assessorias de relações públicas da presidência de república (tabela 4), que tiveram um papel primordial na promoção da boa imagem dos presidentes militares e na exaltação do

---

[151] Essa foi uma das 10 recomendações saídas do I Seminário de Relações Públicas de Executivo, realizado entre os dias 30 de setembro e 5 de outubro de 1968.

desenvolvimento econômico do país durante os anos de 1968 até o final do período militar (Fico, 1997).[152]

Tabela 4 - Assessorias de relações públicas da presidência de república – 1964-1985

Presidente	Assessoria/Secretaria	Responsável
Marechal Castelo Branco (1964-1967)	Não teve assessoria de relações públicas. Criou o SNI.	General Golbery do Couto e Silva (SNI) –
Marechal Costa e Silva (1967-1969)	Assessoria Especial de Relações Públicas da Presidência da República – AERP (1968-1969)	Coronel Hernani D'Aguiar
General Médici (1969-1974)	Assessoria Especial de Relações Públicas da Presidência da República – AERP e Secretaria de Imprensa (1969-1974)	Coronel Octávio Pereira Costa e Carlos Fehlberg
General Geisel (1974-1979)	Assessoria de Relações Públicas da Presidência da República – ARP e Secretaria de Imprensa (1975-1979)	Humberto Esmeraldo Barreto (1975-1977)
		General José Maria de Toledo Camargo (1977-1979)
General Figueiredo (1979-1985)	Secretaria de Comunicação Social da Presidência da República (1979-1981); Secretaria de Imprensa da Presidência da República (1981-1981); Secretaria de Imprensa e Divulgação da Presidência da República (1981-1987)	Alex Periscinoto e Marco Antônio Kraemer.

Fonte: Fico, 1997; CPDOC, 2010.

Sabe-se que essas assessorias (posteriormente com status de secretaria), tiveram um papel primordial na transcrição das ideologias militares para um discurso palatável, o que se deu por meio das propagandas governamentais com uma abordagem mais relaxada, bastante diferenciada daquela formal, de caráter "oficial", criada pela Agência Nacional.

As assessorias tiveram grande importância durante esse período pela forma inovadora com que atuaram, o que se demonstra pela quantidade de pesquisas realizadas sobre esses órgãos (Fico, 1997; Matos, 2008; Chaparro, 2008; Oliveira, 2012; Naves, 2014; Schneider, 2014; 2017).

No governo de Costa e Silva – que durou somente dois anos, devido ao estado de saúde do presidente, que veio a falecer em agosto de 1969, mas não menos importante –, a comunicação governamental teve um caráter defensivo muito em função das manifestações desfavoráveis à truculência do regime e ao seu AI-5. O governo vinha sofrendo um grande

---

[152] Usaremos o termo "assessorias" para nos referir tanto às assessorias de relações públicas como às secretarias de imprensa, pois elas exerceram função similar.

impacto do crescimento da oposição e passou, cada vez mais, a se preocupar com sua imagem pública (Matos, 2008).

No governo Médici houve uma mudança na estratégia, com a entrada do coronel Octávio Pereira Costa na diretoria da AERP, que tinha como missão resgatar o diálogo entre Estado e a sociedade para a formação de uma nova consciência de brasilidade orientada para as metas de segurança nacional e desenvolvimento, complementando a face de controle das informações, realizada pelo SNI (Matos, 2008).

Esse foi o período mais profícuo e de maior atividade para a propaganda governamental militar, amparada pelas normas de excepcionalidade constitucional, que se refletiu no arrefecimento dos movimentos contestatórios, ficou a cargo de criar uma nova imagem de país, de governo e de governantes. Para isso, foi escolhida a estratégia de divulgação das medidas de integração nacional para o desenvolvimento e uma nova forma de nacionalismo, baseada na participação (seletiva) do cidadão.[153]

Segundo jornal da época, "abundante literatura sobre a pessoa, ideias, hábitos e costumes do General Médici está sendo distribuída pela Presidência da República por todo o país, como colaboração da Assessoria Especial de Relações Públicas à formação de uma imagem favorável do Chefe do Governo."[154]

No primeiro ano do governo do general Geisel, não existiu assessoria de relações públicas, talvez pela crença de que a Agência Nacional já fazia esse trabalho com eficiência, como dito anteriormente. O general Geisel parece ter se convencido da importância da assessoria e acabou cedendo, em 1975, à criação da Assessoria de Imprensa e Relações Públicas da Presidência da República, que logo foi desmembrada em Assessoria de Relações Públicas da Presidência da República e Secretaria de Imprensa, que vigoraram até o final de seu termo.

Para a Secretaria de Imprensa e Relações Públicas, Geisel nomeou um seu amigo pessoal, o advogado Humberto Esmeraldo Barreto, que ficou no cargo até 1977, quando foi nomeado presidente da Caixa Econômica Federal. Tido como um dos colaboradores mais próximos do presidente Geisel, de quem se tornou uma espécie de secretário permanente, Barreto atuou no sentido de aproximar o presidente da imprensa.[155]

---

[153] Sobre democracia: "O Governo tem procurado criar condições para uma democracia representativa autêntica. Esse regime, consagrado no primeiro enunciado da Constituição, depende, entretanto, da boa escolha que o povo saiba e possa fazer dos seus representantes. Mas as condições para que essa escolha se efetive reclamam essencialmente um processo eleitoral escoimado dos vícios que até aqui o vêm comprometendo." Castello Branco, Mensagem ao Congresso Nacional, 1965:31.

[154] Castello Branco, Carlos. O equívoco das relações públicas. *Jornal do Brasil*. 22/01/1970. Edição 246. p. 4.

[155] O sindicato dos jornalistas profissionais de Porto Alegre havia telegrafado ao general Geisel condenando a indicação de Barreto para o cargo de assessor de imprensa, mas ele acabou ganhando a confiança dos jornalistas,

No governo do general Figueiredo, as assessorias foram transformadas, primeiramente em Secretaria de comunicação social, depois em Secretaria de imprensa e, por fim em Secretaria de imprensa e divulgação.

Diferentemente da Agência Nacional, as assessorias tinham campanhas organizadas em torno de temáticas específicas e todos os produtos eram voltados para a mesma temática.

A AERP tinha como finalidades: captar os interesses e as aspirações de grupos, classes, regiões, ouvir os anseios nacionais, prever e colher os reflexos da ação governamental; realizar campanhas educacionais; contribuir para a criação de um sentimento de aglutinação nacional – sob a inspiração do desenvolvimento; contribuir para o incremento de uma sadia mentalidade de segurança nacional, indispensável à defesa da democracia e à garantia do esforço coletivo rumo ao desenvolvimento; assegurar um fluxo adequado de informações ao povo brasileiro, a fim de torná-lo participante efetivo do processo de desenvolvimento, de estimular seu interesse no acompanhamento das questões nacionais (D'Araujo et al, 1994).[156]

A base ideológica resumida pelo desenvolvimento, segurança e "participação" foi o núcleo da tematização do discurso governamental durante todo o período militar, servindo como ponto de ligação entre Estado e sociedade civil (Matos, 2008).

A equipe das assessorias possuía psicólogos, sociólogos e outros profissionais voltados diretamente à análise do comportamento do público para, assim, desenvolver produtos em que os indivíduos pudessem se reconhecer (Naves, 2014).

O Coronel Octavio Costa foi o primeiro chefe da AERP e, no exercício desse cargo, foi a mente responsável pela exibição, por meio da televisão, de filmes de propaganda governamental – os "filmetes", como eram chamados –, considerados como instrumentos de "campanhas educacionais visando o fortalecimento do caráter nacional" (Alves, 2010).

Conquanto o uso do rádio fosse mais antigo e mais comum para atingir regiões mais longínquas, a televisão representava a modernidade que os militares queriam trazer para o país, pois ela exibia uma sociedade opulenta, consumista e progressista (Fico, 1997), muito embora somente uma parcela restrita da população pudesse ter acesso àqueles bens e produtos anunciados.

A rede de transmissão televisiva que havia sido iniciada em 1950, teve seu grande salto tecnológico em 1967, tornando-se uma rede com possibilidade de transmissão nacional, pelo

---

pelo jeito informal de tratá-los e por "privilegiar" alguns jornais em detrimento de outros. (*Jornal do Brasil*, Edição 329, 1974, p.10; *Jornal do Brasil*, Edição 170, 25/09/1977. p.28-32)

[156] Essas foram as diretrizes também saídas do I Seminário de Relações Públicas do Executivo.

Sistema Brasileiro de Telecomunicações, que se expandia. Na década de 1970 chegou ao Brasil a TV em cores.

Além dos filmetes, o material das assessorias – *spots* para o rádio, publicações, cartazes, discos e adesivos –, eram produzidos por agências de publicidade particulares, contratadas pelo governo e acompanhados de perto pela AERP, sendo conhecidos por sua boa qualidade. Os "filmetes" são considerados as produções mais inovadoras e importantes desse período da propaganda governamental (Schneider, 2017).

Somente entre 1970 e 1974, 371 peças publicitárias foram produzidas, dentre as quais 191 eram filmetes (Matos, 2008).[157] Os "filmetes" eram exibidos todos os dias antes da novela das oito da noite da Rede Globo de televisão e estima-se que, em 1973, entre 42 e 48% da população urbana assistia à televisão naquele horário (Schneider, 2017).[158]

O governo, conclamando ser de interesse público, conseguiu paulatinamente impor um "acordo de cavalheiros" à todas as emissoras de televisão para a cessão de dez minutos diários de anúncios gratuitos, o que fez dele o maior anunciante da televisão, em tempo utilizado (Fico, 1997; Matos, 2008).

No planejamento da AERP para os anos 1970 a 1974, pode-se ler os seguintes objetivos:

> a) Fortalecimento do caráter nacional, estimulando principalmente o civismo, a coesão familiar, a fraternidade, o amor ao trabalho e a vocação democrática do povo brasileiro; b) Contribuir para o incremento de uma *sadia mentalidade de segurança nacional*, indispensável à defesa da democracia e à garantia do esforço coletivo rumo ao desenvolvimento; c) Revigorar a consciência nacional de que *o desenvolvimento exige a participação de todos, baseado principalmente nas virtudes do homem brasileiro e nas potencialidades físicas do país*; na constatação do progresso já alcançado e no imperativo de sua aceleração; em um espírito nacionalista ativo, realista, equilibrado e empreendedor; d) *Obtenção da confiança popular na equipe do governo*, salientando suas características de honestidade, austeridade, compreensão dos anseios do povo e espírito renovador.[159]

Naqueles anos, a AERP introduziu a dimensão de utilidade pública em suas campanhas, utilizando temas como: higiene, hábitos alimentares e incentivo ao turismo interno. O que se buscava, indiretamente, era demonstrar que o governo estava preocupado com o bem-estar e o desenvolvimento (muitas vezes associado diretamente à limpeza, como na campanha "Povo

---

[157] Naves (2004) afirma que entre 1970 e 1973 foram produzidas 396 peças publicitárias.
[158] Como chama a atenção Schneider (2017), não se tem estudos suficientes como o público apreendeu a propaganda realizada e, isso, demandaria um outro tipo de abordagem, baseada na coleta da percepção das pessoas. O que se pode aferir, nesse sentido, é que mais da metade da população teve contato com as campanhas realizadas, seja pela televisão (60% das famílias urbanas tinha o aparelho em casa), seja pelo rádio, que estava presente em 80% das casas (Schneider, 2017).
[159] Assessoria Especial de Relações Públicas. Planejamento para os anos de 1970 a 1974, citado por Matos (2008). Grifo nosso.

desenvolvido é povo limpo"), mas sobretudo angariar a simpatia do povo com os militares. Os filmetes deveriam ser impessoais e não conter identificação de órgão governamental (Matos, 2008).

As campanhas da AERP pareciam despretensiosas e usavam imagens do cotidiano, abusavam do sentimentalismo, do apego à terra e à pátria e não faziam referência direta ao debate político em curso no país, mas usavam de analogias recorrendo à participação da população, não no processo democrático, mas na construção de um país com futuro promissor (Fico, 1997).

Um exemplo da despretensão proposital da AERP é uma propaganda para o rádio em que uma empregada doméstica chega em casa de volta do mercado e se segue o diálogo:

> *Empregada*: Pronto, comprei tudo o que a senhora pediu para fazer a salada.
> *Patroa*: Mas como? Eu pedi chuchu, brócolis e pepino...
> *Empregada*: É, mas isso quase que não tinha e o que tinha era pouco e custava um dinheirão. Por isso eu pensei: Ah! Vou preparar uma bonita salada com outras coisas que custam menos. Olha aí, apenas substituí pela alface, tomate, rabanete, tudo lindo! E ótimo do mesmo jeito.
> *Patroa*: É, você fez bem! Pra quê pagar mais caro se a gente pode fazer a mesma coisa apenas substituindo o que não tem por aquilo que tem e é mais barato?!
> *Narrador*: Você sempre encontra um produto para substituir outro. Participe![160]

Era a ideia da vida cotidiana, do brasileiro simples, cordial, otimista, unido em torno de objetivos comuns: o progresso do país com a contribuição de todos os brasileiros. Convocava-se o homem comum, que acompanhava o desenrolar dos fatos à distância sem tomar parte direta na situação política do país, a fazer parte do "Brasil Grande", do "país que vai pra frente", na tentativa de criação de um sentimento de pertencimento e civismo. Por outro lado, trazia implícito uma mensagem de que o Brasil não era desenvolvido também porque o seu povo era sujo e mal-educado, portanto, despreparado para o "primeiro mundo", para o progresso e que, por isso, deveria ser conduzido por autoridades que tivessem essas características.

Segundo pesquisa realizada pela professora Heloiza Matos (2008), os 191 filmetes produzidos pela AERP, no governo Médici, podem ser categorizados em três temáticas principais: desenvolvimento, segurança e participação, além de uma categoria "geral", onde se enquadram filmes que respondiam a uma situação específica.

Nos filmetes, o conceito de desenvolvimento é representado pelas imagens de complexos industriais, das obras de engenharia e modernos aparatos tecnológicos, mas também

---

[160] *Spot* de rádio da AERP. Sem data, mas possivelmente de 1972, pois coincide com a reorganização da Companhia de Alimentos do Brasil (Cobal) pelo Decreto 70.502, de 11 de maio de 1972.

por eventos cívicos ou esportivos. O trabalhador assalariado é colocado como o maior beneficiário do crescimento do país (Matos, 2008), embora em pesquisa realizada pela revista *Manchete* em parceria, com o instituto LPM-Burke, em 1980, 69% dos entrevistados responderam que a classe trabalhadora era a mais atingida pela inflação, enquanto 21% apontaram a classe média.[161]

A imagem do trabalhador, no entanto, fortemente atrelada ao ideário desenvolvimentista, atendia aos anseios dos setores produtivos e dos grupos conservadores e contribuía para apaziguar as relações entre patrões e empregados. Dessa forma, e além da repressão física por parte da polícia, esvazia-se o papel ativo dos trabalhadores na luta pelos seus direitos (Maia, 2017).

Interessante notar a imagem da mulher nessas músicas e nas propagandas da AERP. Aguiar e Costa, citadas por Matos (2008), afirmam que nos filmetes, as mulheres aparecem em apenas 20% do total das imagens de trabalhadoras e são apresentadas em papéis domésticos ou integradas em profissões que não foram geradas pelo processo de desenvolvimento: enfermeiras, professoras, empregadas domésticas e operárias não qualificadas.[162]

A segurança aparece muitas vezes relacionada à paz e para desqualificar os governos civis, numa tentativa de legitimar os militares no poder, que teriam a capacidade de reger o processo de desenvolvimento. Os filmes sobre a Marinha e a Aeronáutica procuravam associá-las ao desenvolvimento tecnológico e à integração nacional, enquanto as imagens do Exército acentuam sua responsabilidade pela ordem, segurança e pela garantia das condições do trabalho na construção do desenvolvimento nacional (Matos, 2008).

O conceito de participação é, em si mesmo, conflitante. Embora o sistema exclua a participação democrática popular, em nível decisório, não pode prescindir dela para levar adiante o seu projeto de desenvolvimento. Em outras palavras, o consentimento da população era necessário para legitimar o regime imposto. A participação é empregada, nesse caso, como preceito de comportamento social e como valor a ser incorporado. Subliminarmente, o que se fazia na realidade, era desmobilizar a oposição e os movimentos contra o regime ditatorial: "A classe média, era 'orientada' a seguir o 'padrão' para não ter problemas".[163]

A música dos filmetes contribuiu enormemente para popularizar as ideologias de desenvolvimento, segurança e participação. Um disco produzido sob os auspícios da ARP, em

---

[161] Pesquisa "O que o brasileiro pensa da inflação e dos salários", publicada na edição 1483 de 1980.
[162] Aguiar, N; Aderaldo, V M Ca. In: Almeida, Maria I G. Sociologia do cotidiano. Editora Zahar: Rio de Janeiro, 1973.
[163] Fala da professora Heloísa Firmo, da UFRJ em entrevista realizada em 27 de abril de 2017, no Rio de Janeiro.

1976, como parte da campanha "Brasil: trabalho e paz" (figura 24), e gravado pela banda "Os incríveis", que tinha considerável sucesso à época, é um dos indícios da importância que era dada à música e talvez uma tentativa de "contra-ataque" (ou de parecer "integrado" à realidade do povo, incluindo várias etnias) à popularização dos festivais da canção e das "músicas de protesto". Algumas das músicas se tornaram muito populares, como "Este é um país que vai pra frente" e "Eu te amo meu Brasil", que tinham versos simples e refrães fáceis.[164]

Figura 24: Capa e contracapa do LP gravado pelo grupo Os incríveis para a campanha governamental "Brasil: trabalho e paz", de 1976. Na parte inferior da contracapa se lê: "Disco especial da Presidência da República".

Essas músicas, além de trazerem um clima otimista e alegre, convocavam o povo para a participação no desenvolvimento, deixando implícito as riquezas e potencialidades do Brasil.

O imaginário do otimismo, do "Brasil Grande", do "país que se agiganta" foi largamente acessado e utilizado pelas assessorias de comunicação da presidência.

Quando da vitória do Brasil na copa do mundo de futebol de 1970, a música "Pra frente Brasil" ficou tão popular que algumas pessoas ainda se lembram, depois de quase 50 anos do torneio. O filmete "Ninguém segura o Brasil", da AERP, tentava estabelecer a relação entre o desenvolvimento e a vitória da seleção brasileira, se transformando em festa cívica (Chauí, 2000). Aliás, a imagem do presidente Médici com Pelé, Carlos Alberto Torres e outros jogadores da seleção brasileira de futebol foi amplamente explorada naquele ano.

---

[164] A letra de "Este é um país que vai pra frente" é bastante emblemática: "Este é um país que vai pra frente/De uma gente amiga e tão contente. Este é um país que vai pra frente/De um povo unido de grande valor/É um país que canta trabalha e se agiganta/É o Brasil do nosso amor" Compositor: Heitor Carrillo, executada pela banda Os Incríveis. Álbum "Trabalho e Paz" De Mãos Dadas É Mais Fácil. Gravadora RCA, 1976.

Nas campanhas em comemoração à "Revolução de 1964", veiculadas em 31 de março de 1982, se afirmava que "Em 64 o povo brasileiro escolheu o caminho da paz social e do desenvolvimento com segurança e tranquilidade."[165] A "escolha" realizada pelo povo brasileiro "Com trabalho, iniciativa, otimismo e confiança" estaria desenvolvendo o país: "Uma conquista do povo e do governo."

No que se relaciona às usinas hidrelétricas, do mesmo modo, a propaganda governamental associava a ideia de desenvolvimento, quase invariavelmente, à grandeza das obras, ao trabalho dos engenheiros, à participação do trabalhador brasileiro, capaz de promover o crescimento e no efeito "integrador" das obras.

No caso da usina de Itaipu, foi insistentemente ressaltada a "amizade entre os dois povos" (Brasil e Paraguai), a geração de empregos e, principalmente, o fato de ser a maior usina hidrelétrica do mundo. Os filmetes trazem sempre imagens do sítio das obras, dos trabalhadores e das tecnologias empregadas. Os seguintes textos, de filmetes de diferentes campanhas, exemplificam bem essa afirmação:

> O rio Paraná nasce no Brasil. Depois dos saltos das sete quedas torna-se fronteira entre o Brasil e o Paraguai. É um dos sete maiores rios do mundo. Pouco acima da cidade de Foz do Iguaçu está sendo construída uma barragem de 176 metros de altura. Será *a maior hidrelétrica do mundo*. Brasileiros e paraguaios a estão construindo. Ela significa *energia, empregos, progresso e bem-estar*. Rio Paraná, fronteira entre dois países está *unindo dois povos*. Itaipu. Um gesto de união pelo trabalho.[166]

> Para que 130 milhões de brasileiros e paraguaios possam usufruir de melhores condições de vida e de trabalho milhares de pessoas estão construindo uma grande obra... Itaipu. 12 milhões e 600 mil kw no Paraná, *rio que integra dois países e une dois povos. Itaipu, uma obra tocada a 60 mil mãos brasileiras e paraguaias.*[167]

> [...] *A maior usina hidrelétrica do mundo*. 12 milhões e 600 mil kw. O primeiro contrato de construção civil foi firmado em 75. Três anos mais tarde, escavado o monumental canal de desvio, o curso do rio Paraná foi alterado para a construção da barragem principal, cuja altura será equivalente à de um prédio de 60 andares. [...][168]

As hidrelétricas foram um tema privilegiado da campanha "O Brasil que os brasileiros estão fazendo", de 1978. A usina de Tucuruí era retratada como o carro chefe da integração da Amazônia ao resto do Brasil e, consequentemente, pelo seu desenvolvimento:

---

[165] Filme da campanha "1964/1982 –Brasil – 18 anos de desenvolvimento pela família brasileira", 1982. Arquivo Nacional, Secretaria de Imprensa e Divulgação da Presidência da República.
[166] Filme da campanha "O Brasil que os brasileiros estão fazendo", janeiro de 1978. Arquivo Nacional, AERP.
[167] Filme da campanha "O Brasil é feito por nós", 1978. Arquivo Nacional, AERP.
[168] Filme: Itaipu Binacional. AERP, 1979. Arquivo Nacional.

Tucuruí, a 300km de Belém do Pará, nas margens do Rio Tucuruí. Em 1973 um pequeno porto fluvial com 800 habitantes. Uma formidável mudança. Ali se constrói *uma hidrelétrica inteiramente brasileira e uma das maiores do mundo:* a Usina de Tucuruí. *Doze mil brasileiros já estão participando de sua construção.* Energia elétrica para indústrias de madeira, de alumínio e para o minério de ferro de Carajás. Um novo esforço dos brasileiros para criar empregos, melhorar as condições de vida das populações da região. Desenvolvimento para o norte. O Brasil que os brasileiros estão fazendo. [169]

A usina de Sobradinho, por sua vez, apesar de ter reconhecido os impactos que causaria, esses impactos eram tomados como totalmente justificáveis pelo progresso e desenvolvimento que trariam:

> Você já ouviu falar de Sobradinho? Em 1979, três das cinco barragens já estarão fornecendo energia para o nordeste. Um lago de 140km de comprimento por 30 de largura vai permitir a navegação do rio São Francisco, controlando as secas no seu vale, além de desenvolver a pesca e a agricultura. Será o maior lago artificial do mundo. A usina hidrelétrica de Sobradinho, próximo de Juazeiro e Petrolina, com 40 metros de altura, *vai fazer desaparecer 4 cidades, mas vai trazer tanto progresso que é considerada a maior obra do Nordeste.* Mais terras para cultivo, mais empregos, mais energia, 60 mil pessoas já se beneficiam. O Brasil que os brasileiros estão fazendo.[170]

A propaganda feita pelas assessorias de relações públicas se diferia daquela realizada pela Agência Nacional em qualidade e teor e tinha caráter menos formal e personalista. Os filmetes eram mais curtos – de 30 segundos a um minuto e meio – e não traziam associação com nenhum órgão, independente do tema, outra diferença dos filmes da Agência Nacional, que vinham com a identificação da Agência e dos produtores e, citavam as instituições vinculadas aos eventos retratados.

A imagem do presidente era tratada pelas assessorias para que passasse uma ideia de proximidade com a população e amenizasse o ar autoritário do governo.

Para o jornalista Carlos Castello Branco, no entanto, isso era um equívoco, pois o povo não queria ver no presidente suas próprias características como "tomar chope no botequim da esquina", mas as características de um líder. A provocação do jornalista foi respondida por Octavio Costa com o envio de uma síntese biográfica do presidente Médici, juntamente com uma "luxuosa publicação do Serviço de Informações dos Estados Unidos sobre o Presidente

---

[169] Filme da campanha "O Brasil que os brasileiros estão fazendo", janeiro de 1978. Arquivo Nacional, AERP.
[170] Idem.

Nixon. 'Para que você veja como uma grande nação democrática empacota e vende a imagem de um Presidente da República. ' "[171]

A realidade é que, mesmo em meio à repressão e à crise econômica vivida sobretudo após 1973, com a primeira crise do petróleo, as assessorias de comunicação conseguiram popularizar um regime autoritário, marcado pelo controle social, pela restrição de direitos, bem como pelo aumento das disparidades sociais, por meio de conotações ideológicas. No entanto, a atuação das assessorias foi reforçada pela atuação dos meios de comunicação privados, como veremos a seguir.

4.4 – "GOVERNAR É COMUNICAR": A GRANDE IMPRENSA E OS PROJETOS DAS USINAS HIDRELÉTRICAS DE GRANDE PORTE

Além das propagandas governamentais, outras várias mídias comerciais apoiaram os militares espontaneamente ou por meio de publicidade paga. Essa é considerada uma das feições civis do regime militar (Martins, 1999; Krause, 2016).

Em um dos documentos analisados para essa pesquisa, e produzido por um dos braços do SNI, a Assessoria de Segurança da informação da Eletrobrás, se antevê como se dava a relação entre o governo, inclusive estadual, com os meios de comunicação comercial por "trás da cena"

> Esta Assessoria recebeu da Assessoria de Segurança e Informações da Companhia Brasileira de Energia Elétrica e divulga:
> 1.1. A Assessoria de Imprensa do Governo do Estado "mobilizou" todos os jornalistas que percebem dinheiro do Estado para:
> - descobrir os "delatores" existentes dentro dos órgãos do Governo;
> - rechaçar ataques ao governo, que têm ocorrido ultimamente em alguns jornais do Estado e de outras cidades do País.
> 1.2. O pessoal da citada Assessoria estranhou as publicações do "ESTADO DE SÃO PAULO" contra a CELF, porque considerava esse jornal controlado por IVAN BARROS (Prefeito de Niterói), cujo assessor de imprensa é representante do referido jornal naquela cidade.
> 1.3.Resolveram tomar algumas medidas, inclusive despender dinheiro com o citado jornal, camufladamente, por meio de promoção de uma das Secretarias do Estado. [172]

---

[171] Castello Branco, Carlos. O equívoco das relações públicas. *Jornal do Brasil.* 22/01/1970. Edição 246. p. 4. Castello Branco, Carlos. As coisas vistas do lado do Governo. *Jornal do Brasil.* 07/02/1970. Edição 260. p. 4.
[172] Correspondência interna confidencial entre a Assessoria de Segurança da informação da Eletrobrás e o presidente da Eletrobrás. 02/01/1975, p.3 (Serviço Nacional de Informação, Divisão de Segurança da Informação Ministério de Minas e Energia, br_dfanbsb_aad_0_0_0005_d0001de0001).

Entre tantos exemplos de jornais e revistas que contribuíram para a promoção da imagem do governo, aparece no jornal *O Estado de São Paulo* de junho de 1967, sobre o então presidente Marechal Costa e Silva: "Seis horas de intenso programa em Urubupungá–Ilha Solteira, em permanente contacto com a imprensa, confirmaram a imagem de um presidente liberal e bem-humorado que, em nenhuma oportunidade, apesar dos inevitáveis atropelos, deixou de sorrir."[173] Ou o anúncio em nome da classe dos publicitários publicado no jornal *O Estado de São Paulo*, em 1970, que mostra várias imagens do presidente Médici sorrindo e junto ao povo (figura 25).

Outro exemplo famoso é o da revista *Manchete*, que incorporou integralmente a ideologia elaborada pelos militares e funcionava quase como um veículo de comunicação estatal, embora fosse privado. Essa Revista promoveu claramente a imagem dos presidentes, principalmente a do general Médici (Martins, 1999).

A televisão também contribuiu grandemente para a construção de uma ideologia do desenvolvimento e participação. O programa "Amaral Netto, o repórter", por exemplo, veiculado pela TV Globo entre 1969 e 1983, uma vez por semana, apresentava documentários sobre os estados e regiões brasileiras (e algumas reportagens internacionais) e, em meio a isso, exaltava as grandes realizações do regime militar (Krause, 2016).

---

[173] Costa afirma sua imagem. *O Estado de São Paulo*, 30/06/1967, p.5

Figura 25: Anúncio em nome da classe dos publicitários elogia o presidente Médici no Dia Pan-americano da Propaganda. *O Estado de São Paulo*, 4 de dezembro de 1970.

A grande mídia, no entanto, por seu alcance, foi o grande ringue de disputa entre o governo e a sociedade. O governo usou de armas ideológicas como a censura e a compra ou negociação de espaço para propaganda nos veículos de grande circulação, mas às vezes os jornais e algumas revistas, como o *Pasquim*, a *Folha de São Paulo* e outros conseguiam driblar e publicar matérias de oposição ao governo.

A Lei da imprensa (Lei 5.250/1967) foi uma das principais ferramentas do governo para realizar a censura, pois tinha como finalidade "regular a liberdade de manifestação de pensamento e de informação", ou seja, controlar o fluxo de informação na imprensa nacional, assim como regular o trabalho dos jornalistas que atuantes naqueles veículos. [174]

---

[174] A Lei de Imprensa vigorou até 30 de abril de 2009, quando foi revogada pelo Supremo Tribunal Federal. A Constituição Federal de 1988, que marca oficialmente o fim do regime militar no Brasil, no entanto, trouxe um artigo que visava a minimizar os efeitos da lei de imprensa:
Art. 220. A manifestação do pensamento, a criação, a expressão e a informação, sob qualquer forma, processo ou veículo não sofrerão qualquer restrição, observado o disposto nesta Constituição.
§ 1º – Nenhuma lei conterá dispositivo que possa constituir embaraço à plena liberdade de informação jornalística em qualquer veículo de comunicação social, observado o disposto no art. 5º, IV, V, X, XIII e XIV.

A censura se dava de duas formas: a censura prévia, no qual os órgãos censores – basicamente os agentes do SNI – examinavam o conteúdo a ser publicado e determinavam os temas que eram permitidos ou proibidos e; a censura controlada e coercitiva, que se dava sobre as diversões públicas – teatro, televisão, rádio etc. (Naves, 2014; Schneider, 2017).

O AI-5, em seu artigo 9º, outorgou ao presidente da República poderes para a imposição de censura prévia sobre os meios de comunicação, bastando-lhe para tanto que julgasse tal ato "necessário à defesa da Revolução". Todos os veículos de comunicação deveriam ter as suas pautas previamente aprovadas e sujeitas à inspeção por agentes autorizados do SNI (Naves, 2014). Até mesmo os jornais "nanicos" de oposição eram monitorados pelas agências regionais do SNI.[175]

As matérias de economia cresceram como alternativa ao jornalismo político, que não podia se dar livremente por conta da censura, e isso se reflete no material analisado. "O jornalismo econômico passou a ser feito com seriedade, por bons profissionais. E transbordou dos meios impressos para a mídia eletrônica [rádio e TV]. " (Chaparro, 2008:45). Além disso, o jornalismo passou a se concentrar na política externa, já que não podia abordar a política interna (Naves, 2014).

Entre 1972 e 1975, o jornal diário *O Estado de São Paulo* teve várias matérias e notícias censuradas previamente, como, por exemplo, sobre a matança de índios na Amazônia.[176] No lugar das notícias censuradas, foram publicados, em maio de 1974, por exemplo, repetidamente, o "Canto décimo", de Luiz de Camões e depois, provavelmente quando os censores identificaram a estratégia, poemas diversos que, aparecendo fora de contexto e várias vezes na mesma edição, davam a entender ao leitor, que havia ali uma matéria censurada (figura 26).

---

§ 2º – É vedada toda e qualquer censura de natureza política, ideológica e artística.

[175] Publicidade de órgãos governamentais na imprensa contestatória. 26/02/1981, p. 2-4 (Serviço Nacional de Informação, Agência de Belém, ABE_ACE_1321_81).

[176] Somente em 1973 foram censuradas matérias inteiras, ou em parte, em 273 páginas do jornal *O Estado de São Paulo*.

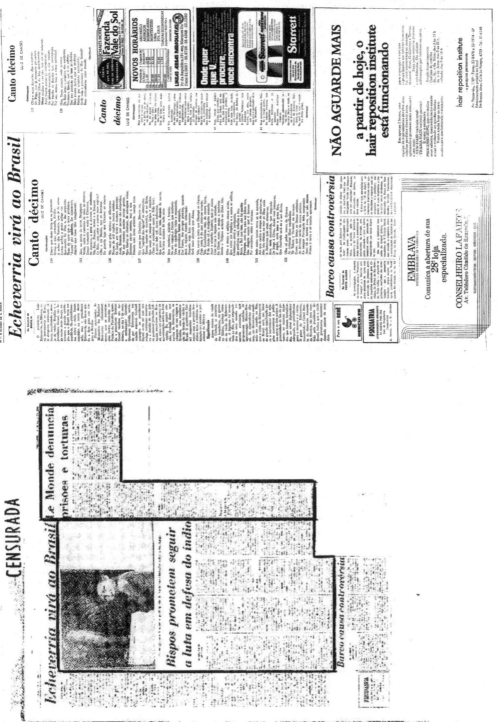

Figura 26: Página censurada e página publicada. *O Estado de S. Paulo*, 07 de maio de 1974.
Disponível em: https://acervo.estadao.com.br/pagina/#!/19740507-30400-nac-0014-999-14-cen

Os esforços nesse sentido parecem ter funcionado em parte. É o que fica explícito quando Chico Mendes, 1987, já nas vésperas da nova constituinte para a definitiva democratização do Brasil, recebia a distinção de ser o único brasileiro entre 500 personalidades mundiais ligadas à defesa do meio ambiente agraciadas com o Prêmio Global 500, da ONU. O que teria provocado mal-estar em ecologistas e jornalistas "bem informados" do Rio e de São Paulo, pois não havia um que soubesse quem era o seringueiro. Segundo o que declarou Chico Mendes na ocasião:

> Parecia um sonho. Nunca pensei nisso. Fico constrangido porque os brasileiros não deram importância para a luta que os estrangeiros reconheceram. Os principais jornais do mundo divulgaram nossos problemas. Aqui, muito poucos. O pessoal lá fora parece mais preocupado com a nossa realidade do que nós mesmos. É triste, diz o seringueiro.[177]

O SNI, no entanto, estava bastante ciente da existência de Chico Mendes e seguia as suas ações, como pode-se ver na série de telegramas trocados entre o presidente do IBDF e outros órgãos, principalmente quando Chico Mendes liderou invasões a fazendas que estavam promovendo desmatamento, no Acre, em junho de 1986.[178]

Em relação às usinas hidrelétricas, há uma certa reprodução do discurso governamental, embora as matérias sejam mais detalhadas e sejam mais voltadas para aspectos econômicos. Era recorrente nos jornais e revistas pesquisados o discurso a respeito da grandeza das obras de engenharia das usinas e essa grandeza é associada ao desenvolvimento e esperança no futuro.

> Nada melhor do que os números para fazer sentir a grandiosidade física do conjunto hidrelétrico de Urubupungá, que as Centrais Elétricas de São Paulo estão construindo no rio Paraná, desde 1960. A energia elétrica a ser produzida em Ilha Solteira poderá abastecer 70 cidades como Porto Alegre; o volume de terraplanagem necessário às obras corresponde ao Pão –de-açúcar; o consumo mensal de concreto em Ilha Solteira daria para construir 15 edifícios iguais ao do Banco do Estado de São Paulo.[179]

No caso da usina de Sobradinho, assim como na propaganda oficial, a abordagem era um tanto quanto diferenciada, pois mais do que o desenvolvimento, a barragem traria a redenção

---

[177] "Waldorf Astoria aplaude seringueiro". *Jornal do Brasil*, 28/02/1988. Francisco Alves Mendes Filho, o Chico Mendes, foi um seringueiro, sindicalista e ativista de causas ambientais na região amazônica. Por sua atuação e pela atenção internacional que chamou para os problemas amazônicos, foi assassinado ainda no ano de 1988, no dia 22 de dezembro.

[178] Atividades do Conselho Nacional de seringueiros – encontros, resoluções e bandeiras de luta. Agência Amazonas. 14/07/1986 (Serviço Nacional de Informação, Agência de Manaus, AMA_ACE_6467_86_001_0001).

[179] *O Estado de São Paulo*, 30/8/1968. Caderno Turismo, p. 4.

da seca na região Nordeste, onde mesmo os danos sociais relativos à inundação seriam minimizados.

Em 1972, matéria d'*O Estado de São Paulo* afirma que:

> Nessa área, o Brasil está começando a planejar *uma das maiores represas do mundo* e um grupo de técnicos já sonha com o paraíso. Sobradinho. No Nordeste inteiro, esse nome está sendo repetido como sinônimo de esperança, de futuro. E ao falar da barragem imensa, ninguém pensa na energia que ela só irá produzir em quantidade no futuro. Ao se falar em Sobradinho, só se pensa na água, numa quantidade incrível de água inundando seis mil quilômetros quadrados de sertão, afogando quatro cidades inteiras, 14 vilas, espalhando-se numa área onde caberia 50 vezes a baía de Guanabara e Assuã se faria pequena: um total de 36 bilhões de metros cúbicos de água, *a redenção do deserto.*[180]

Em relação à Amazônia o material pesquisado é muito rico e se difere daquele produzido pelas assessorias de comunicação, pois explora, ainda mais que aquelas, a ideia do "desbravamento da selva" e da "conquista do território". No jornal *O Estado de São Paulo*, de julho de 1974, em matéria intitulada "Há 80 milhões de KW nos rios da Amazônia" pode-se ler que, sem investimentos públicos e privados, "a Amazônia continuará sendo apenas o que é hoje: o celeiro vazio do mundo. "[181]

O noticiário também deixava ver, nas entrelinhas, as reais intenções dessa "conquista da selva", patrocinada pelo governo brasileiro. Em nota do jornal *O Estado de São Paulo*, de 18 de março de 1976, há o relato da visita do embaixador dos Estados Unidos no Brasil, John Crimmins, à mina de Carajás, a convite da Companhia Vale do Rio Doce e das negociações com a United States Steel.[182]

---

[180] "O sertão sonha com Sobradinho". *O Estado de São Paulo*, 06/08/1972, p.34. Grifo nosso.
[181] "Há 80 milhões de KW nos rios da Amazônia". *O Estado de São Paulo*, de 07 de julho de 1974, p.52.
[182] "Com Tucuruí, 7 rios e 8 cidades vão desaparecer". *O Estado de São Paulo*, 18 de março de 1976, p. 38.

Na edição de setembro de 1981 do jornal *O Estado de São Paulo* a manchete "Tucuruí, para conquistar a Amazônia" (figura 27). A matéria ressalta a grandeza da obra e critica o atraso das indústrias que consumiriam a energia produzida pela usina.

Figura 27: Tucuruí para conquistar a selva. *O Estado de São Paulo*, de 29 de setembro de 1981, Primeira página.

Na revista *Veja* de novembro de 1982, pode-se ler sobre os benefícios d' "A conquista da Selva", que seriam frutos de projetos realizados na região amazônica, como a rodovia Cuiabá-Belém, o projeto Carajás, a retirada de madeira de lei e as usinas hidrelétricas.

A *Folha de São Paulo* trouxe na primeira página, de 02 de dezembro de 1984, a manchete "O futuro toma posse da Amazônia", em referência à inauguração da primeira turbina da hidrelétrica de Tucuruí. A reportagem relata:

> [...] marco definitivo da *ocupação da Amazônia* dos novos tempos inaugurados no final de novembro com o acionamento das turbinas de hidrelétrica de Tucuruí, pedra de toque do Programa Grande Carajás.[183]

Em 1979 foi revogado o AI-5, o que se refletiu em uma maior liberdade da imprensa. As matérias publicadas a partir dos anos 1980, em alguns veículos, expressam que se iniciava

---

[183] "O futuro toma posse da Amazônia". *Folha de São Paulo*, 02/12/1984, 1ª página.

uma abertura política, ainda que controlada. Começavam a aparecer mais matérias demonstrando preocupações ambientais, com os primeiros fechamentos de comportas das usinas de Itaipu e Tucuruí. Críticas ao desmatamento na bacia do rio São Francisco[184], e ao claro o despreparo da companhia estatal Eletrobrás em fazer o manejo de fauna e de flora, as consequências para a qualidade da água bem como os impactos na pesca.

O Estado de São Paulo, de maio de 1982 trouxe na primeira página a notícia de que a UHE Tucuruí poderia utilizar herbicida para desfolhar, seguido de uma notícia sobre o levantamento feito pela ONU que denunciaria a extinção de florestas tropicais.[185]

Ficou exposto também que as usinas trariam impactos sociais, seja pela remoção de famílias das áreas a serem alagadas, seja pela redução da qualidade ambiental nos locais em que a população passaria a residir e que, diferente da argumentação utilizada para Sobradinho, esses impactos não seriam justificados.

No entanto, com a inauguração da UHE de Tucuruí, praticamente todas as críticas despareceram dos noticiários e o clima voltou a ser de otimismo e reforço ao desenvolvimento da região amazônica: "Amazônia ganha hoje progresso de Tucuruí" "[...] a última grande obra dos governos revolucionários"[186], "A hidrelétrica de Tucuruí representa o início de uma bola de neve que começou a rolar na Amazônia e que só tende a crescer, em termos de negócios para as empresas industriais."[187] "Nova São Paulo na Amazônia"[188], "Figueiredo inaugura a usina, a quarta maior do mundo"[189]

A usina de Balbina aparece citada muitas vezes pelos problemas que se anteviam com a não retirada da madeira da área do reservatório.[190] A Eletronorte contra-atacou essas informações, passando a divulgar os projetos de preservação ambiental, como o do peixe-boi, no reservatório de Balbina.[191] Omitia-se, no entanto, que as barragens das hidrelétricas atuam como barreiras e isolam as populações desse mamífero, o que agrava os problemas pré-existentes relativos à caça do animal.

---

[184] "O velho S. Francisco, um rio agonizante". *O Estado de São Paulo,* 09 de março de 1980, p. 24.

[185] "Tucuruí poderá utilizar herbicida para desmatar". O Estado de São Paulo, 14 de maio de 1982, 1ª página.

[186] "Amazônia ganha hoje progresso de Tucuruí". *O Estado de São Paulo,* 22/11/1984, p.1 e 36.

[187] "Tucuruí, nova era para o Norte e o Nordeste". *Gazeta Mercantil.* Suplemento 1, 22/11/1984, p. 1.

[188] "Nova São Paulo na Amazônia". *Gazeta Mercantil.* Suplemento, 22/11/1984, p. 4.

[189] "Figueiredo inaugura a usina, a quarta maior do mundo". *O Globo.* 22/11/1984, p. 21.

[190] "Biólogos vêem ecologia sob ameaça em Balbina". *O Estado de São Paulo,* 19/06/1986, p 16; "Grandes hidrelétricas da Amazônia". Folha de São Paulo, 22/10/1986. "O lago de Balbina põe em perigo os animais" O Estado de São Paulo, 7 de outubro de 1987, p. 12. "Balbina pode provocar desastre ecológico". *Folha de São Paulo.* 06/07/1987, p. 14; "Com a energia, Tucuruí traz a desorganização social". *Folha de São Paulo,* 04/12/1984, p. 9; "Florestas afogadas". *Folha de São Paulo,* 29/06/1984.

[191] "A vitória do peixe-boi". *O Estado de São Paulo,* 11/02/1987.

A televisão também teve sua contribuição para a promoção do governo, para além da transmissão dos filmetes da AERP. É o caso de um programa de televisão chamado "O povo e o presidente", veiculado na TV Globo entre 30 de maio de 1982 e 21 de setembro de 1983, quando o então presidente, general João Figueiredo, era entrevistado uma vez por semana, por meio de perguntas enviadas pelos espectadores sobre a política e a economia. [192]

No primeiro programa de 1983, a primeira pergunta realizada foi sobre o endividamento externo e a resposta do presidente foi que "todos os empréstimos são revertidos em obras e usinas de eletricidade e a capacidade de endividamento é compatível com o que se pode pagar". Outra pessoa enviou a sugestão de que o governo descontasse uma parcela do salário de todos os brasileiros e, para servir de exemplo, o telespectador teria enviado 10 cheques de 2000 cruzeiros com a intenção de ajudar no combate à inflação.

Outra questão foi sobre a interrupção das obras de Tucuruí e a sugestão de que todos os brasileiros fizessem doações de cruzeiros, a moeda da época, de acordo com suas possibilidades para que as obras da UHE não parassem. Ao que o presidente desmente essa informação de paralisação das obras e afirma: "O que existe de fato é um ajuste do cronograma da usina, por causa da crise econômica, assim como outros setores."

Assim como esse programa, muitos outros foram veiculados também na TV Bandeirantes, TV Manchete, Rede Brasileira de Televisão.

A tentativa de revitalização do debate em torno da participação popular, ainda que "maquiada" numa simulação de democracia, se mostrou como uma tentativa de adequação do regime à nova realidade apresentada pela erupção dos movimentos populares, como ver-se-á no próximo capítulo.

---

[192] O programa "O Povo e o Presidente" surgiu de um convite feito pelo presidente das Organizações Globo, Roberto Marinho, ao presidente João Figueiredo, em 1982. A ideia era que o programa de TV estabelecesse um canal de diálogo entre a população e o governo. Inicialmente, a ideia era que o presidente respondesse a cartas dos telespectadores, o que aconteceu durante o ano de 1982. As cartas excluídas da seleção recebiam uma resposta individual, pelos correios, da Secretaria Particular da Presidência. Em 1983, o programa mudou de formato e o presidente passou a responder a questões formuladas pela produção e pela assessoria do Planalto. Memória Globo. Disponível em http://memoriaglobo.globo.com/programas/jornalismo/programas-jornalisticos/o-povo-e-o-presidente/curiosidades.htm. Acessado em 10/01/2018.

4.5 "Continuamos a contribuir para o progresso do nosso país": publicidade empresarial e ideologia

Várias empresas se utilizaram do discurso do desenvolvimento e da integração em diferentes contextos em seus anúncios. A imagem, comum ao imaginário brasileiro, de que o gigante teria acordado, numa alusão às potencialidades do país que agora começavam a ser utilizadas, aparece em contraposição àquele gigante "deitado eternamente em berço esplêndido", do hino nacional, e foi largamente utilizado como, por exemplo, na publicidade da Agência Norton, em 1970, onde se lê: "E, agora, a mensagem do nosso gigante: pare de falar e trabalhe. Porque o futuro não existe até que você mesmo o faça." [193]

Matéria da *Folha de São Paulo* de dezembro de 1984, traz uma interessante estimativa da Federação Nacional das Agências de propaganda, que indica que o mercado brasileiro de publicidade, o sétimo do mundo, deveria encerrar o ano movimentando 3.5 trilhões de cruzeiros (moeda da época). O faturamento das agências de propaganda teria crescido, ainda assim, 20% abaixo da inflação. O que torna compreensível a afirmação de que "os profissionais do setor já planejam suas estratégias e verbas de campanha para o próximo ano em clima de visível euforia." [194]

As empresas fornecedoras de material para as UHEs e as empreiteiras, rapidamente adotaram o discurso do desenvolvimento e do otimismo, do qual eram, obviamente, as maiores beneficiadas a curto prazo pelos contratos também "faraônicos" com o governo (Campos, 2012). Isso fica expresso na publicidade dessas empresas. Em uma delas, da General Eletric do Brasil S.A. pode-se ler que "GE. A energia que antecipa o futuro. A General Eletric ajuda o Brasil a continuar crescendo. Com muita força e energia. Assim, o futuro chega mais depressa" (figura 28).[195]

---

[193] O texto do anúncio é o que se segue: "O próximo que falar em gigante adormecido leva uma bordoada dele. Qualquer gigante ficaria uma fera no lugar dele. Há muito tempo que esse gigante acorda cedo, e trabalha até tarde. Por isso, esperamos sinceramente que seja a última vez que alguém fala em gigante adormecido. E, agora, a mensagem do nosso gigante: pare de falar e trabalhe. Porque o futuro não existe até que você mesmo o faça. E o seu país é este, nos outros você não passa de um estrangeiro. Norton Publicidade. "25 anos fazendo barulho para acordar o gigante". *O Estado de São Paulo*. 6/09/1970.
[194] "Euforia no mercado de publicidade". *Folha de São Paulo*, 02/12/1984.
A Lei 4.680, de 18 de junho de 1965, regulamentada pelo Decreto 57.690 de 1º de fevereiro de 1966, dispõe sobre o exercício da profissão de publicitário e cria a figura do agenciador de propaganda. Esse último, receberia uma comissão pelos serviços de intermediação entre o cliente e a agência de publicidade e propaganda. Segundo Ruy Lopes, que foi redator-chefe do jornal *Folha de São Paulo* durante todo o período militar, em entrevista concedida a Luis Nassif, em 2016, essa legislação "abriu caminho para um negócio fantástico de corrupção." https://www.youtube.com/watch?v=2Hea9gTfg-E&list=PLrqRe4bkfq0uShpeLPphR-XfM-ujMnJm0&index=41&t=2450s
[195] "GE. A energia que antecipa o futuro". *O Estado de São Paulo*, 03/10/1979.

CONTINUAMOS CONTRIBUINDO
PARA O PROGRESSO DE NOSSO PAÍS

Ao ensêjo, do acionamento, hoje, por Sua Excelência o Senhor Presidente da República, dos três primeiros geradores da Usina de Jupiá, que juntamente com o de Ilha Solteira, formam o complexo hidrelétrico de Urubupungá, - o maior do hemisfério ocidental - com 4.600.000 quilowatts, depois de concluído. É honroso para nós consignarmos a nossa participação em mais êste gigantesco avanço, que levará, por enquanto, energia elétrica a 240 cidades da área servida pela CESP - Centrais Elétricas de São Paulo. Na condição de tradicionais fornecedores das fontes de Corrente Contínua em serviço na quasi totalidade das usinas brasileiras, é grato para nós cumprimentar os poderes públicos federais, estaduais e municipais por mais esta histórica realização.

ACUMULADORES
NIFE
DO BRASIL S.A.

Uma roda gigante bem brasileira

Você está notando a velocidade com que o Brasil vem crescendo nos últimos dez anos? Veja, amigo, o Brasil cresceu no tempo e no espaço, porque em dez anos já está alcançando seu futuro de potência mundial.

Pois notar é fácil, difícil é acompanhar esse ritmo.

A Firestone brasileira vem dando o máximo para entrar nessa velocidade e contribuir para a formação dessa infra-estrutura de fazer inveja ao mundo inteiro.

Sua função é das mais difíceis, pois cabe a ela fabricar esses pneumos para as máquinas de terraplenagem que estão ativas na Transamazônica, na Ilha Solteira, na Imigrantes, em todas as super-obras onde milhões de toneladas de terra precisam ceder lugar a construções relevantes para o bem estar do nosso povo.

Você deve saber que esses pneus têm uma importância fora do comum. Técnica e econômica. Antes, eram todos importados e custavam caro aos cofres nacionais. Hoje, boa parte deles sai das fábricas brasileiras da Firestone, que sua a camisa para atender à crescente demanda do novo ritmo de nosso país.

Mas a confiança da Firestone no Brasil é tão grande, que ela não hesita em investir 200 milhões de cruzeiros (32,5 milhões de dólares) só no biênio 73/74 para a expansão das suas instalações industriais.

Tal programa de expansão, quando pronto, propiciará um aumento de 55% sobre a atual capacidade de pneumáticos e 45% sobre a de câmaras de ar.

E não é de hoje que a Firestone vem demonstrando essa confiança e investindo neste país. Já em dezembro de 71, a Firestone figurava no Boletim Oficial do Banco Central entre os dez maiores investidores no Brasil.

A Firestone não vacila nesse campo, tanto que chega a aplicar 10 milhões para a fabricação de apenas uma nova medida de pneu de terraplenagem.

Já pensou? Talvez você não saiba, mas a Firestone é a única que fabrica a mais variada quantidade de medidas de pneus de terraplenagem nesta parte do continente americano.

É bom saber, também, para ter uma idéia desse trabalho, que um só desses gigantes equivale a 236 pneus de "fusca" e exige cuidados muito especiais de fabricação. Com seus 2,84 metros de altura e um peso de 1.650 quilos, é a maior roda de borracha fabricada na América Latina.

Uma roda gigante bem brasileira, produzida especialmente para o gigantismo brasileiro.

Agora, quando você viajar por uma rodovia bonitinha e plana, por favor, dedique um pouco da sua satisfação a quem rodou por ali bem antes, quando o chão ainda era bruto e difícil.

Firestone 50 ANOS DE BRASIL

GE. A energia que antecipa o futuro.

Itumbiara, Salto Santiago, Tucuruí.

GENERAL ELECTRIC DO BRASIL S.A.

Figura 28: Publicidade de empresas ligadas à construção UHEs.

Na publicidade da Nife acumuladores pode-se ler: "Continuamos a contribuir para o progresso do nosso país"[196] e a Firestone dialoga com o interlocutor: "você está notando a velocidade com que o Brasil vem crescendo nos últimos dez anos? Veja, amigo, o Brasil cresceu no tempo e no espaço, porque em dez anos já está alcançando seu futuro de potência mundial." (figura 27).[197]

A empreiteira e barrageira Camargo Corrêa apostou na repetição do jargão: "Integração da Amazônia. Energia brasileira para garantir o desenvolvimento". Esta foi a única empresa responsável pelas obras civis da UHE de Tucuruí (figura 28).

Figura 28: Publicidade da empreiteira Camargo Corrêa, empresa responsável pelas obras civis da usina de Tucuruí. Fonte: O Estado de São Paulo, 17/02/1977. Veja, 03/07/1984

---

[196] "Continuamos contribuindo para o progresso de nosso país". *O Estado de São Paulo*, 19/06/1969.
[197] "Uma roda gigante bem brasileira". *Folha de São Paulo*. 24/10/1973.

A engenharia, aliás, era ressaltada "A ação da ELETRONORTE faz da Engenharia instrumento para edificar um novo mundo. Um mundo onde a tecnologia se alia aos valores humanos."[198]

Mesmo as empresas estatais como a Usiminas e a Eletrobrás, utilizavam da publicidade para falar das obras e sempre usando o argumento de que o progresso, o otimismo e a participação estariam conectados. A Eletrobrás utilizou o jargão "Energia gera progresso", numa associação direta entre os conceitos aqui tratados na construção da ideologia desenvolvimentista.[199]

> Para a Usiminas, ser otimista significa acreditar que o homem, com seu trabalho sério e competente, obtém sempre os melhores resultados. [...] Como prova de que, para quem cresce com a força do otimismo, não existem obstáculos. Por maiores que eles sejam.[200]

Várias empresas publicaram notas expressando suas felicitações por ocasião da inauguração das grandes usinas hidrelétricas o que, certamente, também contribuiu para a construção do otimismo em relação a essas obras junto à população. As agências de publicidade e propaganda contribuíram para a ideologia desenvolvimentista ao usarem dos mesmos argumentos utilizados na propaganda governamental, exaltando o crescimento da indústria nacional e sua contribuição para o progresso do país.

CONCLUSÃO

A análise realizada revela a amplitude e a sofisticação dos discursos proferidos pelo governo e como, de alguma forma, conseguiu-se validar o autoritarismo e a diminuição dos direitos da população em face do sentimento de otimismo acionado pelo crescimento econômico observado, sobretudo, no período de 1968 a 1973, chamado de "milagre econômico". Uma pesquisa da revista *Manchete* e da LPM-Burke de 1980 (publicada na Edição 1483) dá conta de que 58% dos entrevistados era a favor da continuidade da execução dos grandes projetos do governo, citando a usina de Itaipu como exemplo, e 37% eram a favor de que as obras parassem. No entanto, 91% dos entrevistados não acreditava que a inflação de 106% do ano anterior fosse diminuir. Interessante notar que 71% dos entrevistados concordavam que o governo deveria intervir na comercialização dos produtos de primeira

---

[198] "Inaugurada a 1ª etapa do futuro". Anúncio do Consórcio Engevix/Themag engenharia, responsável pelo projeto da UHE de Tucuruí e do sistema de transmissão associado, por ocasião da inauguração da usina. O Globo. 22/11/1984, p. 24.

[199] "Eletrobrás: 15 anos garantindo o progresso" *Veja*, 15/06/1977.

[200] "Usiminas. A força do otimismo". *Veja* edição 647. 04/07/1981.

necessidade, como alimentos, e somente 26% discordavam dessa intervenção, o que serve de indício de que a propaganda funcionava bem, no sentido de que boa parte da população confiava que as intervenções estatais melhorariam a vida cotidiana e não relacionavam os empréstimos para a continuidade das grandes obras das hidrelétricas ao aumento da inflação.

No final da década de 1970, os problemas das empresas estatais se tornaram aparentes, devido sobretudo ao uso dessas empresas como instrumentos de política macroeconômica[201]; à pressão política para empregar cada vez mais indivíduos com conexões pessoais com cargos executivos; ao crescente número de casos de corrupção resultantes da posição quase monopolista de empresas estatais em certos setores; e aos empréstimos no mercado internacional para fornecer a entrada de divisas e lidar com a deterioração da balança de pagamentos. Isso colocou muitas empresas estatais em uma situação financeira precária e conduziu a economia a um caos, com índices inflacionários anuais muito altos (Amann; Baer, 2005).

A propaganda oficial visava, sobretudo, convencer a opinião pública nacional sobre a inquestionável legitimidade das ações e decisões governamentais em torno da concretização de seus projetos e, em especial, das obras "faraônicas", onde se inserem as hidrelétricas de grande porte. Nesse sentido, o discurso especializado da engenharia contribuiu para legitimar a ideia de desenvolvimento, pelo domínio do conhecimento, da técnica e da tecnologia. Esse discurso parece ser bastante acrítico ainda hoje.

A *Revista Brasileira de Engenharia de Barragens* é um ótimo exemplo do discurso especializado veiculado. A edição número 4, de maio de 2017, edição especial sobre Belo Monte, traz artigos sobre aspectos técnicos da barragem, como um exemplo da engenharia nacional, ignorando todo o debate nacional a respeito dos danos sócio ambientais. A revista *A energia que queremos*, de dezembro de 2016 (figura 30) traz na capa a fotografia de uma oca indígena com duas crianças assistindo a um jogo de futebol em uma grande TV de tela plana, numa imagem que parece totalmente fora de contexto. Poder-se-ia perguntar: Será realmente para isso que as populações indígenas têm suas terras invadidas e devastadas? É essa, realmente, a energia que queremos?

Nesse sentido, faz-se necessário entender a propaganda e a publicidade da época não como um fato isolado, que se esgota em si mesmo, mas como parte de um imaginário social

---

[201] Por exemplo, forçando as empresas estatais a restringir os preços e tarifas cobradas por seus produtos, a fim de reprimir as pressões inflacionárias. Isso não interrompeu a inflação, mas causou grandes déficits nas empresas afetadas, minando suas operações eficientes e forçando o Estado a subsidiar as perdas incorridas, o que, por sua vez, piorou o déficit do governo (Amann; Baer, 2005).

muito maior, que serve a determinados grupos sociais e que, de alguma forma, se veem beneficiados pela perpetuação dessas ideias.

Talvez um dos melhores argumentos no sentido de que a propaganda foi utilizada com eficácia para ocultar o caráter autoritário do governo e, também que teve efeitos de longa duração no imaginário da população, são as manifestações em favor da volta do governo militar ocorridas em 2015, no episódio do *impeachment* da presidenta Dilma Rousseff.

As agitações que impulsionaram o *impeachment* de Dilma Rousseff resgataram várias referências do período militar. A adoção dos símbolos nacionais, como a bandeira, o hino e o uso de artefatos da cultura de massa como as camisas da seleção brasileira de futebol, nas manifestações convocadas pelo Movimento Brasil Livre e outros – quase uma ressuscitação das atividades do Ipês e do IBAD, tratados no segundo capítulo, no episódio da deposição do presidente João Goulart – recorreram ao mesmo espírito ufanista, à caça aos comunistas, e invocaram o uso da força e a implementação de medidas autoritárias como forma de solução rápida para as mazelas do país. O que se viu nas ruas, em 2015 e 2016, foi o resultado de um processo de construção do imaginário da população, que repetiu os mesmos argumentos utilizados contra João Goulart, em 1962.

O imaginário do gigante, em referência ao Brasil, retomado, primeiramente em 2013, nos protestos contra o investimento de dinheiro público em obras para a Copa do Mundo de Futebol de 2014, realizados no Brasil, foi novamente utilizado nos protestos a favor do *impeachment*, mas com uma conotação diferente, significando dessa vez, não a utilização dos recursos naturais, potenciais para o crescimento/desenvolvimento, como durante a ditadura, nem contra os investimentos de 2013, mas agora como subsídio de um argumento conservador de direita, travestido de revolta popular contra a corrupção etc.

Figura 30: Capa da revista A energia que queremos, dezembro de 2016. Fonte: https://media.wix.com/ugd/998f41_16a988bd6cff45399bfaa6181e938ec4.pdf

O poder dos empresários, sobretudo dos empreiteiros, que, comprovadamente cresceu durante o regime autoritário (Campos, 2012), foi atingido pelos trabalhos da Operação Lava Jato do ministério público e da polícia federal, e dá pistas de quais vias a política brasileira percorre para se realizar. A Operação Lava Jato foi praticamente abandonada após o *impeachment* e a posse do vice-presidente Michel Temer. É como se pode ler no blog da revista *Carta Capital*: "O gigante acordou, mas voltou a dormir".[202]

A memória, hoje já distante dos tempos de repressão e de "exceção" em relação aos direitos civis do período militar, faz com que a própria ditadura tenha se tornado um fetiche de um tempo em que não existia corrupção, a educação era boa, se respeitava o professor, entre outras coisas que, com o tempo, ganham força e subjugam ideias concorrentes que, não por acaso, foram "lavadas" da memória coletiva. A sensação de insegurança do trabalhador pobre pelo uso excessivo da força e da falta de poder de negociação com o patronato, a truculência policial, o achatamento salarial – que só conseguiu retomar o crescimento no primeiro governo do presidente Lula da Silva, em 2003 – é um eco distante para uma juventude que cresceu sem memória desse passado e que parece, no fim das contas, exagerado. [203]

Quando observamos as estruturas sociais brasileiras, com a vantagem do tempo, percebemos que elas se mantêm a mesma em sua base e mudam, somente, para acomodar mais do mesmo. O *impeachment* de 2016 foi o resultado de uma disputa e negociação de poder entre a elite, que sempre foi dominante no Brasil, e o governo que ampliou a participação da classe mais pobre (ou miserável, vivendo com menos de R$1/dia) no mercado de consumo e favoreceu a inclusão de temas como a igualdade de gênero, o respeito entre etnias, entre outros, apesar de não ter abandonado a classe empresarial, que vivenciou um aumento significativo da indústria e, consequentemente do PIB.

Desde o início dos protestos pró-impeachment, houve um pequeno grupo que defendia o retorno do regime militar, pois, segundo eles, somente os militares seriam capazes de governar bem o país e trabalhar para o bem maior do Brasil (Wiesebron, 2015). Pedidos de intervenção militar e cartazes com as palavras de ordem: "O Brasil não será uma nova Cuba" (figura 31), também foram reavivados dos protestos contra as reformas de base de João Goulart, propostas em 1964 (figura 32).

Como astutamente comentado pelo jornalista Ruy Lopes, em 1984, próximo à abertura democrática:

> Ainda recentemente foi inaugurada a usina de Tucuruí, construída precipuamente para favorecer uma indústria de alumínio, e cuja venda de energia não vai dar sequer para pagar os juros do dinheiro empregado na sua

---

[202] O gigante acordou, mas voltou a dormir. 13/06/2019. Disponível em:
https://www.cartacapital.com.br/blogs/blog-do-socio/o-gigante-acordou-mas-voltou-a-dormir/
[203] A lei da anistia aprovada pelo Congresso Nacional, em 1979, quando os militares preparavam uma transição para um governo civil, selou o "esquecimento comandado" (Ricoeur, 2007).
"Mas a anistia, enquanto esquecimento institucional, toca nas próprias raízes do político e, através deste, na relação mais profunda e mais dissimulada com um passado declarado proibido." (Ricoeur, 2007: 460).
Somente em 2011 foi criada a Comissão Nacional da Verdade (Lei 12.528/2011) com o objetivo de apurar os abusos do poder de polícia cometidos por agentes do Estado contra os cidadãos de 1946 a 1988.

construção. Trocando em miúdos estamos trabalhando de graça para os outros. Isto significa também que, embora estejamos ocupando esta terra há mais de quatro séculos, somos os mesmos índios beiços-de-pau, os quais, a troco de quinquilharias, cortavam o precioso pau-brasil, transportavam-no e com ele abarrotavam os navios dos contrabandistas franceses.[204]

Figura 31: Cartaz em manifestações realizada em Natal/ RN, 12/04/2015. Fonte: Bol Fotos. https://noticias.bol.uol.com.br/fotos/imagens-do-dia/2015/04/12/veja-fotos-dos-cartazes-do-protesto-de-12-de-abril.htm?fotoNav=38#fotoNav=59.

Sobre as fontes utilizadas nesse capítulo, sobretudo as das Assessorias de comunicação da presidência da república e da Radiobrás, cabe dizer que estão dispersas e desorganizadas. Alguns vídeos já disponibilizados pelo Arquivo Nacional, responsável pela custódia desse material, estão erroneamente catalogados sob Agência Nacional, mas são, com certeza, da AERP. Um exemplo claro disso são alguns filmes da campanha "Povo limpo, povo desenvolvido", com o famoso personagem Sugismundo, criado pela AERP, que está identificado como tendo sido produzido pela Agência Nacional.

---

[204] "Os mesmos índios beiços-de-pau". *Folha de São Paulo*. 30/12/1984. Ruy Lopes foi diretor da *Folha de São Paulo* nos anos do regime militar e foi preso várias vezes pelas suas opiniões publicadas em sua coluna.

Figura 32: Marcha da família com Deus pela liberdade. São Paulo,19/03/1964.

5

AS MANIFESTAÇÕES DA SOCIEDADE CIVIL E AS USINAS HIDRELÉTRICAS DE GRANDE PORTE[205]

Os movimentos sociais, ocorridos no final dos anos 1970 e início dos 1980, significaram a abertura de novos canais de participação social e um rompimento com a visão que se tinha em relação à população carente e, principalmente, à população periférica.

A nova conjuntura de aceleração da industrialização, na esteira do salto desenvolvimentista e as restrições de direitos políticos, que caracterizavam o regime militar, requeria o reconhecimento da necessidade de criação de novos referenciais. Por esse motivo, os movimentos reivindicatórios daquele período, em geral, têm profunda relação com a formação do proletariado – enquanto sujeito participante de um cotidiano que foi criado pela intensificação do processo de industrialização e de metropolização.

Naquele momento, os movimentos sociais apareceram com um caráter renovado, pois começaram a dispensar mediações em relação às suas reivindicações. Nesse período, emergiu um "novo sujeito social e histórico", pois era um indivíduo criado pelos próprios movimentos sociais, coletivo e descentralizado, que começava a se reconhecer, decidir e agir em conjunto, criando uma identidade própria (Sader, 2001).

Alguns estratos da população passaram a questionar, além do regime autoritário, a eficácia das referências instituídas anteriormente por instituições, tais como, a igreja católica, os partidos políticos e os sindicatos.

---

[205] Parte desse capítulo foi publicado anteriormente em Braga, F.S. 2016. "Terra sim, barragem não!": o Movimento dos Atingidos por Barragens e seu papel na construção da waterscape durante a ditadura civil-militar no Brasil: aproximações. *Revista História Unicap*, vol. 3, no. 5 (jan./jun.): 71-84.

Novas matrizes discursivas foram formuladas por estas "instituições em crise": a Igreja Católica, por meio da teologia da libertação[206], os partidos políticos de esquerda, através da matriz marxista e, os Sindicatos, por meio de sua atualização quanto aos conflitos, através do chamado "novo sindicalismo"[207]. Estas matrizes se colocaram como referenciais de ação e visavam a uma aproximação do cotidiano popular (Sader, 2001; Mattos, 2009; Mackin, 2017).

A importância atribuída ao cotidiano pelas novas matrizes discursivas advém da percepção de que este cotidiano se produz e reproduz tanto no local de moradia quanto no local de trabalho, o que permitiu, de certo modo, uma aproximação daquelas instituições, com seus interesses específicos, à classe trabalhadora.

Formas de organização pacífica dentro das empresas são relatadas como na greve do setor eletricitário de Pernambuco, em 1979, por melhores salários, onde, por exemplo, os funcionários da Chesf saíam de suas seções, todos ao mesmo tempo, todos os dias durante mais de um mês, com o pretexto de lancharem, cantando o Hino Nacional nos corredores e usando 'gritos de guerra' como "Um, dois, três, amanhã tem outra vez!"[208].

Os movimentos sociais organizados se constituíram, por sua vez e, de um modo geral, recorrendo a tais matrizes para repensar o cotidiano das classes populares, repudiando a exploração do capital, quando se veem beneficiados os interesses do agronegócio, das

---

[206] A teologia da libertação defende uma concepção humanitária do papel da igreja, que atrita com a noção tradicional do clero conservador, que acreditava, por exemplo, que as reformas de base propostas por João Goulart, em 1962, levariam o Brasil ao "comunismo ateu", que tanto espantava a classe média brasileira naquele contexto de guerra fria (Chiavenato, 2014). Nas décadas de 1960 e 1970, os bispos latino-americanos reuniram-se em conferências regionais para articular os princípios fundamentais da teologia da libertação, sobretudo a partir de conferência realizada na Colômbia, em 1968. Os movimentos dos leigos, como as comunidades eclesiais de base (CEBs), as Comissões Pastorais da Terra (CPTs) e os movimentos sacerdotais, se identificavam com a teologia da libertação. Nos anos 1980 e 1990, os liberacionistas foram atores-chave nos movimentos pela democratização na América Latina. A teologia libertação inspirou ativistas e movimentos sociais, como o Movimento dos Trabalhadores Sem-Terra no Brasil e a onda de movimentos indígenas na América Latina. A relação da teologia da libertação com os movimentos revolucionários também foi explorada na Nicarágua com os sandinistas e no México com os zapatistas (Mackin, 2017).

[207] O novo sindicalismo muito se deveu às ondas grevistas iniciadas nas fábricas de caminhões em São Bernardo do Campo, São Paulo, em 1978 e em 1980, mobilizando 300 mil metalúrgicos, por 41 dias. Outros profissionais como professores, bancários, funcionários públicos, jornalistas, operários da construção civil, médicos, lixeiros entre outros também aderiram às greves nesses anos. O novo sindicalismo resultou na criação da Central Única dos Trabalhadores (CUT), em 1983, e da Confederação Geral dos Trabalhadores (CGT), em 1986, além de constituir as bases para a formação do Partido dos Trabalhadores (PT), em 1980 (Telles, 1988). No Brasil não havia greves desta dimensão desde 1968 e tampouco haviam sido organizadas contra a vontade das antigas direções sindicais. Acostumados com as negociações com os governos, os velhos dirigentes dos sindicatos foram superados por novas lideranças, dentre as quais se destacou Luiz Inácio Lula da Silva, presidente do Sindicato dos Metalúrgicos de São Bernardo do Campo e um dos principais líderes do futuro PT. A participação social está na base de formação dos partidos políticos de esquerda na América Latina.

[208] Ministério de Minas e Energia. Divisão de Informações. Movimento grevista no setor eletricitário de Pernambuco. 28/11/1979, p.6 (Serviço Nacional de Informação, Divisão de Segurança e Informação do Ministério de Minas e Energia, AC_ACE_4784_79) A sagacidade do movimento é demonstrada já que o direito de greve estava suspenso, pois as consequências das paralizações pacíficas começavam a aparecer em vários setores da cidade com problemas nas redes elétricas, uma vez que os eventuais incidentes como quedas de fios, postes e problemas gerais nas redes, não estavam sendo sanados pelos funcionários responsáveis.

mineradoras e de grandes investidores no campo de geração de energia hidrelétrica, por exemplo, com negócios que provêm de uma "ordem distante" ou de "espaços relacionais exógenos" em detrimento dos interesses da população, ou, ainda pior, travestidos de atendimento às necessidades da população (Lefebvre, 1999; Vainer, 2004).

No decorrer dos anos 1970 e início dos anos 1980, as lutas e manifestações populares desenvolveram-se quantitativa e qualitativamente nas maiores cidades brasileiras e também no campo, no formato de greves, de manifestações contra intervenções espaciais ou pela indignação contra o não atendimento a necessidades básicas da população. Sua visibilidade podia ser notada por meio da cobertura que recebiam dos meios de comunicação de massa, bem como pelo interesse que despertaram nos órgãos oficiais encarregados de políticas públicas. "É uma nova e poderosa força política que está surgindo", constatava o jornalista Carlos Sardenberg, em reportagem para a revista *Isto é*, em 1981.[209]

Apesar das iniciativas do Estado em exercer controle sobre os movimentos sociais organizados, a tendência de expansão e conquista da autonomia política por parte destes movimentos se tornou evidente.

O regime militar atribuía o mal-estar social à uma presença de forças oposicionistas internas e externas vindas de fontes que manipulavam a opinião pública. Essa visão fantasiosa da questão social o impedia de perceber o tamanho da insatisfação que estava na origem das eleições parlamentares indiretas de 1974 – que teve vitória do Movimento Democrático Brasileiro (MDB), partido da oposição ao governo – e das greves de 1978. Os movimentos sociais assinalavam, assim, algo muito maior.

Um dos resultados práticos da pressão popular foi a aglutinação das forças de esquerda em torno da Central Única dos Trabalhadores (CUT) e do Partido dos Trabalhadores (PT), que se tornariam alguns dos elementos de organização política mais influentes nas décadas posteriores.[210]

A revitalização do debate em torno da participação comunitária se mostrou como uma tentativa de adequação do regime militar à nova, incontornável e incontrolável realidade apresentada pela erupção dos movimentos contestatórios. Relatos de violência contra os manifestantes não foram raros nesse período, mas com a eclosão de várias manifestações nas

---

[209] Sardenberg, C. A. "O povo em movimento". Revista *Isto é*, 28/01/1981. p. 62-65.
210 Não por acaso, datam de 1978 uma série de leis que aumentavam as restrições ao exercício do direito de greve, como a que vetava os trabalhadores de empresas de economia mista, aos empregados de autarquias e órgãos da Administração Direta, sem falar na Lei de Segurança Nacional (Lei 6.620/78), ou o Decreto-lei 1.632/78, que enumeravam uma série de atividades consideradas "essenciais" e previam penas duras aos que incorressem em movimentos considerados ilegais, com penas de até 12 anos de reclusão (Mattos, 2009).

cidades e no campo, simultaneamente, o governo militar se viu obrigado a negociar. Os movimentos sociais tiveram, por isso, uma destacada participação no processo de redemocratização do país.

Uma das consequências das manifestações populares foi a promulgação da lei da anistia pelo governo, em 1979 (Lei 6.683/1979), para possibilitar a volta dos exilados políticos (ainda que esta lei beneficiasse também os militares, protegendo-os de investigações contra os abusos de autoridade cometidos).

Os movimentos sociais figuraram como uma afirmação concreta das contradições geradas pelo processo de desenvolvimento que, muitas vezes se apropriou de bens comuns essenciais para a vida da população, priorizando a execução ou a manutenção de atividades econômicas.

A construção de usinas hidrelétricas de grande porte e outras "paisagens industriais" (Zhouri; Oliveira, 2007), no contexto do desenvolvimentismo-militar, no qual o poder do Estado se associou ao poder militar, funcionando como agente do Capital, os interesses na consecução dos projetos, muitas vezes, foram antagônicos aos interesses da população.[211]

Como empreendimentos que catalisam o processo de apropriação de recursos naturais e humanos em determinados pontos do território brasileiro, sob a lógica estritamente econômica, as hidrelétricas têm grandes impactos sobre os ecossistemas, os meios de subsistência e estilos de vida de comunidades indígenas e quilombolas, populações rurais e urbanas, causando conflitos e até mesmo confrontos violentos e a violação de direitos humanos.

A produção do espaço nesse caso, se apresenta como uma modificação em todo o sistema de recursos hídricos de uma bacia hidrográfica e em todo o seu sistema social, configurando-se, mais do que em paisagens industriais, em novas *waterscapes*.

A forma mais visível da criação dessas novas *waterscapes* pode ser percebida quando se inundam áreas onde haviam cidades, ou quando são criados novos aglomerados urbanos em decorrência da implantação de um grande projeto hidrelétrico.

Nesses casos, o poder econômico é decisório, mas a dinâmica social é capaz de exercer pressão e, em alguns casos alterar ou, pelo menos, postergar as alterações espaciais, como se deu no caso da usina de Belo Monte, como relatado no capítulo 3, e em outros casos, como ver-se-á a seguir.

---

[211] Zhouri e Oliveira (2007) citam como exemplos de paisagens industriais as hidrelétricas, as monoculturas de soja, cana-de-açúcar e eucalipto.

5.1 – A QUESTÃO DA TERRA E OS GRANDES PROJETOS HIDRELÉTRICOS

Quando se iniciaram as construções dos projetos hidrelétricos de grande porte nos anos 1970, várias contradições relativas à posse da terra e ao uso da água, entre outros, começaram a revelar-se, por um lado pelo envolvimento do Estado, em nome de uma elite empresarial, nas negociações e nos confrontos e, por outro, por um processo crescente de resistência dos pequenos produtores à expropriação tendo em vista a ação das novas matrizes discursivas junto a essa população.

As populações começaram a se organizar em todo o país em torno de uma causa em comum: as injustiças ocorridas nas áreas de construção das usinas hidrelétricas, que se manifestavam por meio da expropriação de terras nas áreas de formação dos reservatórios, a falta de pagamento de indenizações pelas terras e benfeitorias, a realocação de agricultores em terras inférteis ou sem acesso à água. Relatos de graves violências infringidas aos trabalhadores e posseiros também fizeram parte dessas manifestações.

No caso da hidrelétrica de Itaipu, as terras que foram alagadas para a formação do reservatório da usina eram totalmente agricultadas e ocupadas por uma população de cerca de 42.000 pessoas no lado brasileiro e mais 20.000 no lado paraguaio, quase todos pequenos produtores rurais (Germani, 2010). A intervenção, através de processo jurídico e legal de desapropriação da população, foi aos poucos assumindo a conotação de um conflito.

As desapropriações foram previstas nas várias formas de legislação, por exemplo, no artigo XVII do Tratado de Itaipu, assinado em 1973:

> As Altas Partes Contratantes se obrigam a declarar de utilidade pública as áreas necessárias à instalação do aproveitamento hidrelétrico, obras auxiliares e sua exploração, bem como a praticar, nas áreas de suas respectivas soberanias, todos os atos administrativos ou judiciais tendentes a desapropriar terrenos e suas benfeitorias ou a constituir servidão sobre os mesmos. Parágrafo 1º - A delimitação de tais áreas estará a cargo da ITAIPU, *ad referendum* das Altas Partes Contratantes. Parágrafo 2º - Será de responsabilidade da ITAIPU o pagamento das desapropriações das áreas delimitadas. Parágrafo 3º - Nas áreas delimitadas será livre o trânsito de pessoas que estejam prestando serviço à ITAIPU, assim como o de bens destinados à mesma ou a pessoas físicas ou jurídicas por ela contratadas.[212]

No início das obras a população que não foi, em nenhum momento consultada sobre a construção, não resistiu à ideia imposta da usina hidrelétrica, diante da grandeza da obra no rio

---

[212] Tratado de Itaipu. Decreto Legislativo nº 23, de 1973.Tratado entre o Brasil e o Paraguai, de 26 de abril de 1973.

Paraná, do "bem comum" que seria gerado, e da promessa de pagamento de indenizações justas pelas terras e pelas benfeitorias pelo governo. No entanto, a partir do pagamento das primeiras indenizações, em 1977, e da transferência de algumas famílias para projetos de colonização no Mato Grosso, ou no Norte do País, como foi o caso do Projeto Pedro Peixoto, no Acre (Matiello, 2005) – onde, desnecessário dizer, o ecossistema e os modos de vida são absolutamente diferentes –, se tornou claro que a relação não era balanceada.

O processo de indenização passou a se dar "de forma individual, salteada, lenta, com critérios desconhecidos e com avaliação arbitrária [...] inclusive mesquinhando alguns cruzeiros por alqueire" (Germani, 1982:98-99), justamente da usina onde uma única turbina renderia 1 milhão de dólares por dia.[213] Desse modo, em 1978, começaram a acontecer as primeiras assembleias de moradores, apoiados pela Comissão Pastoral da Terra (CPT), da Igreja católica. No entanto, à medida em que a data prevista para o enchimento do reservatório (outubro de 1982) se aproximava, ainda haviam pendências em indenizações e as formas de negociação não funcionavam como antes, passou a existir a necessidade de uma nova estratégia de manifestação, o que se deu por meio da realização de acampamentos para a paralização das obras. Foram realizados dois grandes acampamentos, um de 16 dias em 1980 e outro de 56 dias, iniciado em março de 1981.

Durante os acampamentos, a organização do movimento se solidificou e garantiu a sua continuidade como Movimento Justiça e Terra. Esse movimento se colocou então, juntamente com outros movimentos rurais e com a organização inicial da Comissão Pastoral da Terra, pelo reconhecimento do direito à dignidade e contra a expansão destrutiva do capital representada, naquele momento, pela construção da hidrelétrica.

Segundo Germani (1982:99) "O fato novo apresentado pelos expropriados de Itaipu não foi a resistência em si, mas a resistência organizada, constituindo-se numa das primeiras experiências neste sentido frente a obras desta natureza." Essa resistência organizada passou a se dar em todo o país e obrigou os órgãos estatais a incluírem a população, de alguma forma, nos debates.

Em agosto de 1983, ocorreu o I Encontro Estadual sobre a implantação de barragens na Bacia do Rio Uruguai, que teve a participação do presidente da Eletrosul, Telmo Thompson Flores, apresentando o projeto de construção de 25 barragens no citado rio, afluente do rio Paraná, onde foi construída Itaipu. Os agricultores presentes vaiaram por várias vezes a fala do

---

[213] "Uma única turbina de Itaipu renderá 1 milhão de dólares por dia". Revista *Manchete* n. 1283. 1976.

presidente e questionaram o porquê de ele não ter ficado para o debate após a apresentação.[214] Esse tipo de encontro certamente não teria ocorrido antes das mobilizações de Itaipu.

No caso da construção da hidrelétrica de Sobradinho, no Rio São Francisco, que teve a sua construção iniciada também em 1973, a população só foi consultada após o início das obras e teve duas alternativas impostas pelo governo militar: receber uma passagem de ida para São Paulo ou ir para uma área de reassentamento no meio da caatinga, a 700 km de distância, sem acesso à água e com terra infértil (Vainer, 2004).

A represa da hidrelétrica de Sobradinho, foi pensada, para além da produção de energia, para a regularização da vazão do rio São Francisco e para garantir o pleno funcionamento de outras hidrelétricas a jusante, como Paulo Afonso e Moxotó. Sobradinho asseguraria também a expansão da agricultura e possibilitaria a quase total navegabilidade do rio São Francisco e incremento do transporte fluvial em várias localidades.[215]

A usina desapropriou cerca de 26 mil propriedades e provocou o deslocamento compulsório de mais de 72 mil pessoas. Os habitantes das cidades de Casa Nova, Sento Sé, Pilão Arcado e Remanso foram, teoricamente, assentados em outras localidades. Segundo o relato do presidente da Associação dos Ribeirinhos e Pescadores do Lago de Sobradinho, Genivaldo da Silva

> Nós não ganhamos terra, não ganhamos casa, não ganhamos nada. A única agrovila que foi construída para que assentasse alguma dessas pessoas de lá da região foi a agrovila I, hoje Serra do Amaro. Essa agrovila, as pessoas chegaram lá e, quando foi com 90 dias, já chegou um carnê para que as pessoas pagassem pela terra e pagassem pela casa que tinha sido construída.[216]

Ironicamente, somente em 2015, passados 39 anos do início da geração de energia pela hidrelétrica de Sobradinho as famílias reassentadas na agrovila Serra do Amaro, construída pela Chesf, receberam energia elétrica, por meio do Programa Luz para Todos, do governo federal.[217]

Mais de quarenta anos após a conclusão das obras de Sobradinho, a população ainda reclama o ressarcimento de terras e o pagamento de indenizações. Em dezembro de 2018, a Comissão de Fiscalização Financeira e Controle da Câmara dos deputados realizou audiência

---

[214] Jornal *O Interior*. 08/08/1983.
[215] "Em ação, Sobradinho". *Folha de São Paulo*, 28 de maio de 1978.
[216] População atingida pela construção da barragem de Sobradinho (BA) cobra políticas de reparação. Radio Câmara. Câmara dos deputados. 11/12/2018.
https://www2.camara.leg.br/camaranoticias/radio/materias/RADIOAGENCIA/569784-POPULACAO-ATINGIDA-PELA-CONSTRUCAO-DA-BARRAGEM-DE-SOBRADINHO-(BA)-COBRA-POLITICAS-DE-REPARACAO.html. Acesso em 22/11/2018.
[217] Após 39 anos, atingidos pela barragem de Sobradinho recebem energia elétrica. 02/07/2015. https://www.brasildefato.com.br/node/32370/. Acesso em 22/11/2018.

pública para discutir a situação da população que foi atingida pela construção da barragem. O que deixa claro que houve a perda de vários direitos fundamentais por parte da população, como habitação, água, energia elétrica, mobilidade e condições de trabalho que não foram assumidas e remediadas e que, provavelmente, continuará a lesar as próximas gerações.

Em 1977, na revista *Grito do Nordeste*, publicação da Arquidiocese de Recife e Olinda, interceptada pela Agência do SNI no Recife, a população expressava o sentimento que tinha em relação às companhias estatais: "a CODEVASF e a CHESF é como a febre do rato do Araripe: só deixa miséria."[218]

O Banco Mundial foi um dos financiadores da UHE de Sobradinho e, após o fiasco nas questões relacionadas ao reassentamento da população atingida pela barragem, foi obrigado a rever os seus critérios de empréstimo para a construção de obras daquele porte, principalmente, porque foram realizados estudos de impacto do projeto, a pedido do BID e do BIRD, executados em 1973, pelo *Environmental Protection Program*, que não foram respeitados em sua totalidade.[219] A partir dos anos 1980 o Banco passou a exigir planos detalhados de reassentamento de populações, como condicionantes para os empréstimos, e a ser mais cauteloso ao fornecer financiamento a esse tipo de empreendimento.[220]

A região amazônica foi, de certo modo, a "menina dos olhos" dos governos militares. O planejamento estatal promoveu vários projetos e programas atrelados ao discurso "Integrar para não entregar" e "Terra sem homens para homens sem terra" naquela região.

O programa fundador da "corrida para o norte" nesse período foi o Programa de Integração Nacional (Lei 1.106 de 16/06/1970), sancionado pelo presidente general Médici, que tinha como primeira estratégia a abertura das rodovias Transamazônica e Cuiabá-Santarém para, em seguida, implantar em faixa de terra de 10km às margens dessas rodovias, um programa de colonização e reforma agrária, que ficou sob responsabilidade do Instituto Nacional de Colonização e Reforma Agrária (INCRA), criado sete dias antes do Programa de Integração Nacional.[221] A primeira fase do Programa também incluía o plano de irrigação do Nordeste.

---

[218] Publicação interceptada (*Revista Grito do Nordeste*, da Arquidiocese de Recife e Olinda). 23/06/1977, p. 18 (Serviço Nacional de Informação, Agência de São Paulo, ASP_ACE_4777_80).
[219] Chesf. Projeto Sobradinho. Reconhecimento do Impacto Ambiental. Environmental Protection Program, setembro de 1973.
[220] Expulsos e abandonados. Como o Banco Mundial quebrou a sua promessa de proteger os pobres. 16/04/2015. Disponível em: https://apublica.org/2015/04/expulsos-e-abandonados-como-o-banco-mundial-quebrou-sua-promessa-de-proteger-os-pobres/. Acesso em 23/11/2018.
[221] O Decreto-Lei 1.110, de 9 de julho de 1970 extingue o Instituto Brasileiro de Reforma Agrária, o Instituto Nacional de Desenvolvimento Agrário e o Grupo Executivo da Reforma Agrária.

No ano seguinte, o decreto-lei 1.164, de 1º de abril de 1971 declarava "indispensáveis à segurança e ao desenvolvimento nacionais terras devolutas situadas na faixa de cem quilômetros de largura em cada lado do eixo de rodovias na Amazônia Legal". Naquele ano, também foi criado o Programa de Redistribuição de Terras e Estímulo à Agroindústria do Norte e Nordeste (PROTERRA), por meio do Decreto-Lei 1.179 de 06/07/1971, que teoricamente tinha como objetivo "promover o mais fácil acesso do homem à terra, criar melhores condições de emprego de mão-de-obra e fomentar a agroindústria". No entanto, esse programa é considerado um programa de reforma agrária para os latifundiários, já que concedia terras e incentivos a grandes empresários que desejassem investir nas regiões norte e nordeste a preços irrisórios.

Foram criados o Programa de Polos Agropecuários e Agro minerais da Amazônia (POLOAMAZÔNIA), o Programa de Desenvolvimento dos Cerrados (POLOCENTRO) e o Programa Integrado de Desenvolvimento do Noroeste do Brasil (POLONOROESTE) que previam estímulos fiscais para investidores.

Todas essas iniciativas, somadas à instalação de grandes plantas de mineração, projetos hidrelétricos de grande porte, a construção de estradas, projetos de colonização e outros, tiveram como efeito colateral a migração massiva de trabalhadores e oportunistas, especialmente da região nordeste para a região norte, mas também de outras regiões.

Um dos projetos de colonização, previa o assentamento de mais de 100 mil famílias às margens da Transamazônica, nos municípios de Marabá, Itaituba e Altamira, no Pará. Setenta por cento dos agricultores selecionados eram do Nordeste, para quem, teoricamente, o governo dava incentivos tais como, seis salários mínimos de ajuda de custo, quatro hectares de roça pronta, crédito bancário, compra da produção e uma casa na agrovila (Silva; Barros, 2016). No entanto, outros interessados nas terras e nas riquezas minerais e florestais da Amazônia também acederam à região vislumbrando as possibilidades de enriquecimento rápido e qualquer custo. Mineradoras, garimpeiros, fazendeiros, pecuaristas, empresas agropecuárias tinham outras perspectivas que não a do trabalho na terra e a ocupação da região, mas sim, a exploração máxima da região, com vistas a mandar dinheiro para o Sudeste e Sul ou mesmo para o exterior. Com as migrações, os conflitos se acirraram na região norte e uma série de violências foram promovidas.

Em documento confidencial de 13 de novembro de 1979, se lê o Manifesto da Sociedade Paraense de Defesa dos Direitos Humanos, com diversas denúncias gravíssimas de violência contra a população, espancamento e assassinato de lavradores, além da expulsão de mais de uma centena de lavradores de suas terras por um grileiro, que teria pagado a polícia militar para realizar o trabalho. A proibição dos lavradores de chegarem até suas terras, imposta por funcionários da Eletronorte, queima da casa de um posseiro em Itapiranga, no Pará, além de ameaças contra mais de 700 famílias nas áreas que seriam alagadas pelo reservatório da usina de Tucuruí, para que deixassem suas casas.[222]

As populações atingidas pela construção de Tucuruí se manifestaram contra essas injustiças por meio de repetitivos acampamentos em frente ao escritório da construtora Camargo Corrêa. O primeiro deles aconteceu em 1982, quando foi enviada uma comissão de negociações a Brasília e os protestos continuaram até que, em 1984, os manifestantes foram bloqueados, pela polícia militar, na estrada que leva a Tucuruí (Vainer, 2004).

Uma das estratégias utilizadas pelos governos militares foi a aceleração das obras "a toque de caixa" para evitar maiores manifestações e visibilidade da mídia e dar lugar aos empreendimentos. Essa estratégia resultou em vários equívocos, tais como erros de demarcação das terras em Tucuruí, no Pará, no início dos anos 1980, onde a área de reassentamento de 600 famílias foi inundada, devido a erros de cálculo da Eletronorte. Para agravar a situação, outra parte dos loteamentos estava na reserva dos índios Parakanã, que também haviam sido deslocados e cujas terras foram inundadas, respectivamente, pela UHE Tucuruí e pela UHE Balbina (Baines, 1994).

A formação do lago de Tucuruí atingiu 12 vilas e a cidade de Jacundá, sendo realocadas cerca de 19 mil pessoas.[223]

Impressiona o tratamento desrespeitoso dado às populações atingidas por alguns veículos de comunicação, quando da inauguração de Tucuruí "Alguns humanos teimam em não abandonar o seu habitat em vias de submersão. É o caso de Emiliano Vicente dos Santos, sua mulher e os quatro filhos do casal, bípedes rurais que vivem numa gleba de 21 alqueires perto do povoado de Recolhimento, já inundado. Talvez alguma equipe da Operação Curupira [responsável pela retirada dos animais na área do reservatório] venha a capturá-los nessa ocasião."[224]

Em relatório do SNI sobre a situação da realocação da população na usina de Balbina se lê que existiam sete famílias na área prevista para inundação, mas que seis delas abandonaram a área espontaneamente, antes mesmo de serem indenizados e tendo ficado

[222] Denúncias da Sociedade Paraense de Defesa dos Direitos Humanos. Confidencial. (Serviço Nacional de Informação, Divisão de Segurança e Informação do Ministério da Justiça, BR_AN_RIO_TT_0_MCP_PRO_1699). A maioria das denúncias foi averiguada como verdadeira em relatório investigativo também constante nesse documento.
[223] "Surge o lago. 12 vilas e uma cidade mudam de lugar. *O Globo*. 22/11/1984, p. 24.
[224] "Tucuruí pronta para eletrificar Norte e Nordeste". *Folha de São Paulo*. 22/11/1984, p. 12.

somente um morador, que foi indenizado e realocado à jusante. Moradores de outras áreas a serem impactadas por Balbina não tiveram a mesma "sorte":

> Os colonos (do extinto INCRA) da margem da BR-174 (do Km 170 ao 208), com 40 ocupações confirmadas, serão relocados futuramente para loteamento do extinto INCRA situado na estrada de ligação para Balbina.
> Este loteamento está sendo implantado, com abertura de estradas vicinais. Está atrasada a sua implantação. Não está localizado nas margens da estrada, e a região é acidentada e seca.
> É de se esperar que a ELETRONORTE venha a enfrentar a insatisfação dos futuros colonos, que embora serão indenizados (cerca de 80% são titulados), vão perder em termos de localização, topografia e obtenção de água.[225]

> Abaixo da represa, às margens do Luatumã [sic], no entanto, vivem 64 famílias que sofrerão diretamente o que deve ser o mais grave problema gerado por Balbina: a degradação da qualidade da água. Consultados, os moradores preferiram ficar nos locais onde sempre viveram, apesar de serem obrigados a beber água dos poços construídos pela Eletronorte, mesmo tendo um rio passando à sua frente.[226]

Como se pode observar, a justiça pela água e a justiça ambiental passam a ser parte de uma compreensão mais ampla do conceito de justiça social. Para as populações rurais mais comumente vitimadas pela expropriação de terras, o que ocorre é a destruição e a perda do acesso às suas áreas de produção e extração de recursos naturais, muitas vezes sendo compelidas para as periferias das grandes cidades.

O Estado teve um papel essencial na criação de desigualdades e violências – inclusive com agentes estatais, como a Polícia Militar e a Eletronorte patrocinando ações violentas – ao expedir leis de terras que reforçaram a propriedade privada, ainda que teoricamente visassem a promover a reforma agrária e, como consequência, a justiça social.

> Todos quantos trabalham na Amazônia, principalmente no setor fundiário, sabem das dificuldades inerentes à separação das terras públicas das particulares, tarefa só alcançável através do exercício da ação discriminatória, sabidamente, processo moroso e caro.
> Por isso mesmo, tem sido prática usual declarar de utilidade pública as terras - envolvidas por determinada poligonal, excluídas as terras de domínio público, como por exemplo, foi feito ao editar-se o Decreto No 80.114, de 10.08.77, estatuindo que: "ficam declaradas de utilidade pública, para fins de desapropriação, as áreas de terras de propriedade particular, compreendidas no perímetro descrito no artigo 2°", ou, como no caso de Tucuruí, onde o decreto n 78.659, de 01.11.76, deixou enfatizado que: "ficam declaradas de utilidade pública para fins de desapropriação, áreas de terras e benfeitorias de propriedade particular, excluídos os bens de domínio público", etc."

---

[225] Ministério de Minas e Energia – Divisão de Segurança e Informações. Fechamento da Barragem de Balbina. 29/12/1987, p.7. Confidencial (Serviço Nacional de Informação, Divisão de Segurança e Informação do Ministério de Minas e Energia, AC_ACE_65928_88).
[226] "O lago de Balbina põe em perigo os animais" *O Estado de São Paulo*, 7 de outubro de 1987, p. 12.

Tal acontece, em primeiro lugar, pela notável dificuldade em materializar no solo, as terras de domínio público, que estão, quase sempre, confundidas com as particulares e vice-versa, e, em segundo lugar porque tais terras podem ser usadas, no caso específico de reservatório, sem necessidade de desapropriação, - em decorrência do princípio da afetação (vide Parecer A-440, de 26.04.71, inserido no processo MME-709.704/70).[227]

Vários outros documentos do SNI, sobretudo da agência central, mostram que era do conhecimento das instituições governamentais os problemas que vinham ocorrendo, mas a tomada de decisão em relação a eles era morosa e ineficaz, quando existente.

A agência de Belém do SNI apresenta documentos em que aponta vários problemas relativos a conflitos de terras, como demonstrado nesses trechos de documentos de 1979 e 1981, respectivamente:

A região sudeste do PARÁ, há tempos, vem sofrendo um processo de migração acentuado, originado da perspectiva de terras à baixo preço, oferecidas pela implantação das rodovias BR-010 (Belém-Brasília), PA-332 (ex-PA-70 - ligando a Rodovia BR-010 à MARABÁ), e Transamazônica; da propaganda feita em torno da colonização da Amazônia; da perspectiva de empregos; e dos incentivos oferecidos tanto à colonos como à investidores. A migração desordenada, que se seguiu, ocasionou a invasão de propriedades de terceiros e os primeiros conflitos. A desorganização existente na então Divisão de Terras da Secretaria de Agricultura do Estado – SAGRI, órgão responsável pela titulação das terras do Estado do PARÁ, deu margem a que surgisse a "indústria de terras", envolvendo grileiros, funcionários públicos estaduais da própria SAGRI e Cartórios de Registros de Imóveis, originando grande quantidade de títulos falsos e a conseqüente comercialização desses títulos.[228]

Há, ainda, outras áreas, embora de menor tensão, que vêm sendo trabalhadas, principalmente por elementos da FASE como: CURUÇÁ, VISEU e TUCURUI. Nessas regiões, *os conflitos são atribuídos à disputa da terra, entre posseiros, grileiros e proprietários. Essas terras são devolutas e em virtude da abertura de estradas,* como a BELEM/BRASILIA; a PARA/MARANHÃO; a PA-150; a PA-332 e outras de menor importância econômica, despertaram a cobiça de grupos econômicos e fazendeiros do Sul do país, os quais passaram a ver nessas regiões, a realização de bons investimentos. Embora, realizando transações legais, *não tiveram o cuidado de verificar a existência cia de posseiros, que morando nesses locais há 20, 30 40 anos, sentem-se injustiçados ao serem desalojados em cumprimento a um mandado judicial,* e, algumas vezes reagem pela força, ocasionando perdas de vida. Quando tais fatos ocorrem, as entidades de esquerda aproveitam a oportunidade para instigar os posseiros contra as autoridades; empregando linguajar marxista da luta de classes conclamam os trabalhadores a se unirem para derrubada da "ditadura militar", declarando que "o sangue derramado por um oprimido, servirá de semente para o levante que libertará o povo, para um regime sem opressores ou oprimidos".[229]

[227] Ministério de Minas e Energia – Divisão de Segurança e Informações. Questão indígena: danos ecológicos na AI Waimiri-Atroari. 03/12/1983 (Serviço Nacional de Informação, Agência Central, AC_ACE_47750_85).
[228] Documento de difusão interna pela Agência Central, 30/12/1979 (Serviço Nacional de Informação, Agência de Belém, ABE_ACE_627_80).
[229] Documento do SNI – ag. Belém. Atividades subversivas no Pará. 30/04/1981, grifo nosso. (Serviço Nacional de Informação, Agência de Belém, ABE_ACE_1408_81).

Interessante notar a lógica dos agentes do SNI, ao responsabilizarem os compradores de terras por não terem verificado a existência prévia de posseiros ou residentes nas terras compradas, e não perceberem que o erro, primeiramente, foi do governo, ao declarar as terras daqueles proprietários como devolutas, sem antes verificar se eram ocupadas ou não.[230]

As contradições geradas pela ação estatal, principalmente na Amazônia, são muitas vezes reconhecidas, mas a interpretação que se dá a elas é, ao que parece, a de "efeitos colaterais necessários" do progresso.

A participação da igreja católica e da Comissão Pastoral da Terra (CPT), de "forças comunistas" e dos sindicatos de trabalhadores rurais é citada várias vezes nos documentos do SNI, sempre de modo pejorativo. Os trechos a seguir são bons exemplos disso.

> No meio rural, principalmente nas regiões Tocantins/Araguaia (Cametá, Tucuruí, Marabá e Conceição do Araguaia), Salgado/Bragantina (Curuçá, Viseu e Bragança) e Santarém (trechos das Rodovias Cuiabá-Santarém e Transamazônica), são explorados os conflitos decorrentes da luta entre posseiros, fazendeiros e grileiros, pela posse da terra, com incitamento ao desrespeito das leis vigentes por ignorantes lavradores, na tentativa de desmoralizar o instituto da propriedade privada. *Nesses conflitos, a ação policial tem sido distorcida pela CPT, através de denúncias sistematicamente publicadas na imprensa, explorando os fatos de forma sensacionalista e deturpada, com o claro objetivo de indispor a opinião pública com as autoridades responsáveis pela manutenção da ordem e cumprimento das leis.* Esse trabalho junto ao homem do campo estende-se aos Sindicatos Rurais, numa ação conjunta com o movimento denominado OPOSIÇÃO SINDICAL, que pretende conquistar todas as entidades de classe no meio rural.
>
> Além desse trabalho desenvolvido junto camadas mais pobres da população, a CPT promove, constantemente, e com apoio das entidades comunistas a ela ligadas, Seminários, Encontros, Conferências, etc. Nesses encontros, reunindo intelectuais, políticos, advogados ligados ao meio rural, trabalhadores e líderes sindicais, são abordados assuntos como Reforma Agrária, Reforma Partidária, Custo de Vida, Política Salarial, etc, oportunidade em que são feitas severas críticas à política governamental.[231]
>
> Em consequência da implantação da hidrelétrica de TUCURUI, foram reservadas extensas áreas de terras, as margens do rio Tocantins, para a ELETRONORTE. Essas terras, que serão em parte alagadas, tem sido a causa de incidentes entre posseiros, invasores e a Empresa, tornando-se necessário, por vezes, a ação da Polícia Militar. Tal clima de tensão tem sido fomentado por elementos do "clero progressista" que, ao mesmo tempo, aproveitam-se para pregações político-ideológicas contrárias ao regime vigente e ao Governo.

---

[230] Em abril de 1977, abriu-se uma Comissão Parlamentar de Inquérito, a fim de apurar denúncias de grilagem de terras no estado da Bahia, especialmente nas regiões do extremo sul e Sanfranciscanas. No entanto, somente em 1980 o governo federal criou um grupo executivo para tratar da regularização fundiária no sudeste do Pará, norte de Goiás e oeste do Maranhão, o Grupo Executivo das Terras do Araguaia-Tocantins – GETAT (Decreto-lei 1.767, de 01/02/1980), que ficou subordinado ao Conselho de Segurança Nacional.

[231] Atuação da comissão Pastoral da Terra. 12/08/1980. Grifo nosso. (Serviço Nacional de Informação, Agência de Belém, ABE_ACE_1013_80).

Recorde-se a propósito, a convocação, em Nov 78, de uma "Assembléia do Povo de Deus", realizada na cidade de ITUPIRANGA, quando foi assumido o "compromisso cristão de derrubada da pirâmide social onde os de cima, que são poucos, esmagam os de baixo, que são muitos".[232]

A morosidade na tomada de medidas para definir uma solução nas divergências sobre posse de terra, tem prestado um desserviço às instituições governamentais. O grupo dito "progressista" da Igreja Católica tem se aproveitado desta vulnerabilidade para insuflar posições radicais de posseiros ou quando menos sensibilizá-los para a tomada desta. As dioceses de DIAMANTINO e SÃO FELIX fazem impressos e promovem debates dentro de uma organização cognominada de "COMUNIDADE ECLESIAL DE BASE", objetivando ativar insatisfações e monopolizar a opinião pública. [233]

Praticamente toda ação solidária da igreja católica era considerada subversiva. A Igreja é apresentada nesses documentos como se estivesse pregando o ódio, a luta de classes ou a violência ou até pretendendo a tomada do poder. Vários documentos trazem também a ficha de identificação e investigações sobre padres, religiosos e pessoas ligadas a eles. A expressão "clero progressista" é utilizada de forma bastante depreciativa. Para os agentes do SNI, que aparentemente se julgavam mais conhecedores da teologia que os próprios bispos: "A posição da Comissão Episcopal de Doutrina e dos Teólogos tem cunho esquerdizante e foge à doutrina católica contida nos vários documentos da Igreja."[234]

É interessante notar como o argumento é invertido, como se o problema fosse a "incitação" da Comissão Pastoral da Terra aos trabalhadores que foram injustiçados recebendo indenizações menores do que a que teriam direito e, não a injustiça por si mesma. É o que se lê no trecho transcrito abaixo do documento confidencial da Agência Central do SNI:

Nas áreas de construção das barragens de Itá/SC e MACHADINHO/RS, elementos do clero, tendo à frente o Pe. NATALÍCIO JOSÉ WESCHENFELDER, vêm promovendo campanha de oposição à construção das citadas barragens e veiculando notícias que criam um clima de preocupação e apreensão no seio dos trabalhadores rurais que habitam as referidas áreas.

4. Em que pese aos esforços das empresas envolvidas na construção das barragens, a campanha liderada pela CPT vem prejudicando os entendimentos e contribuindo para gerar ou agravar tensões sociais. [235]

---

[232] Atividades subversivas – as atuais áreas de tensão no país e sua provável utilização pela subversão. 15/03/1979 (Serviço Nacional de Informação, Agência de Belém, ABE_ACE_132_79).

[233] Relatório periódico de informações n. 3/76. Ministério do Exército, Comando do II Exército, Quartel general, 5/6/1976, p.50. Confidencial (Serviço Nacional de Informação, Agência de São Paulo, ASP_ACE_10900_82).

[234] Relatório do SNI – Agência Central – XXI Assembleia geral da Conferência Nacional dos Bispos do Brasil (CNBB). 03/05/1983, p.12 (Serviço Nacional de Informação, Agência de Manaus, AMA_ACE_4477_84_001_0001).

[235] Atividades da Comissão Pastoral da Terra (CPT) na região sul. 06/04/1981. (Serviço Nacional de Informação, Agência Central, AC_ACE_14932_81).

De acordo com o informe "A vida da igreja no Brasil", apresentado na 21ª Assembleia geral da CNBB, em 1983, no período 1977 a 1981, pode-se ler que teriam sido verificados 45 assassinatos de trabalhadores rurais e agentes de pastoral, inclusive 3 advogados da Comissão Pastoral da Terra, e, apesar de serem conhecidos os nomes, as datas e os lugares de todos esses crimes, nenhum deles foi apurado de forma conclusiva. Além disso, teria havido ameaças de morte, prisões ilegais, sequestros, espancamentos e outros tipos de pressão contra os agricultores e os sindicatos.[236]

A teologia da libertação defende uma concepção humanitária do papel da igreja e, de fato, fazia campanhas de conscientização dos trabalhadores sobre seus direitos, como ser observado nos folhetos da campanha da fraternidade de 1986, que teve como tema "terra de Deus, terra de irmãos", onde se podia ler: "Há fraternidade no Brasil quando a diferença entre o salário mínimo e o maior é de oitocentas vezes?" "Há fraternidade no Brasil quando milhões estão sem emprego, alguns com tanta terra e outros sem um palmo de chão para sobreviver?"[237]

> Lembremos das pessoas que por causa das grandes represas de Tucuruí, Itaipu, Sobradinho, Itaparica, Baibina... ou por causa dos grandes projetos de Carajás e Pró-álcool perderam a terra que os viu nascer,
> Unamo-nos a eles:
> 1 Pai Nosso, 10 Ave Marias e 1 Glória ao Pai.[238]

Outro grave problema é quando do início da construção das obras, pela atração da população a procura de emprego. Segundo o jornal *Resistência*, de 1982, a Secretaria de Saúde havia constatado que de cada 10 pessoas chegadas à cidade de Tucuruí a procura de emprego na usina, nove não eram absorvidas pela obra. Dessas nove, quatro ou cinco prosseguiam sua peregrinação, interiorizando-se pelo Estado ou pela região, outras quatro pessoas instalavam-se em torno do projeto, exercendo atividades instáveis. Entre elas muitas prostitutas, que somariam quatro mil deslocando-se entre os acampamentos conforme os dias de pagamento das empreiteiras e carregando consigo doenças de difícil controle devido a essa mobilidade.

Um relatório da agência de Belém do SNI afirmava que um grande número de pessoas que se deslocavam, periodicamente, para Marabá, atraídas, muitas delas, pelos garimpos de Serra Pelada ou pelas obras da hidrelétrica de Tucuruí, na expectativa de uma vida melhor.

---

[236] "A vida da igreja no Brasil". XXI Assembleia geral da Conferência Nacional dos Bispos do Brasil. Itaici. São Paulo. 6-15 de abril de 1983.
[237] Campanha da fraternidade em Manaus – repercussões. 20/02/1986 (Serviço Nacional de Informação, Agência de Manaus, AMA_ACE_6117_86_0001).
[238] Folheto da campanha da fraternidade de 1986 "Terra de Deus, Terra de irmãos", p. 6 (Serviço Nacional de Informação, Agência de Manaus, AMA_ACE_6117_86_0001).

Essas pessoas, que fazem do município a sua "base" residencial, transformaram-se em um contingente populacional "flutuante" estimado hoje em aproximadamente 50 mil habitantes, potencialmente sujeitos a causarem maiores problemas à já combalida administração municipal, invadindo terrenos urbanos e rurais, e também contribuindo para o aumento do índice de criminalidade e de prostituição. [239]

Também no final das obras, existem outros problemas, pois os trabalhadores são dispensados, mas muitos deles acabam ficando no local da construção ou migram para outra construção, como no caso da usina de Ilha Solteira e de Tucuruí relatados a seguir.

As cidades polarizadas por ANDRADINA e PEREIRA BARRETO/SP estão começando a ser afetadas diretamente pelo desemprego de milhares de trabalhadores da Hidrelétrica de ILHA SOLTEIRA, cujas obras estão chegando a seu final. Diversas famílias estão se localizando nas zonas periferias dessas cidades, a espera de trabalho, ocasionando os mais variados problemas a esses Municípios. A criação da 3a Universidade Estadual de ILHA SOLTEIRA, cuja construção absorveria os desempregados, parece não solucionar o problema, uma vez que sua implantação será progressiva e até mesmo lenta."[240]

Em Tucuruí durante as duas últimas semanas, 200 trabalhadores estavam sendo demitidos a cada dia. Uma cena nova na Amazônia, mas fadada a repetir-se cada vez mais a partir de agora. Não deve-se, porém, transformá-la em rotina: isso impediria até mesmo sua compreensão." [241]

Os exemplos de injustiças e violências aqui citados são ilustrativos da priorização dos grandes projetos no processo de tomada de decisões e do descaso pelas implicações sociais deste tipo de investimento. A ausência de um planejamento, de fato, integrado, a demora em definir o destino da população a ser deslocada e do pagamento de indenizações, que deveriam ser o objeto primeiro da atenção do Estado, revela por um lado a priorização do projeto técnico de engenharia e o poder do empresariado brasileiro na orientação da tomada de decisões e, por outro, o descuido das estatais do setor elétrico com a população.

---

[239] Documento do SNI – ag. Belém. Situação político-administrativa do município de Marabá/PA. 04/02/1982 (Serviço Nacional de Informação, Agência de Belém, ABE_ACE_1880_82).

[240] Relatório periódico de informações n. 3/76. Ministério do Exército, Comando do II Exército, Quartel general, 5/6/1976, p.50. Confidencial (Serviço Nacional de Informação, Agência de São Paulo, ASP_ACE_10900_82).

[241] "Grande projeto amazônico: uma fábrica de desemprego". *Jornal Resistência*. n. 41, outubro de 1982, p.5. (Serviço Nacional de Informação, Agência de Belém, ABE_ACE_2531_82).

5. 2 – "TERRA SIM! BARRAGEM NÃO! " – O MOVIMENTO DOS ATINGIDOS POR BARRAGENS (MAB) COMO UMA DECLARAÇÃO DAS CONTRADIÇÕES GERADAS PELA LÓGICA DESENVOLVIMENTISTA E DESIGUAL

O Movimento dos Atingidos por Barragens (MAB) apareceu em meados dos anos 1970, na esteira dos movimentos sociais que começavam a ebulir em diferentes partes do país, em um contexto onde se conjugavam vários fatores: o início da abertura democrática, a insatisfação popular em relação ao não atendimento, por parte do Estado e dos "patrões", das carências referentes a equipamentos de consumo coletivo, a diminuição do poder aquisitivo da classe trabalhadora, entre outros, que contribuíram para que emergisse, como conclui Eder Sader (2001), em seu trabalho, *Quando novos personagens entraram em cena*, um novo sujeito coletivo na sociedade.

Durante o período militar, a concepção vigente para o tratamento aos atingidos por barragens era a patrimonialista e se embasava no Decreto-lei 3.365 de 1941. Segundo esse decreto, somente os proprietários que tivessem a titulação da terra receberiam indenização pela renúncia de sua terra a um projeto hidrelétrico. Todos os demais afetados, como meeiros, arrendatários, pescadores, por exemplo, seriam excluídos de qualquer política indenizatória. No caso da Amazônia esse quadro se agravou com a promulgação das leis a partir dos anos 1970, como dito anteriormente.

Na fala de Luiz Dalla Costa, coordenador nacional do MAB, atingido não é somente aquele que a "água pega". "O professor, por exemplo, não tem a casa alagada, mas ele perde a escola. O comerciante, não tem a casa alagada, mas os clientes dele vão embora."[242]

O Movimento dos Atingidos por Barragens (MAB) foi fruto da organização de vários pequenos núcleos locais e regionais com a ajuda da Comissão Pastoral da Terra (CPT) entre outros agentes, onde foram construídas as obras das grandes usinas hidrelétricas em todo país.[243]

Durante o regime militar as ações eram organizadas, mas difusas, e se davam por meio de manifestações como acampamentos no escritório das construtoras, fechamento de vias de acesso às obras ou mobilizações populares, muitas vezes reprimidas por meio de violência policial. Por exemplo na visita do presidente general Figueiredo a Tucuruí, em 1981, para a

---

[242] Entrevista realizada para esta pesquisa em 21/03/2017, na sede do MAB, em São Paulo.
[243] Não nos deteremos aqui em descrever a trajetória histórica do MAB, por considerar que isso já foi realizado de forma exemplar por Reis; Scherer-Warren (2007); Germani (1982 e 2010); Foschiera (2009); Rothman (2001); Rothman; Oliver (1999); Benincá (2011).

inauguração de uma etapa da hidrelétrica, quando cerca de 200 pessoas foram presas pelo Exército, pois intencionavam se manifestar contra a usina e entregar uma lista de reivindicações ao presidente.[244]

Em toda a década de 1980, simultaneamente surgiram grupos de atingidos relacionados à construção das hidrelétricas de Itaipu (Paraná), Sobradinho (Bahia), Moxotó (Alagoas), Tucuruí (Pará), Machadinho (Santa Catarina/Rio Grande do Sul), Itaparica (Bahia/Pernambuco) e Balbina (Amazonas), entre outras e a partir daí se iniciou um processo de mobilização nacional para o tema.

> Se lançou a ideia de fazer um primeiro encontro nacional de atingidos. Então foi feito todo um trabalho nos anos de 88, 89 e que culminou então em 89 num encontro nacional dos atingidos em Goiânia, se não me engano. E desse encontro nacional então se decidiu fazer uma série de encontros regionais pra fortalecer o movimento e construir um movimento nacional. Se criou uma comissão regional dos atingidos por Tucuruí, outra dos atingidos pela barragem em Rondônia. Tucuruí se chamava CATU, Rondônia se chamava MABRO, tinha o polo sindical do sub-médio São Francisco, aqui em São Paulo, no vale do Ribeira se criou o MOAB, que era o Movimento dos Ameaçados por Barragens. No Paraná se criou uma organização que se chamava CRABI, que era uma Comissão regional dos atingidos por Iguaçu [Itaipu]. Então, em cada lugar ia se criando comissões regionais e que depois, desse conjunto de organizações que foram sendo fortalecidas intencionalmente por esse conjunto de organizações existentes anteriormente, é que se deu a possibilidade da construção de um movimento de caráter nacional.[245]

A ideia de um movimento mais amplo, de caráter nacional, passou a existir a partir do momento em que se reconheceu que os problemas eram os mesmos em diferentes partes do país e que o tratamento recebido dos órgãos estatais também era o mesmo. A identidade do movimento foi então definida a partir do conceito de "atingido" - que descreve os impactos diretos e indiretos recebidos pela população nas áreas de construção das barragens e áreas de alagamento (Reis; Scherer-Warren, 2007; Reis, 2012).

Os movimentos deixaram de ter um âmbito local passaram a uma articulação regional e nacional e desenvolveram uma articulação comum, principalmente, abordando três pautas em sua trajetória. A primeira delas se relaciona à reparação das consequências sociais negativas para as populações atingidas pelas barragens e com as formas de resistência dos atingidos que se caracterizaram, durante o regime autoritário, por reivindicações de reassentamentos ou indenizações justas por suas terras e benfeitorias, como nos casos das barragens de Sobradinho,

---

[244] "200 presos em Tucuruí na visita de Figueiredo". *Revista Resistência*. Belém, Pará, julho de 1981. Ano IV n. 27.

[245] Entrevista realizada para esta pesquisa em 21/03/2017, na sede do MAB, em São Paulo.

Moxotó e Itaipu; a segunda se relaciona às consequências no meio ambiente impactado pelas obras das hidrelétricas, e a terceira se relaciona às consequências do modelo energético brasileiro e a necessidade de modificações nesse modelo (Reis, 2012).

Esses movimentos, paralelamente aos movimentos de trabalhadores sem-terra e as ligas camponesas, por exemplo, revelaram ao país o estado de tensão e injustiça a que estavam submetidos os trabalhadores do campo brasileiro.

Os participantes do MAB buscavam a valorização da sua dignidade, na luta contra o que consideram injustiças sociais, econômicas e ambientais das quais são vítimas.

Ao longo dos anos o MAB cresceu e ganhou força, credibilidade e representatividade, se legitimando junto à população e junto ao poder público. Essa legitimidade pode ser atestada pelo impacto na redação de leis e na interferência nas decisões estatais, haja vista, por exemplo, a legislação de Conselho Nacional de Meio Ambiente (CONAMA) que prevê a realização de Estudos de Impacto Ambiental para a construção de barragens, que data de 1986.[246] A Eletronorte instituiu um Departamento de Meio Ambiente em 1987.

No final da década de 1990, foi organizado o 1º Encontro Internacional dos Povos Atingidos por Barragens, na cidade de Curitiba, no Paraná, demarcando o alcance global desse Movimento. De três em três anos são realizados congressos nacionais que reúnem representantes de todas as regiões mobilizadas para ampliar o debate e fazer intercâmbio das experiências vivenciadas em cada região.

O MAB tem uma "logomarca" (figura 33) e se utiliza de várias palavras de ordem para mobilização como "Água e energia não são mercadorias", "Águas para a vida, não para a morte", "Terra sim! Barragem não!". O movimento também realiza passeatas e manifestações públicas que têm como objetivo aumentar a visibilidade do Movimento e fortalecer as articulações e as negociações com os setores industriais e também com os governos para que os cidadãos, participantes do Movimento ou não, tenham garantias de que seus direitos sejam respeitados.

No que se refere ao impacto mais visível em relação à constituição da *waterscape*, Luiz Dalla Costa cita alguns exemplos de projetos ou obras que foram modificadas ou paralisadas graças à atuação do MAB:

---

[246] As resoluções do CONAMA que definem as regras para os relatórios de licenciamento trazem também o seu aspecto negativo dando abertura para que as mesmas empresas realizem os estudos de impacto ambiental e os projetos de compensação ambiental. Criou-se, dessa forma, uma indústria do EIA/RIMA no Brasil.

No Vale do Ribeira em SP, onde há resistência dos ameaçados e atingidos, Tijuco Alto, Itaoca, Funil e Batatal, nenhuma foi feita.

A Barragem de Machadinho no Rio Uruguai (RS e SC), o projeto original foi modificado fruto da luta [...]; a Barragem de Itapiranga (RS e SC) até hoje não foi construída. A Barragem de Garabi e Panambi, não foram realizadas e os projetos foram modificados. Barragem de Belo Monte [cujo projeto data da ditadura militar] teve projeto original modificado. As Barragens de Pedra Branca e Riacho Seco - entre Bahia e Pernambuco até hoje não foram construídas.

O que chama a atenção na atual atuação do MAB, no entanto, é que, embora a questão do acesso à água esteja entre as pautas do Movimento, eles não participam dos Comitês de bacia hidrográfica e Conselhos de Recursos Hídricos – integrantes do Sistema Nacional de

Figura 33: Logomarca do MAB.

Gerenciamento de Recursos Hídricos –, ainda que esses reservem cadeiras para a participação da sociedade civil organizada. Nas palavras do coordenador nacional do Movimento:

> Sobre nossa participação em Comitês de Bacias ou conselhos, houve em alguns poucos casos, mas nunca foram prioridade do Movimento em participar destes espaços institucionais. O que não quer dizer que o MAB não prioriza a questão da água, pelo contrário, somos os moradores mais próximos dos rios e as hidrelétricas só ocorrem porque são a base de água para sua produção, ou mesmo no caso de barragens para o abastecimento humano, industrial etc, onde também atuamos na organização dos atingidos como em Castanhão no Ceará, Acauã na Paraíba.[247]

Ficou demonstrado que não falta conhecimento sobre os processos de licenciamento de obras hidrelétricas, mas há uma clara resistência de participação nos espaços institucionalizados

---

[247] Entrevista concedida por Luiz Dalla Costa, coordenador nacional do MAB, em 25 de abril de 2016.

do poder, como os Comitês de Bacias Hidrográficas (CBHs) que, segundo Dalla Costa, são espaços construídos para legitimar as obras que já foram decididas e por não acreditar que essas estruturas não são eficazes formas de promover a participação popular.[248] Por sua vez, os empreendedores se utilizam da "estratégia" de participação nos CBHs, enviando pessoal qualificado e preparado com grande potencial de influência e convencimento sobre os demais segmentos participantes.

Para Dalla Costa essas instâncias supostamente participativas são somente uma dissimulação para legitimar as obras e intervenções que já foram decididas e muitas vezes já estão em andamento: "Qual é a consultoria da própria empresa que vai dar parecer contra a empresa? É uma farsa pra legitimar o empreendimento, o sistema, que quer se apropriar dessas bases vantajosas de recursos naturais que o país tem para aumentar as suas taxas de lucro. É para isso que serve. E vai sempre se buscar a legitimação nas instâncias do Estado."[249]

Para ele, o grande problema do modelo energético adotado no país é que ele beneficia, com o aval e o financiamento do Estado, os grandes empresários em detrimento dos interesses das populações, o que implica em injustiças na produção e na distribuição da energia produzida.[250]

Atualmente, o MAB tem entre suas pautas a ampliação da participação do Movimento desde o planejamento dos empreendimentos e tomada de decisões, até a discussão sobre os legados sociais deixados por outros empreendimentos e a luta contra a violação de direitos das populações atingidas por barragens.

Em novembro de 2011, o Conselho de Defesa dos Direitos da Pessoa Humana (CDDPH) divulgou o relatório elaborado por uma Comissão Especial do CDDPH, que analisou durante quatro anos, as denúncias de violações de direitos humanos na implantação de barragens no Brasil.

Segundo o relatório, "os estudos de caso permitiram concluir que o padrão vigente de implantação de barragens tem propiciado, de maneira recorrente, graves violações de direitos humanos, cujas consequências acabam por acentuar as já graves desigualdades sociais, traduzindo-se em situações de miséria e desestruturação social, familiar e individual" (CDDPH, 2011:13). Foram constatadas, no estudo realizado, violações sistemáticas em 16 direitos humanos básicos, como o direito à informação e à participação; direito de moradia; direito à

---

[248] Entrevista com Luiz DallaCosta em 21 de março de 2017.
[249] Idem.
[250] Entrevista concedida por Luiz Dalla Costa, coordenador nacional do MAB, em 25 de abril de 2016. Como exemplo disso pode-se citar que, atualmente, a indústria consome sozinha cerca de 50% de toda a energia produzida no Brasil, mas paga mais barato por quilowatt gerado que as casas (MAB, 2004).

plena reparação de perdas; direito de ir e vir; direito dos povos indígenas, quilombolas e tradicionais; direito à liberdade de reunião, associação e expressão; etc.

Também segundo o relatório, crianças e adolescentes, idosos, mulheres, particularmente as chefes de família, e portadores de deficiência são atingidos de forma particularmente grave e encontram maiores obstáculos para a recomposição de seus meios e modos de vida e, por isso, "têm sido as principais vítimas dos processos de empobrecimento e marginalização decorrentes do planejamento, implementação e operação de barragens" (CDDPH, 2011:54).

O Movimento pleiteia a criação de uma política nacional de direitos dos atingidos por barragens, com a criação de um órgão específico responsável pelas negociações e um fundo específico para reparações.

> A gente tem feito uma luta grande para ter uma política de direitos [dos atingidos por barragens]. Sabe o que eles nos disseram no Ministério de Minas e Energia? Que não podia ter uma política de direitos, porque isso afugentava os investidores. Ou seja, para que os investidores façam muito dinheiro tem que ter violação de direitos.[251]

O Movimento dos Atingidos por Barragens se constituiu como um lugar público e autônomo de luta, dando ao mesmo tempo um conteúdo reconhecível à população e ganhando legitimidade e representação social. Desse modo, o Movimento ressignificou o cotidiano, o que se nota, em alguns momentos de afirmação dos sentidos implicados nessa postura combativa adotada diante de circunstâncias tão precárias. "A forma organizativa do movimento é para que hajam instâncias de deliberação, de debate, a partir de um debate de caráter nacional, que possibilite a mais ampla participação da população atingida no movimento. Esse é o objetivo central."[252]

CONCLUSÃO

A área inundada para a construção de barragens no Brasil soma quase quatro milhões de hectares de terras produtivas e o número de pessoas desalojadas em função dessas inundações passa de um milhão (Zhouri; Oliveira, 2007). Pode-se antever as dimensões do conflito, dados os atores sociais e os interesses envolvidos – sociedade civil, governos em todas as esferas, setores industriais e empresariais, entre outros.

Uma distinção analítica mais fundamental, no entanto, se relaciona aos confrontos entre as forças socioeconômicas e políticas à frente da expansão e consolidação das relações

---

[251] Entrevista com Luiz DallaCosta em 21 de março de 2017.
[252] *Idem.*

capitalistas, sobretudo, por meio do processo de mercantilização da água e dos diferentes modos de resistência contra o avanço das formas capitalistas de gestão da água e de governança, que seguem uma ampla gama de estratégias (Castro, 2008).[253]

O desenvolvimentismo militar brasileiro, ao não computar a participação democrática e não patrocinar, por consequência disso, a institucionalização de estruturas que pudessem dar conta das pressões pela ampliação da cidadania política e social, criou uma máquina de favorecimento de relações desiguais em nome da segurança nacional e do desenvolvimento.

Na fala dos moradores reunidos na assembleia de Santa Helena, em 1979:

> [...] Compreendemos, por outro lado, aqueles que defendem a empresa de ITAIPU, pois ganham para isso. Contudo, esta defesa jamais deveria ser feita com artifícios como soberania nacional, interesses nacionais e etc. Pois, aqueles que cuidam do amanhado da terra, estão mais que quaisquer outros a serviço de interesses nacionais. São os verdadeiros soldados que podem garantir a soberania nacional. Eis que uma atenção especial deveria ser reservada aos mesmos.
>
> De que valeria a HIDRELÉTRICA DE ITAIPU, de que valeria um aposento todo iluminado se a mesa não for farta? Prioridades? Sim, o BRASIL precisa de prioridades e nada neste momento exige tanta prioridade quanto o desenvolvimento agrícola para que o homem rural possa desenvolver o seu trabalho com dignidade e respeito.[254]

Naquele período, a ideia era que a iniciativa privada deveria atuar em todos os setores rentáveis e o Estado deveria atuar em atividades deficitárias, mas necessárias ao desenvolvimento econômico (Fiori, 1994). O que fica claro ao ler os relatos e conversar com as pessoas envolvidas nos movimentos sociais é que o Estado era o promotor do desenvolvimento e não o transformador das relações sociais.

As contradições se afirmam de diferentes formas. No relatório da Assessoria Especial de Segurança e Informações da Itaipu Binacional sobre a assembleia dos lavradores da área de Itaipu – Santa Helena/PR, de 1979, Nelton Friedrich, então deputado estadual do Paraná pelo Movimento Democrático Brasileiro (MDB), teria se pronunciado duramente contra Itaipu e contra o INCRA. No entanto, em 2013, ele foi diretor-geral da Itaipu Binacional.

As terras que foram demarcadas na região amazônica são, ainda, alvo de grileiros e madeireiros, que expulsam e matam os beneficiários das terras distribuídas pelo INCRA, com

---

[253] A água, aliás, é agora considerada uma *commodity* e está sendo comprada por grandes bancos internacionais como Goldman Sachs, JP Morgan Chase, Citigroup, UBS, Deutsche Bank, Credit Suisse, Macquarie Bank, Barclays Bank, Blackstone Group, Allianz e HSBC (Jo-Shing Yang, 2018).

[254] Itaipu Binacional, Assessoria Especial de Segurança e Informações. Assembleia dos lavradores da área de Itaipu – Santa Helena/PR. 07/05/1979. (Serviço Nacional de Informação, Agência Central, AC_ACE_1798_79).

a finalidade de adensar a população da região. No Pará, em média 14 pessoas são assassinadas por ano em razão dos conflitos agrários (Paula, 2012). Várias lideranças de movimentos pelo direito à terra estão sob a proteção do Programa de Proteção aos Defensores dos Direitos Humanos, parceria entre a Secretaria Nacional de Direitos Humanos e o Ministério da Justiça, criado em 2006, em diferentes estados da região.[255]

Um estudo realizado pelo governo federal no estado do Pará analisou 219 casos de assassinato no campo relacionados a disputas por terras e recursos naturais ocorridos entre 2001 e 2012. Desses assassinatos, somente 2,2% tiveram algum tipo de providência jurídica ou policial ou algum tipo de condenação (Paula, 2012).

O MAB e outros movimentos de resistência figuram, dessa forma, como uma declaração dos absurdos gerados pela lógica capitalista e desigual que, muitas vezes, se apropria de bens comuns essenciais para a vida da população, priorizando a execução ou a manutenção de atividades econômicas. Como afirma Novoa Garzón (2014) para o caso recente da construção da Usina Hidrelétrica de Belo Monte "[...] o mesmo método da ditadura militar é reproduzido agora em um discurso democrático e participativo e produz os mesmos efeitos desastrosos sobre os mesmos segmentos."

---

[255] "Eles vão me matar". *Carta capital*. 06/03/2012. Disponível em: https://www.cartacapital.com.br/sociedade/eles-vao-me-matar/. Acesso em 12/01/2019.

CONSIDERAÇÕES FINAIS

O desenvolvimento da presente pesquisa permitiu analisar um importante, mas pouco estudado aspecto do regime militar no Brasil: a relação entre a construção das usinas hidrelétricas de grande porte e a constituição do processo de governança da água. A particularidade do período aqui analisado, que se inicia com o golpe de Estado de 1964, está em que este representou um momento único de expansão da infraestrutura de grande porte e, sobretudo, um novo ciclo de ocupação da região amazônica, associado à Doutrina de Segurança Nacional, no contexto de polarização da guerra fria, da terceira revolução industrial e do avanço do desenvolvimentismo na América Latina.

Naquele período, as hidrelétricas de grande porte e outros mega projetos como rodovias e plantas de mineração, não foram exclusividade da ditadura brasileira, mas começaram a aparecer em todo o mundo, também como parte da polarização da guerra fria.

O financiamento soviético da barragem de Assuã, construída entre 1960 e 1970, no Egito, as grandes hidrelétricas soviéticas Krasnoyarsk, de 1972, e Sayano-Shushenskaya, de 1985, a usina de Grand Coulee, nos Estados Unidos (ampliada em 1974, para ser uma das maiores do mundo), entre outras, figuram não só como interferências nos cursos d'água, mas como demonstrações do poderio dos polos capitalista e socialista, no que concerne ao avanço tecnológico e aos investimentos realizados (Josephson, 2002).

Na América Latina, o período da guerra fria foi marcado pela ascensão de governos autoritários, que faziam parte do contexto da guerra ideológica, tecnológica e mercadológica entre as potências norte-americana e soviética. Os países latino-americanos também passaram a investir pesadamente em infraestrutura, em vários casos com intervenção estatal na economia e a ajuda do Banco Mundial.

Na década de 1970, o Brasil passou a exportar a expertise na construção das barragens para os países vizinhos. No Uruguai, o ditador Juan María Bordaberry negociou a construção da hidrelétrica de Palmar, declarada de interesse nacional, que teve seu projeto feito pela construtora brasileira Engevix, sendo construída pela também brasileira Mendes Junior S.A. A principal fonte de financiamento foi o Banco do Brasil (além de capital francês e uma emissão de títulos do tesouro no mercado local), em decorrência do Tratado de Amizade, Cooperação e Comércio, firmado entre o Uruguai e o Brasil. A usina, que teve sua construção iniciada em 1976, entrou em atividade em 1982.

Na Venezuela, que não era uma ditadura naquele período, foi construída a hidrelétrica Simón Bolívar, ou Guri, concluída em 1986, na qual a empreiteira brasileira Cetenco foi responsável pelas obras civis e pela montagem eletromecânica.

Na Argentina, a hidrelétrica de Yacyretá, no Rio Paraná, com capacidade instalada de 3,2 GW, foi fruto da cooperação das ditaduras do Paraguai e da Argentina. O mesmo modelo de empresa binacional empregado para a usina hidrelétrica (UHE) de Itaipu foi empregado para esse caso. No entanto, a UHE argentina só começou a ser efetivamente construída em 1983, tendo sua primeira turbina inaugurada somente em 1994 e seu projeto final concluído em 2011: "Um fracasso em matéria de planejamento, administração, eficiência, combate à corrupção, etc. e parte de uma longa lista de outras estátuas em homenagem ao mesmo deus da corrupção".[256]

Além desse tipo de intervenção física nos recursos hídricos, por meio de grandes obras de engenharia, houveram outras igualmente profundas na América Latina, como no caso da privatização da água no Chile. O Código das Águas chileno, de 1981, aprovado pelo ditador Augusto Pinochet, estabeleceu que toda a água do país se constituiria em propriedade privada. Desse modo, a água passou a ter valor comercial e imobiliário, de modo que está sujeita a venda. É por isso que, atualmente, rios, lagos e águas subterrâneas estão principalmente nas mãos do setor privado e permite pouquíssima intervenção do Estado.

Diante desse contexto, nessa pesquisa, buscou-se responder a uma questão principal e a três questões específicas para se alcançar uma compreensão mais aprofundada sobre o processo da intervenção espacial representado pelas UHEs construídas durante a ditadura brasileira, como legados para a governança da água realizada no presente. A principal questão foi porquê o sistema de gestão de recursos hídricos brasileiro, considerado internacionalmente um sistema consistente, não consegue promover, de fato, uma governança participativa e democrática da água no país.

A primeira questão específica se refere a qual foi a herança deixada pelos governos militares na construção das usinas hidrelétricas, no que concerne às instituições e ao aparato legislativo. A segunda, foi como a mídia participou da construção de um imaginário coletivo em relação a essas grandes obras, a fim de legitimá-las, e a quem deveria ter o poder de decisão sobre elas; e a terceira, sobre qual foi o impacto de tais alterações sócio espaciais na sociedade civil atingida diretamente pela construção daquelas grandes usinas.

---

[256] Guimarães, M. "Após 37 anos, usina de Yacyretá é inaugurada". *O Estado de São Paulo*. 02/03/2011. https://economia.estadao.com.br/noticias/geral,apos-37-anos-usina-de-yacyreta-e-inaugurada-imp-,686353

Para auxiliar na busca pelas respostas e no entendimento das interações entre os diferentes campos foi proposto um quadro analítico, apresentado no primeiro capítulo, que tem como foco 4 principais campos (espaço geográfico, conhecimento, poderes político, econômico e social, e ideologia), que se relacionam entre si dinamicamente, por meio de cooperação e conflito. Essa abordagem não tradicional do tema objetiva a dar uma visão holística da relação Estado-sociedade civil, na qual permeiam várias forças, tais como uma elite empresarial, a mídia, o conhecimento entre outras.

O quadro analítico proposto auxiliou na compreensão de como os poderes político, econômico e social, traduzidos em instituições, políticas governamentais e financiamentos conduziram as práticas na construção das hidrelétricas. Essas relações eram imbuídas em ideologias que buscavam se legitimar socialmente, por meio da utilização de estratégias discursivas como a propaganda governamental e privada.

Ao conhecer as forças ou poderes atuando na construção das Usinas hidrelétricas torna-se claro o poder de atuação política e econômica de certos grupos. Fica mais evidente também os possíveis impactos que podem ser causados e as fragilidades das relações, evidenciando a complexidade da interação entre eles.

Nesse sentido, é um bom exercício pensar em como áreas do conhecimento, como a engenharia, são embebidas em ideologias que disputam com outras áreas do conhecimento, como a ecologia, por exemplo. No entanto, arranjos de cooperação acontecem como forma de abrigar os conflitos, nesse caso, a engenharia ambiental é um exemplo de arranjo possível.

O quadro analítico não inclui aspectos mais sutis ou subjetivos da percepção individual e coletiva a respeito dos processos de mudanças socioambientais. Considera-se, no entanto, que esse é um campo que pode ser acrescentado ao quadro e que incluiria, além da percepção individual e coletiva, fatores culturais e etnológicos.

Concluiu-se que as ideologias têm impactos muito significativos e duradouros tanto na criação de políticas públicas, quanto na produção do espaço e novas paisagens – ou *waterscapes*, mais especificamente – o que se demonstrou nos capítulos 3, 4 e 5. O conceito de *waterscape* contribuiu para que não se perdesse o foco nos recursos hídricos quando da análise da paisagem construída. No entanto, não visualizamos um grande acréscimo conceitual para além do conceito clássico de paisagem, da Geografia.

O quadro analítico representa uma inovação no sentido de que explicita, de forma simples e holística, as forças presentes na construção das hidrelétricas de grande porte e dá potenciais recursos no tocante ao entendimento dos atores envolvidos na construção e governança dessas estruturas, bem como de suas possíveis interações.

Importa ressaltar que, embora tenha se declarado no primeiro capítulo deste trabalho que a ecologia política serviria de base teórica, admite-se que a questão ecológica, em si, foi suprimida pelas questões políticas e sociais no decorrer da pesquisa, o que não diminui o valor analítico proposto por essa linha de pesquisa.

No tocante à primeira questão específica colocada, sobre a herança deixada por meio das instituições e do aparato legislativo, foi possível constatar como o setor de energia foi quase totalmente estatizado durante o período militar, aprofundando drasticamente uma tendência que se delineava desde o final da década de 1950, e como as decisões foram concentradas nas instituições públicas, que se tornaram amplas estruturas.

O Estado passou a ser o planejador e o executor do sistema elétrico nacional, sendo o responsável pela implantação de quase todos os serviços de infraestrutura desse setor. O que se desenhou, dessa forma, para além da configuração institucional, foi a predominância do setor de energia elétrica na gestão dos recursos hídricos, como ficou demonstrado com o fortalecimento do Departamento Nacional de Águas e Energia Elétrica (DNAEE), que só foi extinto com a criação da Agência Nacional de Energia Elétrica (ANEEL), em 1996, instituída somente treze dias antes da promulgação da Política Nacional de Recursos Hídricos.

Foi criado, assim, um novo campo de disputa, que colocou a gestão e a governança da água em um empasse técnico, no caso das usinas hidrelétricas. A água, constitucionalmente, não é um ativo a ser privatizado no Brasil, mas a geração de energia e as hidrelétricas, como infraestruturas, sim. Nesse sentido, a gestão e, sobretudo, a governança da água, são "complicadores" para a concessão dos contratos de geração de energia hidráulica.

Identificamos que, embora a gestão dos recursos hídricos conte com bons instrumentos, como demonstrado no capítulo 3, o planejamento setorial de atividades que incluem o uso dos recursos hídricos (energia hidrelétrica, irrigação, abastecimento público etc.) feito de forma isolada, sem conexão com os planos de recursos hídricos, é uma das maiores barreiras para a efetiva alocação dos recursos hídricos e um dos responsáveis pela governança da água não se efetivar em sua plenitude.

Água e energia são altamente interdependentes, sendo que decisões tomadas em um domínio têm consequências diretas e indiretas sobre o outro. Por exemplo, a seca exacerba as crises energéticas; o preço da energia e sua volatilidade contribuem para as crises alimentares; a expansão das redes de irrigação aumenta a demanda de água e energia; e o acesso a suprimentos excessivamente baratos de energia pode levar ao esgotamento dos recursos hídricos, intensificando ainda mais os impactos das secas. Embora a moderna gestão integrada dos recursos hídricos e o aclaramento dos nexos entre água e energia tenham levado a um reconhecimento crescente de tais interdependências, as complexas interações diretas e indiretas desse relacionamento raramente são totalmente apreciadas, muito menos incorporadas aos processos de tomada de decisão.

Como demonstrado no capítulo 3, o uso do instrumento da suspensão de segurança, criado em 1964, e aperfeiçoado em diversos momentos de expansão do capitalismo posteriormente, permite, ainda, como no caso recente da UHE Belo Monte, por exemplo, que os tribunais suspendam medidas de segurança cautelares contra abusos cometidos tanto pelos governos quanto pela empresa privada, contra as populações e contra o meio ambiente, com a justificativa de evitar "grave lesão à economia pública". O problema é que, na maioria das vezes, o investimento inicial para a instalação de infraestruturas de grande porte é feito pelo poder público, causando assim um ciclo vicioso no qual, no fim das contas, a paralisação das obras será sempre considerada lesão à economia pública.

A legislação de demarcação das terras indígenas é outro exemplo do legado militar para a construção de grandes obras hidrelétricas no Brasil e, em especial, na Amazônia. Alguns exemplos são os decretos 74.279/1974, 78.659/1976 e 85.898/1981 – não acessíveis publicamente, diga-se de passagem –, que foram responsáveis pela expropriação de grandes extensões de terras em reservas indígenas.

Esses instrumentos revelam a dimensão política com que o poder judiciário tratou, e trata, das questões socioambientais, e como a atuação desse Poder, na maioria das vezes, não é regulada por nenhum dos outros poderes para assegurar os direitos da população.

Relacionado a isso, o que se viu nos documentos do Sistema Nacional de Informação analisados foram vários estudos de impacto ambiental e social, inclusive da situação das populações indígenas, encomendados pela própria Eletrobrás, sobretudo pela Eletronorte, o que demonstra que, apesar de já existirem preocupações ambientais e outras vinculadas aos direitos humanos, essas eram consideradas um empecilho para o desenvolvimento. Pode-se afirmar, então, que esses estudos foram considerados de maneira seletiva, dependendo do que lhes era conveniente, o que levou a situações catastróficas, como no caso da UHE de Balbina, por exemplo.

De modo mais amplo, ao assumir o planejamento, as construções, a transmissão e a distribuição de energia, o governo permitiu ao capital privado investir em atividades que requeriam menor volume de capital, no entanto, também garantiu linhas de crédito – principalmente por meio do BNDES –, além das isenções fiscais e outros benefícios para a realização dessas atividades, permitindo às corporações desenvolverem expertise na construção de barragens, além de multiplicar o seu patrimônio, com a execução das obras contratadas, criando uma grande rede de favorecimento.

Apesar desses problemas, é incontestável a importância que a infraestrutura desempenha para o desenvolvimento e para o bem-estar da população. Além disso, a participação dos bancos públicos nos financiamentos de infraestrutura tem contribuído para o aumento dos percentuais de crescimento da economia. Também não se pode afirmar que seja um problema a contratação de empresas com experiência no desenvolvimento de grandes projetos de engenharia pelos governos. O que acontece, no entanto, é que por meio desses mecanismos, o próprio Estado cria problemas sociais, como "subprodutos não intencionais" (O'Connor, 1998; De Angelis, 2004), que se tornam também de sua responsabilidade resolver, como demonstrado nos capítulos 3 e 5. Aí reside a maior de todas as ambiguidades, pois o Estado investe para favorecer a economia e gerar riquezas, mas nesse processo reforçam-se as injustiças e as desigualdades sociais, a concentração de renda e a distância entre ricos e pobres, pois o grande capital sempre encontra meios para beneficiar-se. Talvez o maior desafio seja repensar, além do porte da infraestrutura, da inclusão democrática de diferentes grupos, o próprio sistema econômico em que estamos inseridos.

As hidrelétricas são um dos exemplos de como a elite empresarial nacional sempre se beneficiou com os projetos de infraestrutura e expõem como as redes de favorecimento são criadas e mantidas. Existe, portanto, uma transferência de capital da sociedade para o capital privado, que deveria revertê-lo em empregos e salários, para tornar a economia possivelmente mais justa, mas não é exatamente o que acontece. Os projetos de infraestrutura têm, assim, muito mais a ver com o acesso a contratos governamentais e a recompensas de redes clientelistas do que com a sua função social. Boas; Hidalgo e Richardson (2011) demonstraram, por exemplo, que cada real (R$) doado pelas construtoras para as campanhas eleitorais, R$ 8,5 seriam "retornados" a elas em forma de projetos.

Desse modo, pode-se afirmar que as empresas do setor elétrico brasileiro têm sido, ao longo dos últimos 40 anos, responsáveis pelo deslocamento forçoso e desordenado de milhares de brasileiros, bem como pelo seu empobrecimento e pela desorganização de suas condições de vida.

Cabe dizer que, embora considere-se que o delineamento de uma rede de favorecimento relacionada à construção das usinas hidrelétricas seja de extrema importância para evidenciar onde se concentra o real poder de decisão, não foi possível aprofundar essa investigação no presente trabalho, pois desviaria o foco da pesquisa. Outras pesquisas, no entanto, percorreram esse caminho com mais efetividade, ainda que não tratando exclusivamente do setor de energia, como a tese de doutorado de Pedro Henrique Pedreira Campos, de 2012, entre outras. No entanto, considera-se que seria interessante que se seguisse um estudo das redes de favorecimento específicas no setor elétrico. Para isso, os documentos disponíveis no centro da Memória da Eletricidade do Brasil e possivelmente no Arquivos Nacional e no CPDOC colaborariam sobremaneira.

No tocante à segunda questão, sobre o papel da mídia na legitimação da construção das grandes hidrelétricas, a análise realizada na presente pesquisa revelou um outro aspecto importante da apropriação capitalista: a construção do imaginário social e coletivo relativo às ideias de desenvolvimento e segurança nacional, representado pelas grandes obras das Usinas hidrelétricas. A publicidade e a propaganda do "Brasil Potência", do gigante que teria acordado e do desenvolvimento nacional, muitas vezes, na figura do engenheiro como portador de autoridade, foram utilizadas para convencer a opinião pública sobre a legitimidade da concretização dos projetos de grande porte e que serve, ainda, a determinados grupos sociais que, de alguma forma, se veem beneficiados pela perpetuação das ideias de que somente grandes projetos são capazes de "desenvolver" o país. Por isso, considera-se que as ideologias são, também, o que torna possível conectar as formas de governo com as opções de desenvolvimento e as práticas espaciais.

Ao despolitizar o discurso de construção das hidrelétricas, o governo determinou o curso do desenvolvimento da energia elétrica e suprimiu todas as contestações às decisões. A influência desses discursos se mostrou duradoura como capital simbólico do período militar e se repetiu na história recente do Brasil, como apontado no capítulo 4.

Ainda mais recentemente, o discurso da "ameaça comunista" também foi retomado do golpe de 1964, nas eleições presidenciais de 2018. Foram as mesmas estratégias midiáticas, mas com ferramentas renovadas pela tecnologia, como no caso da disseminação das *Fake News*, por exemplo.

Ao mesmo tempo observou-se uma mudança no discurso para legitimar as novas construções de UHEs de grande porte na Amazônia, a partir dos anos 2000, muito ao que se deve à pressão do discurso ambientalista que teve sua ascendência no Brasil coincidente com a derrocada do regime militar e fortalecida pela realização, em 1992, da Conferência das Nações Unidas sobre o Meio Ambiente e o Desenvolvimento, também conhecida como Eco-92, no Rio de Janeiro. De todo modo, o discurso do "desenvolvimento" e da "transformação social" continuam presentes nas recentes tentativas de legitimação de obras de grande porte, como se pode compreender por meio do exemplo da UHE Belo Monte.

Ao que parece, no entanto, o grande capital está se movimentando no sentido de aprimorar suas formas de apropriação sobre a água e sobre os outros recursos naturais. Grandes bancos internacionais estão comprando a *commodity* água (Jo-Shing Yang, 2018) e também não é à toa que um dos grupos mais ativos no debate internacional sobre a governança da água seja o grupo liderado pela Organização para a Cooperação e Desenvolvimento Econômico (OCDE), por meio do *Water Governance Initiative*, surgida em 2013.[257]

Em resposta à terceira questão, sobre qual foi o impacto da construção das usinas hidrelétricas de grande porte, como alterações sócio espaciais, na sociedade civil, tem-se que vários movimentos sociais isolados começaram a surgir em todo o país contra as desapropriações provocadas pelas grandes hidrelétricas e se agruparam mais tarde no Movimento dos Atingidos por Barragens (MAB), considerado atualmente um dos maiores e mais antigos movimentos sociais dessa natureza no mundo.

Atualmente, parece ser um consenso endossado por vários países que a aceitação pública de decisões é essencial para o uso dos recursos hídricos e energéticos visando um desenvolvimento mais justo e sustentável (Diretiva Marco da Água - Diretiva 2000/60/CE, por exemplo). Identifica-se aí uma tentativa internacional de organização estrutural e de princípios, mas nas entrelinhas se pode ler que a prioridade continua a ser dada ao setor elétrico e aos grandes projetos de desenvolvimento.

O sistema regulador dos recursos hídricos e ambientais, no Brasil, é, na grande maioria das vezes, atropelado e não tem força política para evitar grandes obras que geram grandes impactos, ainda que estejam claros. Outro problema é que a Declaração de Reserva de Disponibilidade Hídrica (DRDH), que é a primeira autorização oficial "conquistada" pelos empreendedores junto ao poder público, é um cálculo puramente técnico da disponibilidade do volume de água para o empreendimento e parece considerar somente os estudos realizados para esse fim e não levar em consideração os outros estudos de impacto socioambiental realizados. Por isso, talvez mais importante, seja o entendimento de que a aceitação pública dos megaprojetos deve emergir do reconhecimento dos direitos dos grupos afetados, particularmente os historicamente vulnerabilizados: povos indígenas e ribeirinhos, mulheres, crianças, idosos e outros cidadãos participantes de minorias, incorporando esses direitos no

---

[257] A *Water Governance Initiative* ou Iniciativa de Governança da Água, da OCDE, foi lançada como uma rede de participação múltipla de mais de 100 membros de setores públicos, privados e da sociedade civil que se reúnem duas vezes por ano em um Fórum de debate.

planejamento e até mesmo acatando a decisão quando essa é por não se construir empreendimentos de grande porte.

A aceitação pública continua a ser, no entanto, um desafio central para todas as partes interessadas no desenvolvimento dos recursos hídricos, no fornecimento de energia e outras atividades, na manutenção dos ecossistemas e na justiça social, não somente no Brasil. Alguns exemplos de movimentos sociais similares ao brasileiro MAB, são o *Patagonia sin represas*, no Chile; o movimento "Amigos do Rio Narmada", na Índia; a *African Rivers Network* (ARN) no Congo e outros países africanos; a *Rivers Coalition of Cambodia*, no Camboja; a Rede *Save Salween* (SSN), na Birmânia. Essas organizações, assim como o Movimento dos Atingidos por Barragens (MAB), estudado na presente pesquisa, por tornarem explícito o conflito latente entre as forças organizativas das sociedades, contribuem para a discussão de uma melhor distribuição da riqueza e minimização de impactos negativos em seus respectivos países e, por isso, têm um papel fundamental na construção do debate por um futuro mais justo. A governança da água é, assim, extremamente estratégica no que toca aos confrontos entre as forças socioeconômicas e políticas à frente da expansão e consolidação das relações capitalistas.

Em suma, e respondendo à questão principal sobre porque o sistema de gestão de recursos hídricos brasileiro não consegue promover, de fato, uma governança participativa da água no país atualmente, concluímos que, no Brasil, a governança da água tendo suas raízes modernas plantadas durante a ditadura militar, deve rever vários dos mecanismos vinculados à tomada de decisão, que vão além das políticas específicas para a gestão técnica dos recursos hídricos. A gestão técnica representa, sim, um enorme avanço, mas não consegue abarcar as pressões sociais na utilização da água.

Nesse sentido, o estudo apresenta a base para uma discussão mais aprofundada sobre alguns dos principais elementos a serem considerados para uma governança da água efetiva no país. O planejamento setorial sem conexão com os planos de recursos hídricos; a ferramenta legislativa da suspensão de segurança; a não salvaguarda das áreas e reservas indígenas; a falta de consulta prévia às populações atingidas; a contagem de população atingida por parte da empresa executora das obras, a existência de um imaginário peculiar em relação aos megaprojetos e ao poder do Estado, foram identificados como alguns dos principais gargalos.

Em relação ao planejamento de barragens de forma mais equânime deve-se considerar a disseminação de informação adequada, a transparência e o intenso debate com as pessoas diretamente afetadas e com o público em geral. A ideia de participação social deve abarcar também espaços não institucionalizados, como no caso dos movimentos sociais, que, por questão de princípio, não participam de espaços de debate institucionalizados, como os Comitês de Bacia Hidrográfica, porque têm clareza de que esses espaços fazem parte de um sistema que abriga forças desiguais e que privilegia, ainda que não intencionalmente, em alguns casos, certos segmentos em detrimentos de outros.

Atualmente, reconhece-se que a instalação do regime militar evitou que reformas de base fossem realizadas no Brasil, desse modo, desempenhando um papel central no aprofundamento das desigualdades sociais, agravando os conflitos sociais e ambientais. Conclui-se que o regime militar funcionou como um instrumento para salvaguardar interesses anteriormente estabelecidos de uma elite empresarial (da qual muitos deles também faziam parte), com uma série complexa de mecanismos para facilitar a extração de lucros e a acumulação de capital.

Poder-se-ia argumentar que a mentalidade militar, orientada pela questão da segurança nacional em um contexto de guerra fria, explicaria o avanço sobre o território amazônico, por exemplo. No entanto, o que se demostrou é que as obras de infraestrutura construídas na Amazônia, entre elas as hidrelétricas de grande porte, tinham como função não a defesa nacional, como levaria a crer o discurso militar, mas a facilitação da extração das riquezas da floresta e do subsolo.

Ao expandir sua atividade econômica e ampliar consideravelmente sua inserção na economia globalizada, aumentam também as expectativas com relação ao papel que o país desempenhará no enfrentamento de problemas de ordem global, inclusive os de expressão ambiental. O problema é que se reproduz novamente hoje, assim como durante a ditadura, um padrão secular e submisso de inserção na economia internacional, baseado na exportação de recursos naturais e produtos de baixo valor agregado, que não coloca a questão ambiental no centro da tensão entre o crescimento e o bem-estar social e que desconsidera, por isso, a necessidade de redefinição das estratégias de desenvolvimento.

Infelizmente, o cenário não é nada promissor no Brasil, pois parece haver um espetacular retrocesso ao passado pelo grupo atualmente no poder. Questões que soam quase medievais voltaram à pauta política brasileira em pleno 2019. As recentes queimadas provocadas por fazendeiros na região amazônica, são um dos indícios de que as elites empresariais nacionais e internacionais, mais uma vez, avançam sobre o território amazônico.

REFERÊNCIAS

Abreu, A. A. *et al.* (Ed.). *Dicionário histórico-biográfico brasileiro: pós-1930*. Rio de Janeiro: FGV; CPDOC, 2010. https://cpdoc.fgv.br/acervo/dhbb.

Afinoguénova, E. 2010. "'Unity, Stability, Continuity': Heritage and the Renovation of Franco's Dictatorship in Spain, 1957-1969." *International Journal of Heritage Studies* 16, no. 6: 417-433.

Agência Nacional de Energia Elétrica (ANEEL), Empresa de Pesquisa Energética (EPE). 2006. "Plano Decenal de Expansão de Energia Elétrica – 2006-2015."

Alves, M. H. M. *Estado e oposição no Brasil (1964-1984)*. Florianópolis: Edusc, 2005.

Amann, E.; Baer, W. 2005. From the developmental to the regulatory state: the transformation of the government's impact on the Brazilian economy. *The Quarterly Review of Economics and Finance*. 45. 421–431.

Aniceto, R. 2011. "Uma análise histórico-comparativa dos modelos de financiamento dos empreendimentos hidrelétricos de Xingó e Santo Antônio." Dissertação de mestrado, Fundação Getúlio Vargas.

Arquivo Nacional (Brasil). Coordenação de Documentos Escritos. Equipe de Documentos do Poder Executivo e Legislativo. *Fundo: Divisão de Segurança e Informações do Ministério da Justiça: inventário dos dossiês avulsos da série Movimentos Contestatórios*. 2nd ed. Rio de Janeiro: o Arquivo, 2013.

Baines, S. G. "A usina hidrelétrica de Balbina e o deslocamento compulsório dos Waimiri-atroari." In *Anais do Seminário "A questão energética na Amazônia: avaliação e perspectivas sócio-ambientais"*. Belém: Núcleo de Altos Estudos Amazônicos, Universidade Federal do Pará/Museu Paraense Emílio Goeldi, 1994.

Barbosa, D. 2014. "As 18 maiores companhias de cimento do mundo: com união da Holcim e da Lafarge, CNBM dever perder a liderança desse mercado." *Exame*. https://exame.abril.com.br/negocios/as-18-maiores-companhias-de-cimento-do-mundo/.

Barnes, J., and Alatout, S. 2012. "Water Worlds: Introduction to the Special Issue." Special issue, *Social Studies of Science* 42, no. 4: 483-488.

Barrucho, L. 2018. "50 anos do AI-5: os números por trás do 'milagre econômico' da ditadura no Brasil." *BBC Brasil*. https://www.bbc.com/portuguese/brasil-45960213.

Barth, F. T. "Aspectos institucionais do gerenciamento de recursos hídricos." In: *Águas doces no Brasil: capital ecológico, uso e conservação*, edited by S. A. C. Rebouças, B. Braga, and J. G. Tundisi, 565-599. 3rd ed. São Paulo: Escrituras, 1999.

Bhattacharyya, S.; Hodler, R. 2010. "Natural resources, democracy and corruption". *European Economic Review* no. 54: 608–621.

Becker, B. K. 2012. "A geografia e o resgate da geopolítica." *Espaço Aberto: Revista do Programa de Pós-Graduação em Geografia* 2, no. 1: 117-150.

Benincá, D. *Energia e cidadania: a luta dos atingidos por barragens.* São Paulo: Cortez, 2011.

Bicudo, H. *Lei de Segurança Nacional.* São Paulo: Edições Paulinas, 1986.

Bielschowsky, R. *Pensamento econômico brasileiro: o ciclo ideológico do desenvolvimentismo.* Rio de Janeiro: Ipea, Inpes, 1988.

Biondi, A. *O Brasil privatizado: um balanço do desmonte do Estado.* São Paulo: Editora Fundação Perseu Abramo, 2003. (Coleção Brasil Urgente).

Blaikie, P. *The Political Economy of Soil Erosion in Developing Countries.* London: Longman, 1985.

Blaikie, P., and Brookfield, H. *Land Degradation and Society.* London: Methuen, 1987.

Boas, T., D.F. Hidalgo, and N. Richardson (2011). The Spoils of Victory: Campaign Donations and Government Contracts in Brazil. *The Journal of Politics*, Vol. 76, No. 2, April 2014, Pp. 415–429.

Boito Jr., A., and Berringer, T. 2013. "Brasil: classes sociais, neodesenvolvimentismo e política externa nos governos Lula e Dilma." *Revista de Sociologia e Política* 21, no. 47: 31-38.

Braga, F.S. 2016. "Terra sim, barragem não!": o Movimento dos Atingidos por Barragens e seu papel na construção da waterscape durante a ditadura civil-militar no Brasil: aproximações. *Revista História Unicap*, vol. 3, no. 5 (jan./jun.): 71-84.

Braga, R. *Instrumentos para gestão ambiental e de recursos hídricos.* Recife: EdUFPE, 2009.

Branco, C. *Energia elétrica e capital estrangeiro no Brasil.* São Paulo: Alfa-Ômega, 1975.

Brandi, P. "Companhia Hidro Elétrica do São Francisco (CHESF)." In *Dicionário histórico-biográfico brasileiro: pós-1930*, edited by A. A. Abreu *et al.* Rio de Janeiro: CPDOC, 2010 (1). https://cpdoc.fgv.br/acervo/dhbb.

Brasil. *A energia elétrica no Brasil: da primeira lâmpada à Eletrobrás.* Rio de Janeiro: Biblioteca do Exército, 1977.

Brasil. *I Plano Nacional de Desenvolvimento (PND): 1972/74.* Rio de Janeiro: IBGE, 1971.

Brasil. *III Plano Nacional de Desenvolvimento (PND): 1980/85.* Rio de Janeiro: IBGE, 1980.

Ministério Público Federal (MPF). 2014. "MPF investiga prejuízos provocados por empresa vinculada a militares em obras da hidrelétrica de Tucuruí." http://www.prpa.mpf.mp.br/news/2014/mpf-investiga-prejuizos-provocados-por-empresa-vinculada-a-militares-em-obras-da-hidreletrica-de-tucurui.

Bresser-Pereira, L. C. 2006. "O novo-desenvolvimentismo e a ortodoxia convencional." *São Paulo em Perspectiva* 20, no. 3: 5-24.

Bresser-Pereira, L. C. *Macroeconomia da estagnação*. São Paulo: Editora 34, 2007.

Bresser-Pereira, L. C. *Globalização e competição*. Rio de Janeiro: Campus, 2009.

Budds, J.; Hinojosa, L. Restructuring and rescaling water governance in mining contexts: The co-production of waterscapes in Peru. *Water Alternatives*. v. 5, no. 1, 2012:119-137.

Budds, J., and Linton, J. 2014. "The Hydrosocial Cycle: Defining and Mobilizing a Relational-dialectical Approach to Water." *Geoforum* 57: 170-180.

Conselho Administrativo de Defesa Econômica (CADE). 2016. "Cade celebra acordo de leniência em investigação de cartel na licitação da usina de Belo Monte." http://www.cade.gov.br/ noticias/cade-celebra-acordo-de-leniencia-em-investigacao-de-cartel-na-licitacao-da-usina-de-belo-monte.

Campelo, L. 2017. "Belo Sun recebe Licença de Instalação e irá operar maior mina de ouro do país." *Brasil de Fato*. https://www.brasildefato.com.br/2017/02/02/belo-sun-recebe-licenca-de-instalacao-e-ira-operar-maior-mina-de-ouro-do-pais/.

Campos, P. H. P. 2012. "A ditadura dos empreiteiros: as empresas nacionais de construção pesada, suas formas associativas e o estado ditatorial brasileiro, 1964-1985." Tese de doutorado, Universidade Federal Fluminense.

Carvalho, M. C. 2013. "Financiamento da geração hidrelétrica de grande porte no Brasil: evolução e perspectivas." Dissertação de mestrado, Universidade de São Paulo.

Castree, N., Kitchin, R., and Rogers, A. "Political Ecology." In *A Dictionary of Human Geography*, Oxford University on line, 2013. DOI: 10.1093/acref/9780199599868.001.0001

Castro, J. E. 2007. "Water Governance in the Twentieth-first Century". *Ambiente & Sociedade* 10, no. 2: 97-118.

Castro, J. E. 2008. "Water Struggles, Citizenship and Governance in Latin America." *Development* 8, no. 1 (March): 2-7.

Cavlak, I. 2009. "A união entre Brasil e Argentina no desenvolvimentismo (1958-1962)." *Fronteiras: Revista Catarinense de História* no. 17: 189-210.

Cervo, A. L. 2003. "Política exterior e relações internacionais do Brasil: enfoque paradigmático." *Revista Brasileira de Política Internacional* 46, no. 2: 5-25.

Chaparro, M. C. C. "Cem anos de assessoria de imprensa." In *Assessoria de imprensa e relacionamento com a mídia*, edited by J. Duarte, 33-51. 2nd ed. São Paulo: Atlas, 2008.

Chaui, M. *Brasil: mito fundador e sociedade autoritária*. São Paulo: Fundação Perseu Abramo. 2000.

Chaui, M. 2013. "Marilena Chauí - Café de Ideias 2013." Gravado em 13/03/2013 no Centro Cultural Oscar Niemeyer, 2:23:51. https://www.youtube.com/watch?v=aKHvNM72HHo.

Chiavenato, J. J. *O golpe de 64 e a ditadura militar*. 3rd ed. São Paulo: Moderna, 2014.

Clark, G. 2008. "Política econômica e Estado." *Estudos Avançados* 22, no. 62: 207-217.

Claval, P. *A geografia cultural*. 3rd ed. Florianópolis: Editora da UFSC, 2007.

Colistete, R. P. 2001. "O desenvolvimentismo cepalino: problemas teóricos e influências no Brasil." *Revista de Estudos Avançados* 15, no. 41, 2001.

Conselho de Defesa dos Direitos da Pessoa Humana (CDDPH). 2011. "Relatório da Comissão Especial 'Atingidos por Barragens."

Cordeiro, J. M. *Direitas em Movimento: a campanha da mulher pela democracia e a ditadura no Brasil*. Rio de Janeiro: FGV, 2009.

Corrêa, A.; Costa, A. J. T. 2016. Usos na bacia hidrográfica do Paraíba do Sul: considerações acerca da escassez de água, inundações e áreas de preservação permanente no trecho fluminense. *Revista de Geografia (Recife)* V. 33, no. 3

Corrêa, M. L. 2003. "O setor de energia elétrica e a constituição do Estado no Brasil: o Conselho Nacional de Águas e Energia Elétrica (1939-1954)." Tese de doutorado, Universidade Federal Fluminense.

Corrêa, M. L. 2005. "Contribuição para uma história da regulamentação do setor de energia elétrica no Brasil: o Código de Águas de 1934 e o Conselho Nacional de Águas e Energia Elétrica." *Política & Sociedade*, no. 6: 255-291.

Cosgrove, D. "A geografia está em toda a parte: cultura e simbolismo nas paisagens humanas." In *Paisagem, tempo e cultura*, edited by R. L. Corrêa and Z. Rosendahl, 92-123. 2nd ed. Rio de Janeiro: EdUERJ, 2004.

Coutard, O.; Hanley, R. E., and Zimmermann, R., eds. *Sustaining Urban Networks: The Social Diffusion of Large Technical Systems*. Abingdon: Routledge, 2005.

Couto e Silva, G. *Conjuntura Política Nacional: o Poder Executivo & Geopolítica do Brasil*. São Paulo: Paz e Terra, 1981.

Craide, Sabrina. 2008. "Usina de Belo Monte será a única hidrelétrica do Rio Xingu, determina conselho." *Povos Indígenas no Brasil/Agência Brasil*. https://pib.socioambiental.org/pt/Not%C3%ADcias?id=58493

D'Araújo, M. C., Soares, G. A. D., and Castro, C. *Os anos de chumbo: a memória militar sobre a repressão*. Rio de Janeiro: Relume-Dumará, 1994.

D'Ávila, J. *Dictartorship in South America*.Oxford: Wiley-Blackwell, 2014.

Datafolha. 2013. "Para moradores de Altamira, Belo Monte trouxe renda e problemas." http://datafolha.folha.uol.com.br/opiniaopublica/2013/12/1386247-para-moradores-de-altamira-belo-monte-trouxe-renda-e-problemas.shtml.

De Angelis, M. 2004. Separating the Doing and the Deed: Capital and the Continuous Character of Enclosures. *Historical Materialism* 12, no. 2: 57–87.

De La Torre, J., and García-Zúñiga, M. 2013. "El impacto a largo plazo de la política industrial del desarrollismo español." *Investigaciones de Historia Economica* 9, no. 1: 43-53.

Dreifuss, R. A. *1964: a conquista do Estado: ação política, poder e golpe de classe.* 3rd ed. Petrópolis: Vozes, 1981.

Edwards, P. N. "Infrastructure and Modernity: Force, Time, and Social Organization in the History of Sociotechnical Systems." In *Modernity and Technology*, edited by T. J. Misa, P. Brey, and A. Feenberg, 185-225.Cambridge, London: MIT Press, 2003.

Eletrobrás. 2009. "Relatório de Impacto Ambiental – Rima – Aproveitamento hidrelétrico de Belo Monte." http://restrito.norteenergiasa.com.br/site/wp-content/uploads/2011/04/NE.Rima_.pdf.

Eletronorte. *Memória Técnica: usina hidrelétrica de Tucuruí.* Brasília: Projeto Memória Eletronorte, 1988.

Faria, A. L. G. *Ideologia no livro didático.* São Paulo: Cortez, 1994.

Fearnside, P. M. 2011. "Hidrelétricas amazônicas como emissoras de gases de efeito estufa." *Proposta* 35, no. 122: 24-28.

Fearnside, P. M. 2015. "Tropical Hydropower in the Clean Development Mechanism: Brazil's Santo Antônio Dam as an Example of the Need for Change." *Climatic Change* 131, no. 4: 575-589.

Ferreira, C. K. L. "Privatização do setor elétrico no Brasil." In *A privatização no Brasil: o caso dos serviços de utilidade pública*, edited by, A. C. Pinheiro, and K. Fukasaku, 179-220. Rio de Janeiro: BNDES, 2000.

Ferreira, P. C. G., and Malliagros, T. G. *Investimentos, fontes de financiamento e evolução do setor de infra-estrutura no Brasil: 1950-1996.* Rio de Janeiro: FGV, EPGE, 2010. (Ensaios Econômicos; 346).

Fico, C. *Reinventando o otimismo: ditadura, propaganda e imaginário social no Brasil.* Rio de Janeiro: FGV, 1997.

Fiori, J. L. 1994. "O nó cego do desenvolvimentismo brasileiro." *Novos Estudos* 40, no. 3: 126-144.

Fonseca, P. C. D. 2004. "Gênese e precursores do desenvolvimentismo no Brasil." *Pesquisa & Debate* 15, no. 2 (26): 2004.

Fonseca, P. C. D; Haines, A. F. 2012 "Desenvolvimentismo e política econômica: um cotejo entre Vargas e Perón". *Economia e Sociedade*, Campinas, v. 21, Número Especial, (dez.) 1043-1074.

Fonseca, P. C. D. *Desenvolvimentismo: a construção do conceito.* Brasília, Rio de Janeiro: Ipea, 2015.

Fonseca, P. C. D.; Mollo, M. L. R. 2013. "Desenvolvimentismo e novo-desenvolvimentismo: raízes teóricas e precisões conceituais." *Revista de Economia Política* 33, no. 2 (131): 222-239.

Forest, B., and Forest, P. 2012. "Engineering the North American Waterscape: The High Modernist Mapping of Continental Water Transfer Projects." *Political Geography* 31: 167-183.

Förster, B., and Bauch, M. 2015. "Einführung: Wasserinfrastrukturen und Macht Politisch-soziale Dimensionen technischer Systeme." In *Wasserinfrastrukturen und macht von der antike bis zur gegenwart*, edited by B. Förster and M. Bauch, 9-21. Berlin: De Gruyter Oldenbourg. (Historische Zeitschrift, 63).

Foschiera, A. A. 2009. "Da barranca do rio para a periferia dos centros urbanos: a trajetória do Movimento dos Atingidos por Barragens face às políticas do setor elétrico no Brasil." Tese de doutorado, Universidade Estadual Paulista.

Foucault, M. *A ordem do discurso*. Rio de Janeiro: Loyola, (1970) 2010.

Fragoso, H. "Lei de Segurança Nacional." In *Dicionário histórico-biográfico brasileiro: pós-1930*, edited by A. A. Abreu *et al.* Rio de Janeiro: CPDOC, 2010. https://cpdoc.fgv.br/acervo/dhbb.

Garzón, L. F. N. 2014. "Complexo Hidrelétrico do Rio Madeira: a marcha forçada sobre os territórios." Entrevista concedida à *Revista Eletrônica Envolverde*. http://envolverde.com.br/interneambiente/complexo-hidreletrico-rio-madeira-marcha-forcada-sobre-os-territorios.

Germani, G. 1982. "Os expropriados de Itaipu. O conflito: Itaipu x Colonos." *Cadernos do PROPUR* 3 (Dezembro).

Germani, G. *Expropriados, terra e água: o conflito de Itaipu*. Salvador: Ulbra, 2010.

Giddens, A. *The constitution of society: Outline of the theory of structuration*. Berkeley: University of California Press, 1984.

Gomes, A. C S.; Albarca, Carlos D.; Faria, E. S. T., and Fernandes, H. H. *BNDES 50 anos: histórias setoriais: o setor elétrico*. 2002. http://www.bndes.gov.br/SiteBNDES/export/sites/default/bndes_pt/Galerias/Arquivos/conhecimento/livro_setorial/setorial14.pdf

Gomes, J. P. P., and Vieira, M. M. F. 2009. "O campo da energia elétrica no Brasil de 1880 a 2002." *RAP* 43, no. 2 (Março-Abril): 295-321.

Gomes, V. L. C., and Lena Júnior, H. "Doutrina de Segurança Nacional e Atos Institucionais: entendendo o modus operandi do regime militar no Brasil (1964-1985)." In: *Ecos do Desenvolvimento: uma história do pensamento econômico brasileiro*, edited by M. M. Malta, 125-163. Rio de Janeiro: Ipea, 2011.

Gonzalez, M. J. F., Almeida, S. C. F., Costa, C. E. L., Ribeiro, E. P., Albuquerque, J. R., and Santos Júnior, M. R. *O Brasil e o Banco Mundial: um diagnóstico das relações econômicas 1949-1989*. Rio de Janeiro: IPEA/IPLAN, 1990.

Gregolin, M. R. V. 1995. "Análise do discurso: conceitos e objetivos." *Alfa* 39: 13-21.

Gribble, R. 2003. "Anti-communism, Patrick Peyton, CSC and the C.I.A. (Congregation of Holy Cross)." *Journal of Church and State/J.M. Dawsons Studies on Church and State*. (June).

Gumbo, B., and Van der Zaag, P. 2002. "Water Losses and the Political Constraints to Demand Management: The Case of the City of Mutare, Zimbabwe." *Physics and Chemistry of the Earth* 27: 805-813.

Hajer, M. 2003. "Policy without polity? Policy Analysis and the Institutional Void." *Policy Sciences* 36: 175-195.

Hallewell, L. *O livro no Brasil: sua história*. 3rd ed. São Paulo: Edusp, 2012.

Harvey, D. *Condição pós-moderna*. São Paulo: Edições Loyola, 2002.

Henkes, S. L. (2003). Histórico legal e institucional dos recursos hídricos no Brasil. Jus Navigandi – Doutrina. http://jus2.uol.com.br/doutrina/texto.asp?id=4146

Hobsbawm, E. *A era dos extremos: o breve século XX – 1914-1991*. São Paulo: Companhia das Letras, 2005.

Instituto Brasileiro de Geografia e Estatística (IBGE). 2000. Séries históricas e estatísticas. https://seriesestatisticas.ibge.gov.br/default.aspx.

Instituto Brasileiro de Geografia e Estatística (IBGE). 2010. Censo Demográfico. https://censo2010.ibge.gov.br/

Instituto de Pesquisa Econômica Aplicada (IPEA). 2017. "Atlas da violência 2017." http://www.ipea.gov.br/portal/images/170602_atlas_da_violencia_2017.pdf

Instituto de Pesquisa Econômica Aplicada (IPEA). 2010. "Usina Hidrelétrica de Itaipu. Desafios do Desenvolvimento." *Revista Desafios do Desenvolvimento* 7, no. 60. http://desafios.ipea.gov.br/index.php?option=com_content&id=2328:catid=28

Jacobi, P. R., and Barbi, F. "Governança dos recursos hídricos e participação da sociedade civil." In *Anais do II Seminário Nacional Movimentos Sociais, Participação e Democracia*. Florianópolis: Núcleo de Pesquisa em Movimentos Sociais – NPMS/UFSC, 2007.

Josephson, P. R. Industrialized nature: brute force technology and the transformation of the natural world. London: Island Press/ Shearwater Books, 2002.

Jowett, G. S., and O'Donnell, V. *Propaganda and Persuasion*. 5th ed. Thousand Oaks, CA: SAGE, 2012.

Kallis, G. 2010. "Coevolution in Water Resource Development: The Vicious Cycle of Water Supply and Demand in Athens, Greece." *Ecological Economics* 69: 796-809.

Kemerink, J. S., Mbuvi, D., and Schwartz, K. "Governance Shifts in the Water Services Sector: A Case Study of the Zambia Water Services Sector." In *Water Services*

Management and Governance: Lessons for a Sustainable Future, edited by T. S. Katko, P. S. Juuti, and K. Schwartz, 3-11. London: IWA Publishing, 2012.

Kornis, M. "Conselho de Segurança Nacional." In *Dicionário histórico-biográfico brasileiro: pós-1930*, edited by A. A. Abreu *et al.* Rio de Janeiro: CPDOC, 2010. https://cpdoc.fgv.br/acervo/dhbb.

Krause, K. I. 2016."O Brasil de Amaral Netto, o repórter: 1968-1985." Tese de Doutorado, Universidade Federal Fluminense.

Künneke, R. W., and Groenewegen, J. "Challenges for Readjusting the Governance of Network Industries." In *The Governance of Network Industries: Institutions, Technology and Policy in Reregulated Infrastructures*, edited by R. Künneke, J. Groenewegen, and J.-F. Auger, 1-22. Cheltenham, UK, and Northampton, MA: Elgar, 2009.

Kunzler, C. E., and Wizniewsky, C. R. F. 2007. "A ideologia nos livros didáticos de geografia." *Terra Livre* 1, no. 28: 197-220.

Larkin, B. 2013. "The Politics and Poetics of Infrastructure." *Annual Review of Anthropology* 42, no. 1: 327-343.

Lefebvre, H. *A revolução urbana.* Belo Horizonte: Editora UFMG, 1999.

Leftwich A.; Sen, K. *Beyond institutions: Institutions and organizations in the politics and economics of poverty reduction – Thematic synthesis of research evidence.* DFID-funded Research Programme Consortium on Improving Institutions for Pro-Poor Growth (IPPG). Manchester: University of Manchester, 2010.

Leite, A. D. *A energia do Brasil.* Rio de Janeiro: Nova Fronteira, 1997.

Linton, J. *What is water?: the history of a modern abstraction.* Vancouver: UBC Press, 2010.

Lopes, L. *Memórias do desenvolvimento.* Rio de Janeiro: Centro da Memória da Eletricidade no Brasil, 1991.

Luchini, A.M. 2000. O Arranjo Institucional Proposto para a Gestão dos Recursos Hídricos da Bacia Hidrográfica do Rio Paraíba do Sul. *Cadernos EBAP.* No. 104.

Luna, F. V., and Klein, H. S. "Transformações econômicas no período militar (1964-1985)." In *A ditadura que mudou o Brasil: 50 anos do golpe de 1964*, edited by D. A. Reis, M. Ridenti, and R. P. S. Motta, 66-111. Rio de Janeiro: Zahar, 2014.

Mackin, R. "Teología de la liberación y movimientos sociales." In *Movimientos sociales en America Latina: perspectivas, tendencias y casos*, edited by P. Almeida, and A. Cordero Ulate, 181-210. Buenos Aires: CLACSO, 2017.

Maia, T. A. 2017. "As comemorações cívicas do 1º de Maio nos cinejornais da Agência Nacional na ditadura militar (1964-1979)." *Revista Transversos* (Dossiê: Vulnerabilidades: pluralidade e cidadania cultural) 4, no. 9 (Abril): 280-299.

Mann, M. 2008. "Infrastructural Power Revisited." *Studies in Comparative International Development* 43, no. 3 (December): 355-365.

Marks, D. 2015. "The Urban Political Ecology of the 2011 Floods in Bangkok: The Creation of Uneven Vulnerabilities." *Pacific Affairs* 88, no. 3 (September).

Martins, R. C. 1999. "Ditadura militar e propaganda política: a revista *Manchete* durante o governo Médici." Dissertação de mestrado, 1999.

Matiello, C. 2005. "Práticas e representações da ditadura militar na propaganda de desapropriação da Itaipu Binacional." *Revista da Faculdade de Direito da UFPR* 43.

Matos, H. "Governo Médici: discurso oculto na comunicação institucional – o caso da AERP." In Moura, C. P. *História das relações públicas*: fragmentos da memória de uma área. Porto Alegre: EdiPUCRS, 2008.

Matthews, N., and Geheb, K. *Hydropower Development in the Mekong Region: Political, Socio-Economic and Environmental Perspectives*. London: Routledge, 2014.

Mattos, M. B. *Trabalhadores e sindicatos no Brasil*. São Paulo: Expressão Popular, 2009.

Mayhew, S. "Political Ecology." In *A Dictionary of Geography*. 4th ed. Oxford University on line, 2009. DOI: 10.1093/acref/9780199231805.001.0001

McCully, P. 2001. "The Use of a Trilateral Network: An Activist's Perspective on the Formation of the World Commission on Dams." *American University International Law Review* 16, no. 6: 1453-1475.

McFarlane, C., and Rutherford, J. 2008. "Political Infrastructures: Governing and Experiencing the Fabric of the City." *International Journal for Urban and Regional Research* 32, no. 2: 363-374.

Medeiros, R. A. *História & energia: o capital privado na reestruturação do setor elétrico brasileiro*. São Paulo: Eletropaulo, Departamento de Patrimônio Histórico, 1996.

Mehta, L. and Karpouzoglou, T. 2015. "Limits of Policy and Planning in Peri-urban Waterscapes: The Case of Ghaziabad, Delhi, India." *Habitat International* 48: 159-168.

Memória da Eletricidade. *Eletronorte - 25 anos*. Edited by Ligia Maria Martins Cabral. Rio de janeiro, 1998.

Memória da Eletricidade. História do setor elétrico. 2017. https://portal.memoriadaeletricidade.com.br/.

Mignolo, W. D. 2007. "Coloniality and Modernity/Rationality". *Cultural Studies*, 21, nos. 2–3: 155–67.

Ministério da Defesa. *Doutrina militar de defesa*. 2ª ed., 2007.

Ministério da Defesa. 2012. *Política Nacional de Defesa / Estratégia nacional de defesa*. https://www.defesa.gov.br/arquivos/estado_e_defesa/END-PND_Optimized.pdf.

Molle, F. 2008. "Nirvana Concepts, Narratives and Policy Models: Insight from the Water Sector." *Water Alternatives* 1, no. 1: 131-156.

Molle, F. 2009. "River Basin Planning and Management: The Social Life of a Concept." *Geoforum* 40, no. 3: 484-494.

Molle, F.; Mollinga, P.P. and Wester, P. 2009. Hydraulic bureaucracies and the hydraulic mission: Flows of water, flows of power. *Water Alternatives* 2(3): 328-349.

Moore, D., Dore, J., and Gyawali, D. 2010. "The World Commission on Dams + 10: Revisiting the Large Dam Controversy." *Water Alternatives* 3, no. 2 (June): 3-13.

Moreira, L. 2012 "Ribeirão do inferno: a primeira hidrelétrica do Brasil." *O Empreiteiro*. http://www.revistaoe.com.br/Publicacoes/5749/Ribeirao_do_Inferno_a_primeira_hidreletrica_do_Brasil_.aspx

Motta, R. P. S. *Em guarda contra o perigo vermelho: o anticomunismo no Brasil.* São Paulo: Perspectiva, Fapesp, 2002.

Movimento dos Atingidos por Barragens (MAB). 2004. "Dossiê: Ditadura contra as populações atingidas por barragens aumenta a pobreza." http://www.midiaindependente.org/pt/blue/2004/05/281164.shtml.

Mundim, L. F. C. 2007. "Juarez Távora e Golbery do Couto e Silva : Escola Superior de Guerra e a organização do Estado brasileiro (1930-1960)." Dissertação de mestrado, Universidade Federal de Goiás.

Naves, L. M. C. 2014. "Assessoria de chumbos: a relação dos jornalistas com a Secretaria de imprensa da presidência da república durante os governos Costa e Silva e Médici." Dissertação de mestrado, Universidade de Brasília.

Nixon, R. *Slow Violence and the Environmentalism of the Poor*. Cambridge: Harvard University Press, 2011.

Norgaard, R. B. *Development Betrayed: The End of Progress and a Coevolutionary Revisioning of the Future*. London: Routledge, 1994.

Norte Energia. 2016. "Relatório Belo Monte Projeto Básico Ambiental: componente indígena." http://restrito.norteenergiasa.com.br/site/wp-content/uploads/2016/02/RelatorioPBA-CI_versao-completa-em-PDF-1.pdf.

North, D. *Institutions, institutional change, and economic performance*. New York: Cambridge University Press, 1990.

O'Connor, J. *Natural Causes: essays in ecological Marxism*. New York and London: The Guilford Press, 1998.

Organização para a Cooperação e Desenvolvimento Econômico (OCDE). *Governança dos Recursos Hídricos no Brasil*. Paris: OECD Publishing, 2015.

Oliveira, M. T. C. "O ISEB e seu projeto de 'Educação Ideológica'." In *Anais do XXIV Simpósio Nacional de História da Associação Nacional de História – ANPUH*. São Leopoldo: Unisinos, 2007.

Oliveira, M. X., and Cordenonsi, A. Z. 2015. "O discurso dos livros didáticos de geografia: as diferenças entre o período militar e a primeira quinzena do século XXI." *Revista do Departamento de Geografia da USP* 29: 367-390.

Oliveira, R. "A propaganda e a publicidade no Governo Médici: muito além do ufanismo." *Anais do XV Encontro regional de história da ANPUH-Rio*. São Gonçalo: ANPUH-RIO, 2012.

Oreiro, J. L. C. 2012. "Novo-desenvolvimentismo, crescimento econômico e regimes de política macroeconômica." *Estudos Avançados* 26, no. 75: 29-40.

Organisation for Economic Cooperation and Development (OECD). 2011. "Water Governance in OECD Countries: A Multi-level Approach". Paris: OECD Publishing, 2011. http://dx.doi.org/10.1787/9789264119284-en

Parry-Giles, S. J. *The Rhetorical Presidency, Propaganda, and the Cold War: 1945-1955.* Westport, CT: Praeger, 2002.

Paula, M. "Obstáculos para o desenvolvimento? Direitos humanos, políticas de infraestrutura e megaeventos no Brasil." In *Um campeão visto de perto: uma análise do modelo de desenvolvimento brasileiro*, edited by D. Bartelt, 94-105. Rio de Janeiro: Heinrich-Böll-Stiftung, 2012. (Série Democracia).

Pinheiro, M. F. B. 2007. "Problemas sociais e institucionais na implantação de hidrelétricas: seleção de casos recentes no Brasil e casos relevantes em outros países." Dissertação de mestrado, Universidade Estadual de Campinas.

Porto, M. F. A. and Porto, R. L. (2008). Gestão de bacias hidrográficas. *Estudos Avançados*, 22(63), 43-60. https://dx.doi.org/10.1590/S0103-40142008000200004

Pratkanis, A. R., and Aronson, E. *Age of Propaganda: The Everyday Use and Abuse of Persuasion.* 2nd ed. New York: Freeman, 2001.

Pratkanis, A. R., and Turner, M. E. 1996. "Persuasion and Democracy: Strategies for Increasing Deliberative Participation and Social Change." *Journal of Social Issues* 52: 187-205.

Programa das Nações Unidas para o Desenvolvimento (PNUD). *Atlas do Desenvolvimento Humano no Brasil*; Instituto de Pesquisa Econômica Aplicada – IPEA; Fundação João Pinheiro – FJP, 2013.

Québec. *Water. Our Life. Our Future*. Québec: Water Policy, 2002.

Ramos, P. A. "Golbery do Couto e Silva In *Dicionário histórico-biográfico brasileiro: pós-1930*, edited by A. A. Abreu *et al.* Rio de Janeiro: CPDOC, 2010. https://cpdoc.fgv.br/acervo/dhbb.

Reis, D. A. *Ditadura militar, esquerdas e sociedade*. Rio de Janeiro: Zahar, 2000.

Reis, M. J. 2012. "Projetos de grande escala e campos sociais de conflito: considerações sobre as implicações socioambientais e políticas da instalação de hidrelétricas." *InterThesis* 9, no. 1, (Janeiro-Junho): 96-126.

Reis, M. J., and Scherer-Warren, I. "Do local ao global: a trajetória do Movimento dos Atingidos por Barragens (MAB) e sua articulação em redes." In: *Vidas alagadas: conflitos socioambientais, licenciamento e barragens*, edited by F. D. Rothman. Viçosa: Editora UFV, 2007.

Ricouer, P. *A memória, a história, o esquecimento*. Campinas: Editora da Unicamp, 2007.

Ridenti, M. 2016. "The Debate over Military (or Civilian Military?) Dictatorship in Brazil in Historiographical Context". *The Bulletin of Latin American Research*, v. 35, no. 4. Special Issue: Dictatorship and its legacies in Brazil.

Risse, T.; Lehmkuhl, U. "Regieren ohne Staat? Governance in Räumen begrenzter Staatlichkeit." In *Regieren ohne Staat? Governance in Räumen begrenzter Staatlichkeit*, edited by T. Risse, and U. Lehmkuhl, 13-37. Baden-Baden: Nomos, 2007.

Robbins, P. *Political Ecology: A Critical Introduction*. 2nd ed. West Sussex: Wiley-Blackwell, 2011.

Rothman, F. D. 2001. "A Comparative Study of Dam-Resistance Campaigns and Environmental Policy in Brazil." *Journal of Environment & Development* 10, no. 4: 317-344.

Rothman, F. D., and Oliver, P. E. 1999. "From Local to Global: The Anti-dam Movement in Southern Brazil, 1979-1992." *Mobilization: An International Journal* 4, no. 1: 41-57.

Sader, E. *Quando novos personagens entraram em cena: experiências e lutas dos trabalhadores da Grande São Paulo, 1970-80*. 4th ed. Rio de Janeiro: Paz e Terra, 2001.

Sánchez, F. *A reinvenção das cidades para um mercado mundial*. Chapecó: Argos, 2003.

Santana, E. L. "Campanha de desestabilização de Jango: as 'donas' saem às ruas!" In *Ditadura militar na Bahia: novos olhares, novos objetivos, novos horizontes*, edited by Zachariadhes, G. C., 13-29. Salvador: EDUFBA, 2009. v. 1.

Santos, L. Q., and Gomes, E. B. *Suspensão de segurança, neodesenvolvimentismo e violações de direitos humanos no Brasil*. São Paulo: Monalisa, 2015.

Santos, M. *A natureza do espaço: técnica e tempo, razão e emoção*. 4th ed. São Paulo: Edusp, 2006. (Coleção Milton Santos, 1).

Sauri, D., and Del Moral, L. 2001. "Recent Developments in Spanish Water Policy: Alternatives and Conflicts at the End of the Hydraulic Age." *Geoforum* 32: 351-362.

Schneider, N. *Brazilian Propaganda: Legitimizing a Military Regime*. Gainesville: University Press of Florida, 2014.

Schneider, N. 2017. "Propaganda ditatorial e invasão do cotidiano." *Estudos Ibero-Americanos* 4, no. 2: 333-345.

Schott, D. "Empowering European Cities: Gas and Electricity in the Urban Environment." In *Urban Machinery: Inside Modern European Cities*, edited by M. Hard, and T. J. Misa, 165-186. Cambridge, MA, and London: MIT Press, 2008.

Simões, R. D., Ramos, V. S., and Ramos, D. S. 2018. "O livro didático e a ditadura no Brasil." *Poiésis: Revista do Programa de Pós-Graduação em Educação* 12, no. 21 (Janeiro-Junho): 251-266.

Silva, E. R. 1998. "O curso da água na história: simbologia, moralidade e a gestão de recursos hídricos." Tese de doutorado, Fundação Oswaldo Cruz.

Silva, J. C., and Barros, C. 2016. "A terra das mortes sob encomenda." *Pública*. https://apublica.org/2016/10/a-terra-das-mortes-sob-encomenda/.

Silva, M. G. *Parametrização da emissão de metano na interface água atmosfera em hidrelétricas*. São José dos Campos: INPE, 2015.

Slinger, J., Hermans, L., Gupta, J., Van der Zaag, P., Ahlers, R., and Mostert, E. "The Governance of Large Dams: A New Research Area. In *Principles of Good Governance at Different Water Governance Levels*, edited by M. R. van der Valk, and P. Keenan, 33-44. Unesco, 2011.

Souza, E. R. 2009. "O ISEB e o nacional-desenvolvimentismo: a intelligentsia brasileira nos anos 50." *Contemporâneos*, no 4 (Maio-Outubro).

Souza, P. H. G. F. 2016. "A desigualdade vista do topo: a concentração de renda entre os ricos no Brasil, 1926-2013." Tese de doutorado, Universidade de Brasília.

Strauss, K. 1988. "Engineering ideology." *IEE Proceedings* 135, no. 5 (May).

Swyngedouw, E. 1999. "Modernity and Hybridity: Nature, Regeneracionismo, and the Production of the Spanish Waterscape, 1890-1930." *Annals of the Association of American Geographers* 89, no. 3: 443-465.

Swyngedouw, E., and Heynen, N. C. 2003. "Urban Political Ecology, Justice and the Politics of Scale." Special issue, *Antipode*, 898-918.

Swyngedouw, E. *Social Power and the Urbanization of Water: Flows of Power*. Oxford: Oxford University Press, 2004.

Swyngedouw, E. 2007. "Technonatural Revolutions: The Scalar Politics of Franco's Hydro-social Dream for Spain, 1939-1975." *Transactions of the Institute of British Geographers* 32, no. 1 (January): 9-28.

Swyngedouw, E. *Place, Nature and the Question of Scale: Interrogating the Production of Nature*. Berlin: Berlin-Brandenburgische Akademie der Wissenschaften, 2010.

Swyngedouw, E. 2014. "Not A Drop of Water...": State, Modernity and the Production of Nature in Spain, 1898-2010. Environment and History. no. 20: 67–92

Taithe, B., and Thornton, T. (Ed.). *Propaganda: Political Rhetoric and Identity, 1300-2000*. Oxford: Sutton, 2000.

Tautz, C.; Pinto, J. R. L., and Fainguelernt, M. B. "O Grande agente da mudança – a expansão Nacional e transnacional de empresas Brasileiras por meio do BNDES". In *Um campeão visto de perto: uma análise do modelo de desenvolvimento brasileiro*, edited by D. Bartelt, 63-78. Rio de Janeiro: Heinrich-Böll-Stiftung, 2012. (Série Democracia).

Telles, V. S. 1988. "Anos 70: experiências, práticas e espaços políticos." In *As lutas sociais e a cidade – São Paulo: passado e presente*, edited by L. Kowarick, 252-253. Rio de Janeiro: Paz e Terra.

Toledo, C. N. 2004. "1964: O golpe contra as reformas e a democracia." *Revista Brasileira de História* 24, no. 47: 13-28.

Toledo, C. N. 2005. "50 anos de fundação do Iseb." *Jornal da Unicamp*, no. 296 (Agosto), 11. http://www.unicamp.br/unicamp/unicamp_hoje/ju/agosto2005/ju296pag11.html.

Tucci, C. E. M. 2004. "Desenvolvimento dos recursos hídricos no Brasil." Global Water Partnership. https://www.cepal.org/drni/proyectos/samtac/inbr00404.pdf.

Unesco. 2003. "Water for People, Water for Life. The United Nations World Water Development Report." https://unesdoc.unesco.org/ark:/48223/pf0000129556.

United Nations. "The Human Right to Water and Sanitation: Milestones." http://www.un.org/waterforlifedecade/pdf/human_right_to_water_and_sanitation_mileston es.pdf.

Vainer, C. 2004. "Águas para a vida, não para a morte: notas para uma história do movimento de atingidos por barragens no Brasil." In *Justiça ambiental e cidadania*, edited by H. Acselrad and J. A. Pádua, 185-215. Rio de Janeiro: Relume Dumará, Fundação Ford.

Valença, F. "José Costa Cavalcanti." In *Dicionário histórico-biográfico brasileiro: pós-1930*, edited by A. A. Abreu *et al.* Rio de Janeiro: CPDOC, 2010. https://cpdoc.fgv.br/acervo/dhbb.

Van der Zaag, P., and Savenije, H. H. G. "Princípios da gestão integrada de recursos hídricos." In *Gestão Integrada de Bacias Hidrográficas*. Frutal: UNESCO-IHE/Hidroex, 2012.

Velloso, V. "Shigeaki Ueki In *Dicionário histórico-biográfico brasileiro: pós-1930*, edited by A. A. Abreu *et al.* Rio de Janeiro: CPDOC, 2010. https://cpdoc.fgv.br/acervo/dhbb.

Vlach, V. R. F. 2003. "Estudo preliminar acerca dos geopolíticos militares brasileiros." *Terra Brasilis*, no. 4-5. DOI: 10.4000/terrabrasilis.359.

Wiesebron, M.L. 2016. Política Externa Independente, from Geisel to Lula. *Iberoamericana*, XVI, 62: 27-42.

Wiesebron, M.L. 2016. Legacies and repercussions of the military dictatorship in the Brazil of today. Introduction. *Iberoamericana*, XVI, 62: 7-11.

Wilford, H. *The Mighty Wurlitzer: How the CIA Played America.* Cambridge, London: Harvard University Press, 2008.

World Bank. 1992. "Governance and Development." http://documents.worldbank.org/ curated/en/604951468739447676/pdf/multi-page.pdf.

World Commission on Dams (WCD), 2000. Dams and development: a new framework for decision-making. London: Earthscan Publications.

Wynn, G. "Foreword." In Linton, J. *What Is Water? The History of a Modern Abstraction*, IX-XVI. Vancouver: UBCpress, 2010.

Yang, Jo-Shing. 2018. The New "Water Barons": Wall Street Mega-Banks are Buying up the World's Water. https://www.globalresearch.ca/the-new-water-barons-wall-street-mega-banks-are-buying-up-the-worlds-water/5383274.

Zhouri, A., and Oliveira, R. 2007 "Desenvolvimento, conflitos sociais e violência no Brasil rural: o caso das usinas hidrelétricas.". *Ambiente & Sociedade* 10, no. 2 (Julho-Dezembro): 119-135.

Zwarteveen, M., "Regulating Water, Ordering Society: Practices and Politics of Water Governance" (inaugural lecture 529, University of Amsterdam, Amsterdam, 2015).

Zukin, S. "Paisagens urbanas pós-modernas: mapeando cultura e poder." In *O espaço da diferença*, edited by A. A. Arantes, 80-103. Campinas: Papirus, 2000.

JORNAIS E REVISTAS

200 presos em Tucuruí na visita de Figueiredo. *Revista Resistência*. Belém, Pará, julho de 1981. Ano IV n. 27.

25 anos fazendo barulho para acordar o gigante. *O Estado de São Paulo*. 6/09/1970.

A importância da energia para a Alumar. *Gazeta mercantil*. Suplemento 1, 22/11/1984, p.1.

A vitória do peixe-boi. *O Estado de São Paulo*, 11/02/1987.

Amazônia ganha hoje progresso de Tucuruí. *O Estado de São Paulo*, 22/11/1984, p.1 e 36.

Balbina pode provocar desastre ecológico. *Folha de São Paulo*. 06/07/1987, p. 14.

Balbina: uma fonte de prejuízo. *Jornal do Comércio*, 31 de julho de 1988.

Balbina: uma usina de prejuízos? *A Notícia*, Manaus, 31 de julho de 1988.

Barragem provocará a morte de dois povos livres. *Revista Tempo e presença*, n. 143. Outubro de 1978. Centro Ecumênico de Informação.

Belfort responde ao Movimento de apoio ao Waimiri-Atroari. *Jornal do Comércio*, 28 de setembro de 1984.

Belo Monte ameaça o futuro sustentável da Amazônia. *Folha de São Paulo*.01/01/2011, p. B4.

Biólogos vêem ecologia sob ameaça em Balbina. *O Estado de São Paulo*, 19/06/1986, p 16.

Castello Branco, Carlos. As coisas vistas do lado do Governo. *Jornal do Brasil*. 07/02/1970. Edição 260. p. 4.

Castello Branco, Carlos. O equívoco das relações públicas. *Jornal do Brasil*. 22/01/1970. Edição 246. p. 4.

Com a energia, Tucuruí traz a desorganização social. *Folha de São Paulo*. 4 de dezembro de 1984, p. 9.

Com Tucuruí, 7 rios e 8 cidades vão desaparecer. *O Estado de São Paulo*. 18/03/1976, p. 38.

Continuamos contribuindo para o progresso de nosso país. *O Estado de São Paulo*, 19/06/1969.

Cooperação francesa: US$ 510mi. *Jornal do Comércio*. 13/04/01982. p. 5.

Costa afirma sua imagem. *O Estado de São Paulo*, 30/06/1967, p.5.

Eles vão me matar. *Carta capital*. 06/03/2012. Disponível em: https://www.cartacapital.com.br/sociedade/eles-vao-me-matar/. Acesso em 12/01/2019.

Eletrobrás: 15 anos garantindo o progresso. *Veja*, 15/06/1977.

Eletronorte talvez não desmate área de Balbina. *Folha de São Paulo*, 17 de dezembro de 1984.

Em ação, Sobradinho. *Folha de São Paulo*, 28 de maio de 1978.

Empreiteira corre para remover moradores. *Folha de São Paulo*. 01/02/2015. Mercado, p. B6.

Euforia no mercado de publicidade. *Folha de São Paulo*, 02/12/1984.

Figueiredo inaugura a usina, a quarta maior do mundo. *O Globo*. 22/11/1984, p. 21.

Florestas afogadas. *Folha de São Paulo*, 29/06/1984.

Franceses emprestam US$885mi a Delfim. *Jornal do Comércio*. 22/04/01982. p. 5.

GE. A energia que antecipa o futuro. *O Estado de São Paulo*, 03/10/1979.

Grande projeto amazônico: uma fábrica de desemprego". *Jornal Resistência*. n. 41, outubro de 1982.

Grandes hidrelétricas da Amazônia. *Folha de São Paulo*, 22/10/1986.

Grandes obras deixam como herança progresso e caos. *O Estado de São Paulo*.15/06/2014. Caderno de Economia, P. B4.

Há 80 milhões de KW nos rios da Amazônia". *O Estado de São Paulo*, de 07 de julho de 1974, p.52.

Inferno na fronteira verde. *Veja*, 8 de novembro de 1995.
https://web.archive.org/web/20090827110336/http://veja.abril.com.br/arquivo_veja/capa_081
11995.shtml

IPTU bem camarada. *Veja*, 19 de setembro de 2001.
https://web.archive.org/web/20101124082822/http://veja.abril.com.br/190901/p_042.html

Jornal do Brasil, Edição 170, 25/09/1977. p.28-32

Jornal do Brasil, Edição 329, 1974, p.10;

Jornal O Interior. 08/08/1983.

Nova São Paulo na Amazônia. *Gazeta Mercantil*. Suplemento, 22/11/1984, p. 4.

O Estado de São Paulo, 30/8/1968. Caderno Turismo, p. 4.

O futuro toma posse da Amazônia. *Folha de São Paulo*, 02/12/1984, 1ª página.

O lago de Balbina põe em risco os animais. *O Estado de São Paulo*,7 de outubro de 1987, p. 12.

O sertão sonha com Sobradinho". *O Estado de São Paulo*, 06/08/1972, p.34.

O velho S. Francisco, um rio agonizante. *O Estado de São Paulo*, 09 de março de 1980, p. 24.

Os mesmos índios beiços-de-pau. *Folha de São Paulo*. 30/12/1984.

Pesquisa "O que o brasileiro pensa da inflação e dos salários". *Revista Manchete*, edição 1483 de 1980.

Pronunciamento do presidente Médici na inauguração da sede do Sindicato dos Jornalistas, em São Paulo, setembro de 1970. *O Estado de São Paulo*, setembro de 1970.

Sardenberg, C. A. "O povo em movimento". *Revista Isto é*, 28/01/1981. p. 62-65.

Surge o lago. 12 vilas e uma cidade mudam de lugar. *O Globo*. 22/11/1984, p. 24.

Tributo sobre energia é prorrogado por 25 anos. *Folha de São Paulo*, 01/01/2011.

Tucuruí poderá utilizar herbicida para desmatar. *O Estado de São Paulo*, 14 de maio de 1982, 1ª página.

Tucuruí pronta para eletrificar Norte e Nordeste. *Folha de São Paulo*. 22/11/1984, p. 12.

Tucuruí, nova era para o Norte e o Nordeste. *Gazeta Mercantil*. 22/11/1984, p. 1.

Tucuruí, para conquistar a Amazônia. *O Estado de São Paulo*. 23/09/1981, p. 1.

Tucuruí, uma usina gigante na floresta. *O Estado de São Paulo*. 18/09/1977, p. 18.

Tudo sobre Belo Monte. Especial. *Folha de São Paulo*, 2013. http://arte.folha.uol.com.br/especiais/2013/12/16/belo-monte/index.html. Acesso em 23/05/2018.

Um colosso na Amazônia. *Folha de São Paulo*. 20/11/2011. Caderno Mercado, p. B13.

Uma roda gigante bem brasileira. *Folha de São Paulo*. 24/10/1973.

Uma única turbina de Itaipu renderá 1 milhão de dólares por dia. *Revista Manchete* n. 1283. 1976.

Usiminas. A força do otimismo. *Veja*, edição 647. 04/07/1981.

Waldorf Astoria aplaude seringueiro. *Jornal do Brasil*, 28/02/1988.

FILMES E VÍDEOS

Cinejornal n 133 "O Brasil no seu tempo". Arquivo Nacional, Agência Nacional, 1969.

Filme "Aço, alfabetização e energia elétrica". Série "Você constrói o Brasil". Arquivo Nacional, Agência Nacional, 1972. BR RJANRIO EH.0.FIL, FIT.8.

Filme "BR-262: a transversal do progresso". Agência Nacional, 1971.

Filme "Construtores do progresso". Arquivo Nacional, Agência Nacional, 1970. BR RJANRIO EH.0.FIL, DCT.25.

Filme "Desenvolvimento e segurança". Arquivo Nacional, Agência Nacional, 1970. BR RJANRIO EH.0.FIL, FIT.122 e BR RJANRIO EH.0.FIL, FIT.123.

Filme "Em ritmo de futuro". Arquivo Nacional, Agência Nacional, 1970. BR RJANRIO EH.0.FIL, DCT.33.

Filme "Itaipu Binacional". Arquivo Nacional, Assessoria Especial de Relações Públicas (AERP), 1979.

Filme da campanha "1964/1982 –Brasil: 18 anos de desenvolvimento pela família brasileira". Arquivo Nacional, Secretaria de Imprensa e Divulgação da Presidência da República, 1982.

Filme da campanha "O Brasil é feito por nós". Arquivo Nacional, Assessoria Especial de Relações Públicas (AERP), 1978.

Filme da campanha "O Brasil que os brasileiros estão fazendo". Arquivo Nacional, Assessoria Especial de Relações Públicas (AERP), 1978.

Programa "O Povo e o Presidente". Alexandre Garcia entrevista o presidente João Figueiredo. TV Globo, 1982.

LEGISLAÇÃO

Brasil. Ato Institucional no. 2, de 27 de outubro de 1965. Mantem a Constituição Federal de 1946, as Constituições Estaduais e respectivas Emendas, com as alterações introduzidas pelo Poder Constituinte originário da Revolução de 31.03.1964, e dá outras providências.

Brasil. Ato Institucional no. 5, de 13 de dezembro de 1968. São mantidas a Constituição de 24 de janeiro de 1967 e as Constituições Estaduais; O Presidente da República poderá decretar a intervenção nos estados e municípios, sem as limitações previstas na Constituição, suspender os direitos políticos de quaisquer cidadãos pelo prazo de 10 anos e cassar mandatos eletivos federais, estaduais e municipais, e dá outras providências.

Brasil. Decreto 20.943, de 9 de Abril de 1946. Autoriza o Ginásio Santana, com sede em Santa Maria, no Estado do Rio Grande do Sul, a funcionar como colégio.

Brasil. Decreto 3.739 de 31 de janeiro de 2001. Dispõe sobre o cálculo da tarifa atualizada de referência para compensação financeira pela utilização de recursos hídricos, de que trata a Lei no 7.990, de 28 de dezembro de 1989, e da contribuição de reservatórios de montante para a geração de energia hidrelétrica, de que trata a Lei no 8.001, de 13 de março de 1990, e dá outras providências.

Brasil. Decreto 54.936 de 4 de novembro de 1964. Regulamenta, para as emprêsas concessionárias de serviços de energia elétrica, a aplicação do art. 5º da Lei n. 3.470, de 23 de novembro de 1958 e dos arts 3º a 6º da Lei n. 4.357, de 16 de junho de 1964, relativos à correção da tradução monetária do valor original dos bens do ativo imobilizado das pessoas jurídicas.

Brasil. Decreto 54.937 de 4 de novembro de 1964. Regulamenta o Decreto-lei n. 3.128, de 19 de março de 1941, e dá outras providências.

Brasil. Decreto 55.275, de 22 de dezembro de 1964. Cria o "Fundo de Financiamento para Aquisição de Máquinas e Equipamentos Industriais - FINAME" e dá outras providências.

Brasil. Decreto 57.690 de 1º de fevereiro de 1966. Aprova o Regulamento para a execução da Lei nº 4.680, de 18 de junho de 1965.

Brasil. Decreto 59.170, de 2 de setembro de 1966. Cria a Agência Especial de Financiamento Industrial - FINAME - incorporando o Fundo de Financiamento para Aquisição de Máquinas e Equipamentos Industriais - FINAME, criado pelo Decreto número 55.275, de 22 de dezembro de 1964, e dá outras providências.

Brasil. Decreto 73.030, de 30 de outubro de 1973. Cria, no âmbito do Ministério do Interior, a Secretaria Especial do Meio Ambiente - SEMA, e dá outras providências.

Brasil. Decreto 73.030, de 30 de outubro de 1973. Cria, no âmbito do Ministério do Interior, a Secretaria Especial do Meio Ambiente - SEMA, e dá outras providências.

Brasil. Decreto 74.279, de 11 de julho de 1974. Outorga à Centrais Elétricas do Norte do Brasil S.A. – ELETRONORTE, concessão para o aproveitamento progressivo da energia hidráulica do Rio Tocantins.

Brasil. Decreto 78.659 de 01 de novembro de 1976. Declara de utilidade pública, para fins de desapropriação, áreas de terra e benfeitorias, necessárias à implantação do canteiro de obras, e demais unidades de serviço, bem como à formação do reservatório da Usina Hidrelétrica de Tucuruí, da Centrais Elétricas do Norte do Brasil S. A – ELETRONORTE, localizadas no Estado do Pará.

Brasil. Decreto 788, de 14 de julho de 2005. Autoriza o Poder Executivo a implantar o Aproveitamento Hidroelétrico Belo Monte, localizado em trecho do Rio Xingu, no Estado do Pará, a ser desenvolvido após estudos de viabilidade pela Centrais Elétricas Brasileiras S.A. - Eletrobrás.

Brasil. Decreto 79.321, de 1º de março de 1977. Outorga à Centrais Elétricas do Norte do Brasil S.A. - ELETRONORTE concessão para o aproveitamento da energia hidráulica de um trecho do rio Uatumã, no local denominado Cachoeira Balbina, no Estado do Amazonas.

Brasil. Decreto 85.898 de 13 de abril de 1981. Declara de utilidade pública, para fins de desapropriação, áreas de terra e benfeitorias, necessárias a formação do reservatório da usina hidrelétrica de Balbina.

Brasil. Decreto 91.145, de 15 de março de 1985. Cria o Ministério do Desenvolvimento Urbano e Meio Ambiente, dispõe sobre sua estrutura, transferindo-lhe os órgãos que menciona, e dá outras providências.

Brasil. Decreto Legislativo nº 23 de abril de 1973.Tratado de Itaipu entre o Brasil e o Paraguai.

Brasil. Decreto nº 83.940, de 10 de setembro de 1979. Dispõe sobre a transferência do Conselho Interministerial de Preços (CIP) para a Secretaria de Planejamento da Presidência da República, e dá providências.

Brasil. Decreto no. 24.643, de 10 de julho de 1934. Decreta o Código das Águas.

Brasil. Decreto-Lei 1.106, de 16 de junho de 1970. Cria o Programa de Integração Nacional, altera a legislação do impôsto de renda das pessoas jurídicas na parte referente a incentivos fiscais e dá outras providências.

Brasil. Decreto-Lei 1.110, de 9 de julho de 1970. Cria o Instituto Nacional de Colonização e Reforma Agrária (INCRA), extingue o Instituto Brasileiro de Reforma Agrária, o Instituto Nacional de Desenvolvimento Agrário e o Grupo Executivo da Reforma Agrária e dá outras providências.

Brasil. Decreto-Lei 1.134, de 16 de novembro de 1970. Altera a sistemática de incentivos fiscais concedidos a empreendimentos florestais.

Brasil. Decreto-lei 1.164, de 1º de abril de 1971. Declara indispensáveis à segurança e ao desenvolvimento nacionais terras devolutas situadas na faixa de cem quilômetros de largura em cada lado do eixo de rodovias na Amazônia Legal, e dá outras providências.

Brasil. Decreto-Lei 1.179, de 6 de julho de 1971. Institui o Programa de Redistribuição de Terras e de Estímulo à Agro-indústria do Norte e do Nordeste (PROTERRA), altera a legislação do imposto de renda relativa a incentivos fiscais e dá outras providências.

Brasil. Decreto-Lei 1.243, de 30 de outubro de 1972. Eleva a dotação do Programa de Integração Nacional (PIN) criado pelo Decreto-lei nº 1.106, de 16 de junho de 1970, altera o Decreto-lei nº 1.164, de 1º de abril de 1971, e dá outras providências.

Brasil. Decreto-Lei 1.383 de 26 de dezembro de 1974. Altera a redação do artigo 4º da Lei nº 5.655, de 20 de maio de 1971 e dá outras providências.

Brasil. Decreto-lei 1.767, de 01 de fevereiro de 1980. Cria grupo executivo para regularização fundiária no Sudeste do Pará, Norte de Goiás e Oeste do Maranhão, e dá outras providências.

Brasil. Decreto-Lei 1.849, de 13 de janeiro 1981. Altera a redação do artigo 4º e seus parágrafos da Lei nº 5.655, de 20 de maio de 1971, e dá outras providências.

Brasil. Decreto-Lei 200, de 25 de fevereiro de 1967, que dispõe sobre a organização da Administração Federal, estabelece diretrizes para a Reforma Administrativa e dá outras providências.

Brasil. Decreto-Lei 314, de 13 de março de 1967. Define os crimes contra a segurança nacional, a ordem política e social e dá outras providências.

Brasil. Decreto-Lei 45, de 18 de novembro de 1966. Autoriza o Banco Nacional do Desenvolvimento Econômico a criar uma sociedade por ações que incorporará o FINAME, e dá outras providências.

Brasil. Decreto-Lei 689, de 18 de julho de 1969. Extingue o Conselho Nacional de Águas e Energia Elétrica, do Ministério das Minas e Energia, e dá outras providências.

Brasil. Decreto-Lei 898, de 29 de setembro de 1969. Define os crimes contra a segurança nacional, a ordem política e social, estabelece seu processo e julgamento e dá outras providências.

Brasil. Lei 12.016 de 7 de agosto de 2009. Disciplina o mandado de segurança individual e coletivo e dá outras providências.

Brasil. Lei 12.334 de 20 de setembro de 2010. Estabelece a Política Nacional de Segurança de Barragens destinadas à acumulação de água para quaisquer usos, à disposição final ou temporária de rejeitos e à acumulação de resíduos industriais, cria o Sistema Nacional de Informações sobre Segurança de Barragens e altera a redação do art. 35 da Lei no 9.433, de 8 de janeiro de 1997, e do art. 4o da Lei no 9.984, de 17 de julho de 2000.

Brasil. Lei 12.528 de 18 de novembro de 2011. Cria a Comissão Nacional da Verdade no âmbito da Casa Civil da Presidência da República.

Brasil. Lei 13.360 de 17 de novembro de 2016. Altera a Lei nº 5.655, de 20 de maio de 1971, a Lei nº 10.438, de 26 de abril de 2002, a Lei nº 9.648, de 27 de maio de 1998, a Lei nº 12.111, de 9 de dezembro de 2009, a Lei nº 12.783, de 11 de janeiro de 2013, a Lei nº 9.074, de 7 de julho de 1995, a Lei nº 7.990, de 28 de dezembro de 1989, a Lei nº 9.491, de 9 de setembro de 1997, a Lei nº 9.427, de 26 de dezembro de 1996, a Lei nº 10.848, de 15 de março de 2004, a Lei nº 11.488, de 15 de junho de 2007, a Lei nº 12.767, de 27 de dezembro de 2012, a Lei nº 13.334, de 13 de setembro de 2016, a Lei nº 13.169, de 6 de outubro de 2015, a Lei nº 11.909, de 4 de março de 2009, e a Lei nº 13.203, de 8 de dezembro de 2015; e dá outras providências.

Brasil. Lei 13.661 de 8 de maio de 2018. Altera a lei no. 8001, de 13 de março de 1990, para definir as parcelas pertencentes aos Estados e aos Municípios do produto da Compensação Financeira pela Utilização de Recursos Hídricos (CFURH).

Brasil. Lei 4.156, de 28 de novembro de 1962. Altera a legislação sôbre o Fundo Federal de Eletrificação e dá outras providências.

Brasil. Lei 4.341 de 13 de junho de 1964. Cria o Serviço Nacional de Informações.

Brasil. Lei 4.348, de 26 de junho de 1964. Estabelece normas processuais relativas a mandado de segurança.

Brasil. Lei 4.680, de 18 de junho de 1965. Dispõe sôbre o exercício da profissão de Publicitário e de Agenciador de Propaganda e dá outras providências.

Brasil. Lei 5.250 de 09 de fevereiro de 1967. Regula a liberdade de manifestação do pensamento e de informação.

Brasil. Lei 5.655 de 20 de maio de 1971. Dispõe sôbre a remuneração legal do investimento dos concessionários de serviços públicos de energia elétrica, e dá outras providências.

Brasil. Lei 5.662, de 21 de junho 1971. Enquadra o Banco Nacional do Desenvolvimento Econômico (BNDE) na categoria de emprêsa pública, e dá outras providências.

Brasil. Lei 541, de 15 de dezembro de 1948. Cria a Comissão do Vale do São Francisco, e dá outras providências.

Brasil. Lei 6.001, de 19 de dezembro de 1973. Dispõe sobre o Estatuto do Índio.

Brasil. Lei 6.620, de 17 de dezembro de 1978. Define os crimes contra a Segurança Nacional, estabelece a sistemática para o seu processo e julgamento e dá outras providências.

Brasil. Lei 6.650 de 23 de maio de 1979. Dispõe sobre a criação, na Presidência da República, da Secretaria de Comunicação Social, altera dispositivos do Decreto-Lei n.º 200, de 25 de fevereiro de 1967, e dá outras providências.

Brasil. Lei 6.683, de 28 de agosto de 1979. Concede anistia e dá outras providências.

Brasil. Lei 7.170, de 14 de dezembro de 1983. Define os crimes contra a segurança nacional, a ordem política e social, estabelece seu processo e julgamento e dá outras providências.

Brasil. Lei 7.990 de 28 de dezembro de 1989. Institui, para os Estados, Distrito Federal e Municípios, compensação financeira pelo resultado da exploração de petróleo ou gás natural, de recursos hídricos para fins de geração de energia elétrica, de recursos minerais em seus respectivos territórios, plataforma continental, mar territorial ou zona econômica exclusiva, e dá outras providências. (Art. 21, XIX da CF).

Brasil. Lei 8.001 de 13 de março de 1990. Define os percentuais da distribuição da compensação financeira de que trata a Lei nº 7.990, de 28 de dezembro de 1989, e dá outras providências.

Brasil. Lei 8.437 de 30 de junho de 1992. Dispõe sobre a concessão de medidas cautelares contra atos do Poder Público e dá outras providências.

Brasil. Lei 9.648 de 27 de maio de 1998. Altera dispositivos das Leis no 3.890-A, de 25 de abril de 1961, no 8.666, de 21 de junho de 1993, no 8.987, de 13 de fevereiro de 1995, no 9.074, de 7 de julho de 1995, no 9.427, de 26 de dezembro de 1996, e autoriza o Poder Executivo a promover a reestruturação da Centrais Elétricas Brasileiras - ELETROBRÁS e de suas subsidiárias e dá outras providências.

Brasil. Lei 9.984 de 17 de julho de 2000. Dispõe sobre a criação da Agência Nacional de Águas – ANA, entidade federal de implementação da Política Nacional de Recursos Hídricos e de coordenação do Sistema Nacional de Gerenciamento de Recursos Hídricos, e dá outras providências.

Brasil. Lei Complementar nº 102 de 01 de abril de 1977. Aprova a Estrutura Regimental e o Quadro Demonstrativo dos Cargos em Comissão e das Funções Gratificadas da Comissão de Valores Mobiliários, e dá outras providências.

Brasil. Lei Federal 3.824, de 23 de novembro de 1960. Torna obrigatória a destoca e consequente limpeza das bacias hidráulicas dos açudes, represas ou lagos artificiais.

Brasil. Lei Federal nº 9.433, de 8 de janeiro de 1997. Institui a Política Nacional de Recursos Hídricos, cria o Sistema Nacional de Gerenciamento de Recursos Hídricos, regulamenta o inciso XIX do art. 21 da Constituição Federal e altera o art. 1º da Lei nº 8.001, de 13 de março de 1990, que modificou a Lei nº 7.990, de 28 de dezembro de 1989.

Ceará. Lei 11.996, de 24 de julho de 1992. Dispõe sobre a Política Estadual de Recursos Hídricos, prevista no artigo 326 da Constituição Estadual.

Decreto 63.951, de 31 de dezembro de 1968. Aprova a estrutura básica, do Ministério das Minas e Energia.

Decreto 64.345, de 10 de abril de 1969. Institui normas para a contratação de serviços, objetivando o desenvolvimento da Engenharia nacional.

Decreto-lei 3.365 de 21 de junho de 1941. Dispõe sobre desapropriações por utilidade pública.

Minas Gerais. Lei 11.504 de 20 de junho de 1994. Dispõe sobre a Política Estadual de Recursos Hídricos e dá outras providências.

Rio Grande do Sul. Lei 10.350, de 30 de dezembro de 1994. Institui o Sistema Estadual de Recursos Hídricos, regulamentando o artigo 171 da Constituição do Estado do Rio Grande do Sul.

Santa Catarina. Lei 9.748 de 30 de novembro de 1994. Dispõe sobre a Política Estadual de Recursos Hídricos e dá outras providências.

São Paulo (estado). Decreto 9.714, de 19 de abril de 1977. Aprova o Regulamento das Leis nº 898, de 18 de dezembro de 1975 e nº 1.172, de 17 de novembro de 1976, que dispõe sobre o disciplinamento do uso do solo para a proteção aos mananciais da Região Metropolitana da Grande São Paulo.

São Paulo (estado). Lei 1.172, de 17 de novembro de 1976. Delimita as áreas de proteção relativas aos mananciais, cursos e reservatórios de água, a que se refere o Artigo 2.º da Lei n. 898, de 18 de dezembro de 1975, estabelece normas de restrição de uso do solo em tais áreas e dá providências correlatas.

São Paulo (estado). Lei 7.663, de 30 de dezembro de1991. Estabelece normas de orientação à Política Estadual de Recursos Hídricos bem como ao Sistema Integrado de Gerenciamento de Recursos Hídricos.

São Paulo (estado). Lei 898, de 18 de dezembro de 1975. Disciplina o uso do solo para proteção dos mananciais, cursos e reservatórios de água e demais recursos hídricos de interesse da Região Metropolitana da Grande São Paulo.

DOCUMENTOS DO ARQUIVO NACIONAL

Arquivo Nacional, Serviço Nacional de Informação, BR_AN_BSB_Z4.PNI 2

Serviço Nacional de Informação, Agência Central, AC_ACE_14932_81

Serviço Nacional de Informação, Agência Central, AC_ACE_1798_79

Serviço Nacional de Informação, Agência Central, AC_ACE_18402_81

Serviço Nacional de Informação, Agência Central, AC_ACE_22320_82_001

Serviço Nacional de Informação, Agência Central, AC_ACE_22320_82_002

Serviço Nacional de Informação, Agência Central, AC_ACE_30880_83_003

Serviço Nacional de Informação, Agência Central, AC_ACE_35103_83

Serviço Nacional de Informação, Agência Central, AC_ACE_47750_85

Serviço Nacional de Informação, Agência Central, AC_ACE_53879_86

Serviço Nacional de Informação, Agência Central, AC_ACE_72605_89

Serviço Nacional de Informação, Agência de Belém, ABE_ACE_1013_80

Serviço Nacional de Informação, Agência de Belém, ABE_ACE_132_79

Serviço Nacional de Informação, Agência de Belém, ABE_ACE_1321_81

Serviço Nacional de Informação, Agência de Belém, ABE_ACE_1408_81

Serviço Nacional de Informação, Agência de Belém, ABE_ACE_1880_82

Serviço Nacional de Informação, Agência de Belém, ABE_ACE_2531_82

Serviço Nacional de Informação, Agência de Belém, ABE_ACE_375_79

Serviço Nacional de Informação, Agência de Belém, ABE_ACE_4431_84

Serviço Nacional de Informação, Agência de Belém, ABE_ACE_4711_84

Serviço Nacional de Informação, Agência de Belém, ABE_ACE_627_80

Serviço Nacional de Informação, Agência de Goiânia, ACG_ACE_8618_89

Serviço Nacional de Informação, Agência de Manaus, AC_ACE_1767_79

Serviço Nacional de Informação, Agência de Manaus, AMA_ACE_158_79_0001

Serviço Nacional de Informação, Agência de Manaus, AMA_ACE_342_79_001

Serviço Nacional de Informação, Agência de Manaus, AMA_ACE_3828_83_0001

Serviço Nacional de Informação, Agência de Manaus, AMA_ACE_4477_84_001_0001

Serviço Nacional de Informação, Agência de Manaus, AMA_ACE_5057_84_001

Serviço Nacional de Informação, Agência de Manaus, AMA_ACE_5057_84_0001

Serviço Nacional de Informação, Agência de Manaus, AMA_ACE_5703_0001

Serviço Nacional de Informação, Agência de Manaus, AMA_ACE_6117_86_0001

Serviço Nacional de Informação, Agência de Manaus, AMA_ACE_6467_86_001_0001

Serviço Nacional de Informação, Agência de Manaus, AMA_ACE_7053_87_001

Serviço Nacional de Informação, Agência de São Paulo, ASP_ACE_10900_82

Serviço Nacional de Informação, Agência de São Paulo, ASP_ACE_4777_80

Serviço Nacional de Informação, Divisão de Segurança da Informação Ministério de Minas e Energia, br_dfanbsb_aad_0_0_0005_d0001de0001

Serviço Nacional de Informação, Divisão de Segurança e Informação do Ministério da Justiça, BR_AN_RIO_TT_0_MCP_PRO_1699

Serviço Nacional de Informação, Divisão de Segurança e Informação do Ministério de Minas e Energia, AC_ACE_65928_88

Serviço Nacional de Informação, Divisão de Segurança e Informação do Ministério de Minas e Energia, AC_ACE_4784_79

Serviço Nacional de Informação, Divisão de Segurança e Informação do Ministério de Minas e Energia, AC_ACE_28456_82

Serviço Nacional de Informação, Divisão de Segurança e Informações do Ministério da Justiça, BR_AN_RIO_TT_0_MCP_PRO_1601

Serviço Nacional de Informação, Divisão de Segurança e Informações do Ministério das Relações Exteriores, BR_DFANBSB_V8

SUMMARY

One of the consequences of the dictatorial regime in Brazil, established through a coup d'état in 1964, was the construction of large hydroelectric plants, popularly called "pharaonic" due to their size, their cost and the work employed in their construction. These constructions were part of the polarization context of the cold war, but they also represented the materialization of the third industrial revolution, made possible in Brazil and other Latin American countries by the developmentalist ideology, which had been evolving since the early twentieth century. In Brazil, the developmentalist ideology took on a specific bias when, during the military regime (1964-1985), it combined with the National Security Doctrine.

In this context, this research aims to discuss the legacies that the field of water governance received from the Brazilian military dictatorship and those large hydroelectric plants. In so doing, it seeks mainly to elucidate three questions. The first question is about the institutional and legal framework created during the dictatorial period and its most important actors and funding. The second question is about the role of discourse, through government propaganda and other media, in legitimizing those great works with public opinion. The third question is about how civil society reacted to such socio-spatial changes. The answers to these three questions will help create a response to the main one: Why has the Brazilian water management system failed to promote effective and democratic water governance even after the promulgation of the National Water Resources Policy.

The expansion of the hydropower infrastructure relates intrinsically to the transformation of territory and land and water use, which also affects the transformation of society, leading to the reshaping of social relations at different scales. Water dams for power generation are thus, in addition to the water dammed there, the materialization of a series of negotiations between demands for their use and the needs they will supply.

As general hypothesis, it is argued that the modern roots of water governance in Brazil were planted during the military dictatorship and that the large hydroelectric dams played an important role, as they engaged in an environmental intervention by permanently changing the Brazilian waterscape, thereby creating a new territoriality. The dictatorial regime also shaped the decision-making processes related to water resources, as a new range of political practices came into existence between the institutional layers of the State as well as between other representatives of power, such as corporations, communities, social organizations and the media.

To conduct the analysis, the study proposes an analytical framework composed of four fields: spatial; knowledge; social, economic and political powers and ideology. This framework offers a holistic view of the possible relations between the fields, which occur through cooperation and conflict.

The spatial field regards to the long-lasting interventions on watercourses, promoted by hydroelectric power plants, modifying not only the natural landscape but also the regional cultural landscape.

The field of knowledge concerns to technology, research, techniques, specialists and traditional knowledge. This study deals specifically with engineering knowledge and technological innovations as they played an essential role in the construction of the large hydroelectric dams, as did the social and environmental studies.

When considering the field of politics, society and economy, it was considered the government policies, institutions, laws, financing, civil society, social movements, the media and civil rights.

The field of ideology includes discourses, forms of government, and ideas about development, among others. The understanding of the world is influenced largely by the interests of power-holding groups, so symbolic struggles for the imposition of representations are as important as economic struggles. This study analysed the formation of an imagination related to development and the credibility of the institutions, especially through propaganda.

Concerning to the structure of this dissertation, Chapter 1 provides a theoretical review of the concept of water governance, drawing attention to the fact that the governance of large hydroelectric plants represents a special mode of water governance, either by scale or by the need for hydraulic infrastructure management. The chapter also presents developmentalism and the National Security Doctrine as categories of discourse and power that underpin the analysis, as they were ideological substrates for sustaining governmental practices regarding space interventions and also contributed greatly to the rearrangement and power consolidation of the Brazilian elite.

Chapter 2 deals with the historical constitution of the energy sector in Brazil and the main decision-makers who were in power, mainly in the Ministry of Mines and Energy and in the Brazilian Central Electricity (Eletrobrás). In addition, it demonstrates the financing of the electricity sector in Brazil from 1950 to 1980.

The conclusion is that the State has become the largest investor in the construction of mega hydroelectric plants, thereby fostering a huge growth in private enterprise, especially among contractors, who have benefited from large contracts and special legislation. It was also identified that, during the dictatorial period, the predominance of the energy sector in water management became a reality.

Chapter 3 begins by addressing the general context of the electricity sector in Brazil, stating that over 50% of the installed power generation capacity in 2006 was concentrated in hydroelectric plants built during the military period. This number began to change only during the 2010s, with the inauguration of new large plants in the Amazon region as part of the second Growth Acceleration Program. Next, it presents how modern water resource management began in Brazil due to conflicts over water use in São Paulo in the 1970s and how the process of authorizing the construction of hydroelectric plants works today. In addition, it shows the case study of the Tucuruí, Balbina and Belo Monte hydroelectric plants, all of which are in the Brazilian Amazon. The objective is to discuss how the construction of the first two repeated itself, to some extent, in the case of the third one.

The chapter concludes that the development option created by the military governments came at a very high cost for the traditional and indigenous populations. It also had environmental costs that, in the case of the Balbina hydroelectric dam, for example, even the economic aspect would not justify. The construction and management of those hydraulic infrastructures involved a multitude of social and institutional actors and mobilized human, financial and environmental resources, thus creating a "development pattern" for the Amazon – a pattern that was, and still is, replicated in the construction of several large hydroelectric plants, using many of the legislative tools created during the dictatorship.

The discourse used by the government and the mainstream media that helped to legitimize the socio-spatial transformations promoted by large hydroelectric plants is analysed in the Chapter 4. These socio-spatial transformations were imbued with ideologies and interests that sought to legitimize themselves socially using discursive strategies such as governmental and private propaganda.

This is a very specific and original cut from Brazilian political history: the analysis of propaganda produced to promote the construction of hydroelectric plants. However, more than that, it seeks to recognize the relational links between the political propaganda of that period in the production of space and water governance, as a creation of a collective imagery.

The analysis reveals the breadth and sophistication of the government discourses and the ways in which the military found the media and propaganda to be essential for ensuring the predominance of its development project and its ideologies.

It follows that it is necessary to understand the propaganda of the time not as an isolated fact in itself, but as part of a much larger social construct, which serves certain social groups that somehow benefit from the perpetuation of the ideas of exploring nature as a condition without which the development of the country would not be possible. The popular imagination of the "saviours of the nation" has a lasting effect on the collective imagery of the population and has contributed for, among other things, the low political engagement of people and, recently, for the election of populist and unprepared candidates. Disputes over social and economic power thus become much deeper than they should be because they reach a level of abstraction that makes it difficult to rationalize inequalities and make them part of a virtually unchanging structural conjuncture.

Chapter 5 deals with the manifestations of civil society – in particular, the Movement of People Affected by Dams (MAB) – as a counterpoint. This movement started in the late 1970s from the organization of different groups in various parts of Brazil, with the support of the Catholic Church's Pastoral Land Commission, among other groups. In Brazil, the construction of dams has socially and economically affected more than one million people in the last forty years. Most of these people have not received fair – or any – compensation for their land. This fact demonstrates where one of the weakest links lies in power relations, which the construction of large hydroelectric power plants fits into.

Because Brazilian military developmentism did not compute democratic participation and, therefore, did not sponsor the institutionalization of structures that could cope with the pressures to expand political and social citizenship, a machine was created that favoured unequal relations in the name of national security and supposed development.

Megaprojects such as hydroelectric power plants often function as icons of widespread social injustice, as they make clear the precarious power that the poorest part of society has in negotiations. Their most basic rights are run over, increasing their exclusion and fragility. In addition to direct state violence, indigenous peoples, who are among the most fragile groups, have suffered from the government's omission and the abuse of individuals and private enterprise.

It concludes that the MAB and other resistance movements appear as statements of the contradictions generated by the unequal logic of development that often appropriates common goods essential to the population's life, prioritizing the execution or maintenance of economic activities for a business elite.

In the final remarks of the thesis, it is stated that the use of the proposed analytical framework made it possible to take a holistic and critical look at the theme of water governance arising from the interventions carried out during the military period through the large hydroelectric dams, emphasizing that the governance process is multifaceted and complex.

In short, and answering the main question of why the Brazilian water resources management system cannot actually promote participatory water governance in the country today, we conclude that, in Brazil, water governance whose modern roots were planted during the military dictatorship should review several of the decision-making mechanisms that go beyond specific policies for the technical management of water resources. Technical management is a huge advance, but it cannot embrace all social pressures with respect to water use.

In this sense, the study identifies and provides the basis for further discussion of some of the key elements to be considered for effective water governance in the country. Some of the main bottlenecks identified were: sectoral planning without connection to water resources plans; the legislative tool for security suspension; failure to safeguard indigenous areas and reserves; lack of prior consultation with affected populations; the population counts reached by contractors and consultants; and the existence of a peculiar imagination in relation to megaprojects and state power.

To achieve more equitable dam planning, appropriate information dissemination, transparency and intense debate with the directly-affected people and with the public should be considered. The idea of social participation should also embrace non-institutionalized spaces, as in the case of social movements, which, as a matter of principle, do not participate in institutionalized spaces, such as the Watershed Committees. This is because these spaces are part of a system that hosts unequal forces and that in some cases privileges, albeit unintentionally, certain segments over others.

The expansion of economic activity, as well as the considerable expansion of the country's role in the globalized economy, will boost expectations regarding the role that the country will play in facing global problems, including those of environmental expression. The problem is that the country reproduces again today, as it did during the dictatorship, a secular and submissive pattern of insertion into the international economy, based on the export of natural resources and low value-added products, which does not place the environmental issue at the centre of the tension between growth and social welfare. Water governance is, thus, strategic in the confrontation between socioeconomic and political forces ahead of the expansion and consolidation of capitalist relations.

This study used many primary and secondary sources. The files of the National Archives of Brazil, in Rio de Janeiro and Brasilia, were valuable contributors and contributed for the originality of the work. The "Memórias Reveladas" (Memories Revealed) archive contains a rich collection produced by the National Information System during the Brazilian military dictatorship. This national system had arms in all public administration bodies and universities, and in some private companies. It also had the Nation Information Service (SNI) with regional agencies and its own "political police" who were responsible for investigation and interrogation, sometimes using force or torture to gather information. In this research, we are publishing the original structure of the National Information System – including the structure of the SNI – for the first time.

Access to this collection gave us a privileged look "inside" the thoughts of civilians and the military in power at that time. These documents, which were confidential, show that the social and environmental impacts were already known at the time of the construction of the hydroelectric dams and that they only worsened over time. In all, we collected more than 120,000 pages.

We also collected information in the Electricity Memory Centre and the Getúlio Vargas Foundation Centre for Contemporary History Research and Documentation (CPDOC), both in the city of Rio de Janeiro, Brazil.

We analysed as many as 200 pages in newspapers of wide circulation at the time, such as *O Estado de São Paulo, Folha de São Paulo, Jornal do Brasil, O Globo, Gazeta Mercantil* and *Veja* and *Manchete* magazines. Film and sound material, as well as print advertisements for magazines and newspapers, produced by the Presidency's public relations advisors and the

National Agency in the late 1970s and early 1980s, were also analysed, especially those available in the virtual repository of the National Teaching and Research Network.

The legislation consulted is mostly on the virtual platform of the Brazilian Chamber of Deputies. We conducted interviews with the National Coordinator of the People Affected by Dams Movement (MAB), Luiz Dalla Costa, in 2016 and 2017, in São Paulo's capital.

SAMENVATTING

De militaire dictatuur en waterbeheer in Brazilië - Ideologie, politieke economische macht en het maatschappelijk middenveld bij de bouw van mega waterkrachtcentrales

Eén van de gevolgen van het dictatoriale regime in Brazilië, na de staatsgreep in 1964, was de bouw van grote waterkrachtcentrales die in de volksmond "faraonisch" genoemd werden vanwege hun grootte, hun kosten en de bouwactiviteit die ze genereerden. Deze dammen maakten niet alleen deel uit van de polariserende context van de koude oorlog, maar ze vertegenwoordigden ook de materialisatie van de derde industriële revolutie, mogelijk gemaakt in Brazilië en andere Latijns-Amerikaanse landen door de ontwikkelingsideologie, die zich sinds het begin van de twintigste eeuw had ontwikkeld. In Brazilië kreeg deze ideologie vleugels toen deze tijdens het militaire regime (1964-1985) werd gecombineerd met de doctrine van nationale veiligheid.

Dit onderzoek beoogt de nalatenschap te bestuderen van het waterbeheer tijdens de Braziliaanse militaire dictatuur en van grote waterkrachtcentrales in het bijzonder. Daarbij probeert het drie vragen te beantwoorden. De eerste vraag gaat over het institutionele en juridische kader dat tijdens de dictatoriale periode is gecreëerd en de belangrijkste actoren en financiering. De tweede vraag gaat over de rol van discourse, overheidspropaganda en andere media, in het beïnvloeden van de publieke opinie bij het legitimeren van die grote werken. De derde vraag gaat over hoe het maatschappelijk middenveld op dergelijke sociaal-ruimtelijke veranderingen reageerde. De antwoorden op deze drie vragen helpen bij het beantwoorden van de hoofdvraag: waarom is het huidige Braziliaanse waterbeheersysteem er niet in geslaagd effectief en democratisch waterbeheer te bevorderen, zelfs nadat het nationale waterbeheerbeleid was aangenomen in 1997.

De uitbreiding van waterkrachtinfrastructuur staat in direct verband met de verandering van het leefgebied en het land- en watergebruik, welke ook de transformatie van de samenleving beïnvloedde, wat leidde tot het herscheppen van sociale relaties op verschillende schalen. Dammen voor stroomopwekking zijn dus, naast het water dat daarvoor wordt afgedamd, de materialisatie van een reeks onderhandelingen tussen vraag en aanbod.

Mijn hypothese is dat de moderne wortels van waterbeheer in Brazilië werden geplant tijdens de militaire dictatuur en dat de grote waterkrachtcentrales een belangrijke rol speelden, omdat ze de verwerkelijking waren van een omgevingsinterventie dat het Braziliaanse waterlandschap permanent zou veranderen, waardoor een nieuwe territorialiteit ontstond. Het dictatoriale regime beïnvloedde ook de besluiten over waterbeheer, omdat er nieuwe politieke praktijken ontstonden tussen de instituties van de staat met andere machtsvertegenwoordigers, zoals bedrijven, gemeenschappen, sociale organisaties en de media.

Deze studie stelt een analytisch kader voor dat bestaat uit vier velden: de sociaal-natuurlijke ruimte, kennis, politieke en economische macht, en ideologie. Dit raamwerk biedt een holistisch beeld van de mogelijke relaties tussen de velden, die ontstaan door samenwerking en conflicten. Het veld van de sociaal-natuurlijke ruimte laat de lange termijn ingrepen in riviersystemen door waterkrachtcentrales zien, die niet alleen het natuurlijke landschap hebben gewijzigd, maar ook het regionaal-culturele landschap. Het kennisveld heeft specifiek betrekking op technische kennis en technologische innovaties, aangezien deze een essentiële rol hebben gespeeld bij de bouw van de grote waterkrachtcentrales, net als de sociale en milieustudies. Het veld van de politieke en economische macht houdt rekening met het overheidsbeleid, instellingen, wetten, financiering, het maatschappelijk middenveld, sociale bewegingen, de media en burgerrechten. Het veld van de ideologie omvat onder andere discoursen, vormen van governance en ideeën over ontwikkeling, wat grotendeels beïnvloed wordt door de belangen van machtsgroepen. De symbolische strijd voor het afdwingen van representaties is even belangrijk als de economische strijd. Deze studie analyseerde de verbeelding in de context van de ontwikkeling en de geloofwaardigheid van de instellingen, vooral door propaganda.

Hoofdstuk 1 van dit proefschrift geeft een theoretisch overzicht van het waterbeheer concept, met de focus op het beheer van grote waterkrachtcentrales dat een speciale vorm van waterbeheer vertegenwoordigt, zowel wat betreft de schaal als door de behoefte aan hydraulisch infrastructuurbeheer. Het hoofdstuk presenteert ook de ontwikkelingsideologie en de Nationale Veiligheidsdoctrine als categorieën van discourse en macht die de analyse ondersteunen, omdat ze een ideologische ondergrond vormden voor het rechtvaardigen van beheerspraktijken met betrekking tot ruimtelijke interventies en ook een grote bijdrage hebben geleverd aan de herschikking en machtsconsolidatie van de Braziliaanse elite.

Hoofdstuk 2 beschrijft de historie van de energiesector in Brazilië en de belangrijkste beslissers die aan de macht waren, voornamelijk bij het ministerie van Mijnbouw en Energie en bij het Braziliaanse energiebedrijf Eletrobrás. Bovendien analyseert het de financiering van de elektriciteitssector in Brazilië van 1950 tot 1980. De conclusie is dat de staat de grootste investeerder is geworden in de bouw van mega-waterkrachtcentrales, waardoor een enorme groei van particuliere ondernemingen werd gestimuleerd, vooral onderaannemers, die hebben geprofiteerd van grote contracten en speciale wetgeving. Het is duidelijk dat tijdens de dictatoriale periode de energiesector het waterbeheer domineerde.

Hoofdstuk 3 begint met een analyse van de elektriciteitssector in Brazilië en vindt dat meer dan 50% van de geïnstalleerde elektriciteitsproductiecapaciteit in 2006 geconcentreerd was in waterkrachtcentrales die tijdens de militaire periode werden gebouwd. Dit begon pas in de jaren 2010 te veranderen, met de inhuldiging van nieuwe grote krachtcentrales in het Amazonegebied als onderdeel van het tweede groeiversnellingsprogramma. Vervolgens laat het zien dat de wortels van modern waterbeheer in Brazilië liggen in conflicten over watergebruik in São Paulo in de jaren zeventig. Het hoofdstuk beschrijft ook hoe het proces van de autorisatie van de bouw van waterkrachtcentrales vandaag de dag werkt in Brazilië, waarna gevalstudies worden gepresenteerd van de waterkrachtcentrales Tucuruí, Balbina en Belo Monte, die allemaal in het Braziliaanse Amazonegebied liggen. Het hoofdstuk toont aan dat de dynamiek die ten grondslag ligt aan de constructie van de laatstgenoemde krachtcentrale in 2000 lijkt op die van de eerste twee, die werden gebouwd tijdens de dictatuur.

Het hoofdstuk concludeert dat de door de militaire regeringen gecreëerde ontwikkelingen niet alleen zeer hoge kosten met zich meebrachten voor de traditionele en inheemse bevolking, maar ook grote milieukosten, die in het geval van bijvoorbeeld de waterkrachtcentrale van Balbina zo immens waren dat de bouw van die dam nooit om economische redenen kon worden gerechtvaardigd. Bij de aanleg en het beheer van deze hydraulische werken waren tal van sociale en institutionele actoren betrokken en werden menselijke, financiële en ecologische hulpbronnen gemobiliseerd, waardoor een bepaald ontwikkelingspatroon voor de Amazone werd gecreëerd - een patroon dat nog steeds wordt gereproduceerd bij de bouw van verschillende grote nieuwe waterkrachtcentrales, met behulp van veel van de wetgevende instrumenten die tijdens de dictatuur zijn gecreëerd.

Hoofdstuk 4 analyseert het discourse dat wordt gebruikt door de overheid en de reguliere media en dat de sociaal-ruimtelijke transformaties die door grote waterkrachtcentrales werden bevorderd hielp te legitimeren. Deze sociaal-ruimtelijke transformaties waren doordrenkt met ideologieën en belangen die zich sociaal wilden legitimeren met behulp van discursieve strategieën zoals regerings- en particuliere propaganda. De analyse van propaganda die werd gemaakt om de bouw van waterkrachtcentrales te bevorderen, is gekoppeld aan hoe ruimte en waterbeheer werden geproduceerd, namelijk als een creatie van een collectieve beeldtaal.

De analyse onthult de breedte en verfijning van het discourse van de overheid en de manieren waarop het leger de media en propaganda essentieel vond om de dominantie van zijn ontwikkelingsproject en zijn ideologieën te waarborgen. Hieruit volgt dat het noodzakelijk is om de propaganda van die tijd niet als een op zichzelf staand feit te begrijpen, maar als onderdeel van een veel grotere sociale constructie, die bepaalde sociale groepen diende die op de een of andere manier profiteerden van het in standhouden van de idee dat het ontginnen van de natuur een voorwaarde is voor de ontwikkeling van het land. De populaire verbeelding van de 'redders van de natie' heeft een blijvend effect op de collectieve beeldtaal van de bevolking als de bevestiging dat Brazilië het land van de toekomst is. Deze toekomst kwam er echter nooit.

Hoofdstuk 5 behandelt, als een contrapunt, de manifestaties van het maatschappelijk middenveld - in het bijzonder de beweging van mensen getroffen door dammen (MAB). Deze beweging ontstond eind jaren zeventig uit verscheidene groepen in verschillende delen van Brazilië, onder andere met steun van de Pastorale Landcommissie van de Katholieke Kerk. In Brazilië heeft de bouw van dammen de afgelopen veertig jaar meer dan een miljoen mensen sociaal en economisch getroffen. De meeste van deze mensen hebben geen eerlijke of geen enkele vergoeding ontvangen voor hun land. De bouw van grote waterkrachtcentrales maakt duidelijk dat een van de zwakste schakels de bevolking is.

Omdat het Braziliaanse militaire ontwikkelingsbeleid geen rekening hield met democratische participatie en daarom niet de institutionalisering bevorderde van structuren die het politieke en sociale burgerschap wilden uitbreiden, werd een machine gecreëerd die ongelijke relaties bevorderde in naam van de nationale veiligheid en veronderstelde ontwikkeling.

Megaprojecten zoals waterkrachtcentrales fungeren vaak als iconen van wijdverbreid sociaal onrecht, omdat ze de precaire macht duidelijk maken die het armste deel van de samenleving heeft in onderhandelingen. Hun meest fundamentele rechten worden geschonden, waardoor hun uitsluiting en kwetsbaarheid toenemen. Naast het direct geweld door de staat hebben inheemse volkeren, die tot de meest kwetsbare groepen behoren, ook geleden onder de systematische uitsluiting van overheidsdiensten en van het misbruik van individuen en particuliere ondernemingen.

Het hoofdstuk concludeert dat de MAB en andere verzetsbewegingen uitingen zijn van de tegenstrijdigheden die zijn ontstaan door de ongelijke ontwikkelingslogica waarbij vaak gemeenschappelijke goederen die essentieel zijn voor het levensonderhoud van mensen toegeëigend worden ten behoeve van economische activiteiten voor een zakelijke elite.

Het proefschrift concludeert dat het gebruik van het voorgestelde analytisch kader het mogelijk maakte om waterbeheer, dat voortkwam uit de interventies die tijdens de militaire periode werden uitgevoerd ten behoeve van de grote waterkrachtcentrales, op een holistisch en kritische wijze te begrijpen, en dat het bestuursproces veelzijdig en complex is.

Bij de beantwoording van de hoofdvraag waarom het Braziliaanse waterbeheersysteem vandaag de dag niet daadwerkelijk participatief waterbeheer weet te bevorderen, concluderen wij dat in Brazilië sommige besluitvormingsprocessen met betrekking tot waterbeheer, waarvan de moderne wortels werden geplant tijdens de militaire dictatuur, moeten worden herzien, en die gaan verder dan specifiek beleid voor het technische waterbeheer. Ondanks dat er enorme vooruitgang is geboekt met technisch management, heeft dat de sociale druk op het watergebruik niet weten te verminderen.

De studie identificeert enkele belangrijke issues voor effectief waterbeheer in Brazilië: sectorale planning zonder aansluiting op waterbeheersplannen; het gebruik van wetgevende instrumenten (als de "opschorting van de beveiliging") om de voortzetting van hydraulische werken te rechtvaardigen, zelfs met bewezen milieuproblemen; verzuim om inheemse gebieden en reservaten te beschermen; gebrek aan voorafgaand overleg met getroffen bevolkingsgroepen; het feit dat de getroffen populatie door dammen geïdentificeerd wordt door aannemers en consultants; en het bestaan van een eigenaardige verbeelding in relatie tot megaprojecten en staatsmacht.

Om een meer rechtvaardige planning van dammen te realiseren moet passende informatieverspreiding, transparantie en intensief debat met de direct getroffen mensen en het brede publiek worden overwogen. Het idee van sociale participatie moet ook niet-geïnstitutionaliseerde ruimtes omvatten, zoals in het geval van sociale bewegingen die in principe niet deelnemen aan geïnstitutionaliseerde ruimtes, zoals de *Watershed Committees*. Dit komt omdat deze ruimtes deel uitmaken van een systeem dat ongelijke krachten herbergt en dat in sommige gevallen, zij het onbedoeld, bepaalde segmenten bevoorrechten boven anderen.

De economische groei, evenals de aanzienlijke uitbreiding van de rol van Brazilië in de geglobaliseerde economie, zullen de verwachtingen ten aanzien van de rol die het land zal spelen bij de aanpak van mondiale problemen, waaronder het milieu, vergroten. Het probleem is dat het land vandaag de dag opnieuw, net als tijdens de dictatuur, een seculier en onderdanig patroon van invoeging in de internationale economie reproduceert, gebaseerd op de export van natuurlijke hulpbronnen en producten met lage toegevoegde waarde, en die het milieuprobleem niet plaatst in het middelpunt van de spanning tussen groei en maatschappelijk welzijn. Waterbeheer is dus strategisch in de confrontatie tussen sociaaleconomische en politieke krachten voorafgaand aan de uitbreiding en consolidatie van kapitalistische relaties.

In deze studie zijn veel primaire en secundaire bronnen gebruikt. De bestanden van het Nationaal Archief van Brazilië, in Rio de Janeiro en Brasilia, waren waardevol en droegen bij aan de originaliteit van het werk. Het archief *"Memórias Reveladas"* (Onthulde Herinneringen) bevat een rijke verzameling die door het nationale informatiesysteem is geproduceerd tijdens de Braziliaanse militaire dictatuur. Dit nationale systeem had tentakels in alle overheidsinstanties en universiteiten, en in sommige particuliere bedrijven. Het had ook de landelijke informatiedienst SNI met regionale agentschappen en zijn eigen "politieke politie" die verantwoordelijk waren voor onderzoek en ondervraging, soms met behulp van geweld of marteling om informatie te verzamelen. In dit onderzoek is voor het eerst de oorspronkelijke structuur van het nationale informatiesysteem - inclusief de structuur van de SNI gepubliceerd.

Toegang tot deze collectie verschafte een bevoorrechte blik "in" de gedachten van burgers en de militaire macht op dat moment. Deze documenten, die vertrouwelijk waren, tonen aan dat de sociale en milieueffecten al bekend waren ten tijde van de bouw van de waterkracht centrales en dat ze alleen maar verslechterden in de tijd. In totaal hebben we meer dan 12.000 pagina's geraadpleegd.

We hebben ook informatie verzameld van het *Centro da Memória da Eletricidade* (het electriciteitsgeschiedscentrum) en van het *Centro de Pesquisa e Documentação de História Contemporânea do Brasil (CPDOC)* (het onderzoekscentrum van de recente Braziliaanse geschiedenis) van de *Fundação Getulio Vargas*, beiden gevestigd in Rio de Janeiro.

We analyseerden kranten die wijdverspreid waren, zoals *O Estado de São Paulo, Folha de São Paulo, Jornal do Brasil, O Globo, Gazeta Mercantil* en de tijdschriften *Veja* en *Manchete*. Film- en geluidsmateriaal, evenals gedrukte advertenties voor tijdschriften en kranten, geproduceerd door de presidentiële public relations-adviseurs en het Nationaal Agentschap in de late jaren 1970 en vroege jaren 1980, werden ook geanalyseerd, met name die beschikbaar zijn in het virtuele archief van het Nationale Onderwijs en Onderzoeksnetwerk.

Tot slot hebben we in 2016 en 2017 interviews gehouden met de nationale coördinator van de Beweging van mensen getroffen door dammen (MAB), Luiz Dalla Costa, in São Paulo.

CURRICULUM VITAE

Fernanda de Souza Braga nasceu em Belo Horizonte, em 31 de março de 1979, onde estudou Geografia, na Universidade Federal de Minas Gerais (UFMG), obtendo seu diploma em 2003. Iniciou a sua carreira como professora de geografia em paralelo com a coordenação de projetos em Organizações Não Governamentais. Em 2011, obteve o título de mestre em Geografia e organização espacial pela Pontifícia Universidade Católica de Minas Gerais. Entre os anos de 2009 e 2014, trabalhou no Instituto Mineiro de Gestão das Águas, inicialmente como analista ambiental, e depois como gerente de informações em recursos hídricos, tendo a oportunidade, entre outras coisas, de atuar como representante do Instituto em Comitês de Bacias Hidrográficas e no desenvolvimento do sistema estadual de informações sobre recursos hídricos. Em junho de 2014, obteve uma bolsa de estudos da Coordenação de Aperfeiçoamento de Pessoal de Nível Superior (CAPES) para desenvolver sua pesquisa de doutorado no *Institute for Water Education* (IHE-Delft), na Holanda. Em 2015, promoveu uma parceria com o Departamento de Estudos Latinos Americanos da Universidade de Leiden e, desde de junho de 2015, trabalhou na pesquisa de doutorado sob a supervisão do Prof. Dr. Pieter van der Zaag (IHE-Delft), da Profa. Dra. Marianne Wiesebron (Universidade de Leiden) e do Prof. Dr. Edmund Amann (Universidade de Leiden).

Fernanda tem entre suas características mais marcantes a sua coragem, o que, longe ser contraditório, combina com a sua gentileza, a sua criatividade, a sua honestidade e a sua paixão pelo aprendizado.

Ela garante que praticar yoga e meditação ajuda a sobreviver ao doutorado e que vitaminas e suplementos são essenciais à adaptação de seres nascidos nos trópicos ao frio e à escuridão dos países do Norte.

T - #0087 - 071024 - C248 - 240/170/13 - PB - 9780367498757 - Gloss Lamination